"十三五"国家重点出版物出版规划项目

SAFETY SCIENCE AND
ENGINEERING

城市地下空间火灾预防与控制

◎主　编　姜学鹏　肖明清

◎参　编　程旭东　王　洁　张国维　马　砺　刘少博
　　　　　李海航　李骏飞　路世昌　胡清华　陈东哲
　　　　　陈玉远　阮晶晶　王　鑫

U0255998

机械工业出版社
CHINA MACHINE PRESS

火灾是城市地下空间的主要风险和灾害之一。本书较为系统地阐述了城市地下空间的火灾报警与联动控制、消防灭火系统、通风排烟及火灾人员疏散等共性内容，并针对道路隧道、地铁、综合管廊、地下商业建筑等典型城市地下空间的火灾预防与控制进行了详细阐释，同时介绍了城市地下空间火灾预防与控制方面的最新科学研究和工程应用成果。

　　本书主要作为安全科学与工程、消防工程、城市地下空间工程等相关专业的本科生及研究生教材，同时可作为消防安全、防灾减灾等方面研究人员的参考书，也可供从事城市地下空间设计和运营管理的人员参考查阅。

图书在版编目（CIP）数据

城市地下空间火灾预防与控制/姜学鹏，肖明清主编. —北京：机械工业出版社，2020.10（2024.8 重印）

“十三五”国家重点出版物出版规划项目

ISBN 978-7-111-66686-8

Ⅰ. ①城…　Ⅱ. ①姜…②肖…　Ⅲ. ①城市空间－地下建筑物－防火－研究　Ⅳ. ①TU96

中国版本图书馆 CIP 数据核字（2020）第 185824 号

机械工业出版社（北京市百万庄大街 22 号　邮政编码 100037）

策划编辑：冷　彬　责任编辑：冷　彬　舒　宜

责任校对：王　欣　封面设计：张　静

责任印制：单爱军

北京虎彩文化传播有限公司印刷

2024 年 8 月第 1 版第 3 次印刷

184mm×260mm · 16 印张 · 395 千字

标准书号：ISBN 978-7-111-66686-8

定价：59.00 元

电话服务	网络服务
客服电话：010-88361066	机　工　官　网：www.cmpbook.com
010-88379833	机　工　官　博：weibo.com/cmp1952
010-68326294	金　书　　　网：www.golden-book.com
封底无防伪标均为盗版	机工教育服务网：www.cmpedu.com

前 言

随着城市化快速发展，地面土地资源越加缺乏，"城市向地下走"成为一种趋势。由于城市地下空间功能及构造的复杂性、环境的封闭性和疏散救援的困难性，一旦发生火灾易造成较多的人员伤亡和较大的社会影响。因此，预防和控制城市地下空间火灾，降低地下空间火灾灾害影响程度，已成为城市地下空间设计及运营管理等部门亟须解决的问题。

本书紧紧围绕城市地下空间火灾预防与控制，系统地阐述城市地下空间火灾报警与联动控制、消防灭火系统、通风排烟及火灾人员疏散等共性内容，并依据现行规范对道路隧道、地铁、综合管廊、地下商业建筑等典型城市地下空间的火灾预防与控制进行详细阐释。本书由高等院校教师和工程设计人员共同编写，力求反映城市地下空间火灾预防与控制方面的最新研究成果及工程实际应用，有助于推动学科研究的深化发展。全书力求简洁清晰、通俗易懂，突出内容的基础性、应用性和可拓展性。

本书由姜学鹏、肖明清担任主编并负责统稿，中国安全生产科学研究院史聪灵担任本书的主审。全书共分9章，具体编写分工如下：第1、6章由武汉科技大学姜学鹏、中铁第四勘察设计院集团有限公司肖明清编写；第2、3章由武汉科技大学王洁、应急管理部天津消防研究所路世昌编写；第4章由姜学鹏、中铁第四勘察设计院集团有限公司陈玉远编写；第5章由武汉理工大学刘少博、中国计量大学李海航编写；第7章由中国科技大学程旭东、中铁第四勘察设计院集团有限公司胡清华及王鑫编写；第8章由中国矿业大学（徐州）张国维、广东省建筑设计研究院李骏飞及陈东哲编写；第9章由西安科技大学马砺、合肥消防救援支队阮晶晶编写。

本书的编写与出版得到了武汉科技大学资源与环境工程学院和武汉科技大学消防安全技术研究所的大力支持；研究生张红新、向勇、李超等参与了部分资料收集与整理和绘图工作；广东工业大学张孝春、重庆交通大学李林杰、中南大学范传刚等老师对书稿进行了仔细审阅并提出了修改与完善的意见，在此一并向他们表示衷心的感谢！

编者在编写本书过程中参阅了大量文献，在此对文献的作者表示感谢！

本书获得武汉科技大学研究生教材专项基金资助。

由于城市地下空间类型众多，火灾问题十分复杂，加之编者水平有限，书中难免有疏漏与不足之处，敬请读者指正并提出宝贵意见。

编 者

目 录

第1章

绪　论

本章学习目标:

　　了解城市地下空间发展现状、主要灾害事故类型及特征。

　　掌握城市地下空间火灾危害及火灾预防与控制的主要措施。

本章学习方法:

　　在掌握城市地下空间灾害事故类型与特征尤其是火灾危害的前提下,可将其内容与地面建筑火灾进行对比,并结合实际地下空间火灾案例,深刻记忆和理解。

1.1 | 城市地下空间概述

1.1.1　城市地下空间发展现状

　　地下空间是指在地球表面以下的土层或岩层中天然形成或经人工开发而成的空间。城市地下空间是指为了满足人类社会生产、生活、交通、环保、能源、安全、防灾减灾、信息与通信等需求,在城市规划区范围以内开发、建设与利用的地下空间。

　　城市地下空间开发始于第一次工业革命之后的欧洲,初期开发利用主要是以下水道、给水管、煤气管道、地铁等城市基础设施建设为主。第二次世界大战后,欧洲主要国家在重建和改建城市过程中将快速道路系统和轨道交通系统结合起来,使单一的基础设施建设结合城市功能需求形成综合、立体化的开发,把包括交通功能在内的许多公共功能转入地下,在这一时期,城市地下空间得到快速发展。目前国外先进城市的地下空间发展进入成熟期,并在漫长的发展中形成各自的特点,其中较为常见的是北美模式、欧洲模式和亚洲模式三种模式。

　　相对欧美等发达国家,我国的城市地下空间开发起步较晚,但随着工业化、城市化进程推进，我国城市地下空间的发展有如下特点。

（1）规模增长迅速

随着工业化、城市化进程的推进，我国城市地下空间开发利用进入快速增长阶段。"十二五"时期，我国城市地下空间建设量显著增长，年均增速达到20%以上，约60%的地下空间在"十二五"时期建设完成。据不完全统计，地下空间与同期地面建筑竣工面积的比例从约10%增长到15%。尤其在人口和经济活动高度集聚的大城市，在轨道交通和地上地下综合建设带动下，城市地下空间开发规模增长迅速，需求动力充足。2015—2017年，城市地下空间建设整体平稳上升，城市地下空间人均指标平均值显著提升，尤其是一些超大、特大城市增量显著（图1-1）。

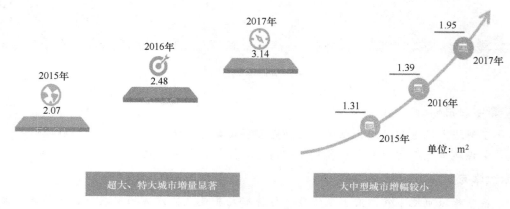

图1-1　2015—2017年超大、特大及大中型城市地下空间人均指标平均值变化情况

（2）利用类型丰富

城市地下空间开发利用类型呈现多样化、深度化和复杂化的发展趋势（图1-2）。在类型上，城市地下空间逐渐从人防工程拓展到交通、市政、商服、仓储等多种类型；在开发深度上，城市地下空间由浅层开发延伸至深层开发；在具体项目上，城市地下空间由小规模单一功能的地下工程发展为集商业、娱乐、休闲、交通、停车等功能于一体。

（3）综合效益显著

城市地下空间开发利用在城市发展中的地位和作用日益提高。一方面，在城镇化发展不断加速与生态环境要求不断提高的双重约束下，地下空间开发利用成为优化城市空间结构、提高城市空间资源利用效率的重要手段；另一方面，城市地下空间开发利用有利于增加城市容量、增强防灾减灾能力、缓解交通拥堵、完善公共服务和基础设施配套，经济、社会、环境综合效益显著，是建设资源节约型、环境友好型社会和践行生态文明的重要举措。

1.1.2　城市地下空间分类

考虑到要容纳众多的城市功能，对地下空间开发的深度层次一般分为三层空间：浅层空间（地面到地面以下30m）、中层空间（地面以下30m到地面以下100m）和深层空间（地面100m以下）。地下空间按开发深度分类见表1-1。

图 1-2　城市地下空间可利用类型丰富多样

表 1-1　地下空间按开发深度分类

	浅层空间（-30~0m）	中层空间（-100~-30m）	深层空间（-100m以下）
用途	商业空间 文娱空间 部分业务空间	地下交通 城市污水处理厂 城市水、电、气等公共设施	快速地下交通线路、危险品仓库、冷库、储热库、油库等

　　按建筑构造分类，城市地下空间可分为复建式地下空间、独建式地下空间。复建式地下空间一般在其上部地面设有大规模的建筑或建筑组群；独建式地下空间一般设置在广场、绿地或城市道路下方，地面仅设有地下空间使用的出入口和通风口。

　　按功能用途分类，城市地下空间可分为地下公共服务空间、地下交通空间、地下市政公用工程空间、地下仓储空间、地下物流空间、地下防灾减灾空间等，见表 1-2。

表 1-2　地下空间按用途分类

类别名称	范　围	举　例
地下公共服务空间	公共的地下空间、具有开放性或者公共性的地下空间	地下商业空间、地下餐饮空间、地下娱乐空间、地下文化空间、地下体育空间、地下办公空间、地下医疗卫生空间等

（续）

类别名称	范围	举例
地下交通空间	用于人员出行的公共交通的地下空间	地下轨道空间（地铁区间隧道、地铁车站）、地下道路、地下车库联络道、地下人行联络通道、地下人行通道、地下停车库、地下公共汽车（场）站、地下装卸货（场）站等
地下市政公用工程空间	实现城市给水、排水、供电、供气、供热、信息与通信、垃圾处理等市政公用用途的地下空间	地下管线（敷设于地表下的给水、排水、燃气、热力、电力、信息与通信、工业等管道线路）、综合管廊（在地表下用于敷设多种市政公用管线的专用隧道）、地下变配电站、地下垃圾转运站、地下污水处理厂等
地下仓储空间	用于储存各种食品、物资、能源、危险品等的地下空间	地下粮库、地下冷库、地下油气库、地下物资储备库、地下水库、地下调蓄水库等
地下物流空间	采用现代运载工具和信息技术实现货物在地表下运输的空间	管道式地下物流、隧道式地下物流
地下防灾减灾空间	为抵御和减轻各种自然或人为等灾害对城市居民生命财产和工程设施造成危害和损失所兴建的地下工程空间	地下人防工程、地下生命线系统、地下防涝工程、地下防震设施空间、地下消防设施空间等

1.2 城市地下空间灾害事故类型与特征

1.2.1 城市地下空间主要灾害事故类型

随着城市地下空间的开发利用，关于城市地下空间的防灾减灾也受到重视。日本是城市地下空间开发利用较早的国家，对地下空间的灾害也进行了大量研究。表1-3是日本专家组对1970年—1990年日本国内外地下空间灾害事故做的汇总和对比，表1-4是2015年—2017年中国城市地下空间各种灾害事故统计。

表1-3　1970年—1990年日本国内外地下空间各种灾害事故统计

灾害类别		火灾	空气污染	施工事故	爆炸事故	交通事故	水灾	犯罪行为	地表沉陷	结构损坏	水暖电供应	地震	雪和冰雹事故	雷击事故	其他	合计
发生次数	日本	191	122	101	35	22	25	17	14	11	10	3	2	1	72	606
	其他	270	138	115	71	32	28	31	16	12	14	7	4	2	71	809
事故比例（%）		32.1	18.1	15.1	7.4	3.7	3.3	3.7	2.1	1.6	1.5	0.7	0.3	0.2	10.2	100

注：数据来源：《中国城市地下空间开发利用研究》，中国工程院课题组。

表 1-4 2015—2017 年中国城市地下空间各种灾害事故统计

灾害类别		施工事故	火 灾	淹水、渗漏等	其他（交通、毒气等）	合 计
发生次数	2015 年	88	19	10	44	161
	2016 年	70	46	41	23	180
	2017 年	85	37	31	24	177
事故比例（合计）		46.91%	19.69%	15.83%	17.57%	100%

注：数据来源：《中国城市地下空间发展蓝皮书（2018）公共版》。

由表 1-3 和表 1-4 可以看出，城市地下空间的灾害类型主要有：火灾、施工事故、爆炸事故、交通事故、水灾、空气污染及犯罪行为等，而城市地下公共空间运营阶段的灾害事故主要是：火灾、爆炸及水灾。

2015—2017 年城市地下空间灾害事故各类型比例变化如图 1-3 所示。其中，2016 年和 2017 年连续两年地下空间火灾事故占比均在 20% 以上，且在 2017 年地下空间火灾达到了 37 起，是除施工事故之外占比最大的一类地下空间灾害事故。

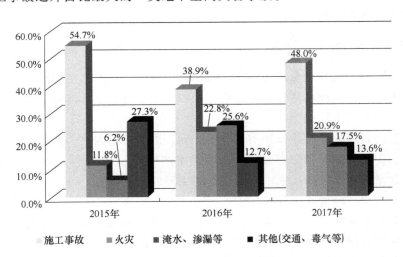

图 1-3 2015—2017 年城市地下空间灾害事故各类型比例变化

1.2.2 城市地下空间的事故特征

城市地下空间在功能上是社会生产生活的空间实体，在形态上是城市复杂形态的延伸表现，多具有不确定性人流的特点。城市地下空间的事故特征有：

（1）危害性

城市地下空间是城市公共空间的有机组成部分，与地面空间相比，地下空间具有视野范围小、空间封闭性强、通道有限等不足，人们来到地下后视野狭窄，空间方位感差，一旦发生事故，容易产生恐慌心理，造成拥堵、踩踏等事故，因此人员的安全疏散是很大的问题。如 2010 年 12 月 14 日，深圳地铁一号线国贸站站台通往站厅的 5 号上行扶梯突然逆行，造成 23 名乘客受伤。

（2）波及性

城市地下空间一般都建立在城市的繁华地带、CBD 商业圈或交通枢纽地区；其所对应的地面建筑多为高层商务办公楼，人口集中。发生事故后对地面的波及性很大，因此造成的损失非常严重。如 2000 年 12 月 25 日，河南省洛阳市东都地下商厦发生特大火灾，造成 309 人死亡，7 人受伤，直接经济损失 275 万元。

（3）影响性

城市地下公共空间以商业空间和地铁为主，主要以不确定性人流为活动主体，无法对其进行安全培训。由于其特殊的地理位置和功能，一旦发生事故，不仅直接威胁到地下空间人们的生命安全，还会造成地下、地面的交通堵塞，影响城市的正常运行。譬如 2005 年 7 月 7 日，当伦敦地铁正处在早高峰的运营期间，突然几个地铁站连续发生剧烈爆炸，造成伦敦 13 条地铁全部停运，此次恐怖袭击造成 56 人死亡，近 30 人失踪，70 多人受伤。

1.3 城市地下空间火灾危害

据不完全统计，地下空间内火灾约占事故总数的 1/4，是地下空间运营过程中发生灾害次数最多，损失最为严重的一种灾害。

1.3.1 城市地下空间火灾特点

城市地下空间的最大特点是封闭性，一般仅有少量出口与外部空间连通，给火灾疏散及救援造成许多困难，易造成群体性人员伤亡。其特点主要有以下几方面：

（1）火灾烟量大、毒性强

因为地下空间封闭的环境导致物质燃烧不充分，进而产生大量烟雾，且地下空间的烟雾扩散渠道有限，产生的烟雾无法有效扩散。燃烧中产生 CO、CO_2 等有毒、有害气体浓度迅速增加，这也是城市地下空间火灾中人员伤亡的主要原因。

（2）温度上升快、峰值高，易发生轰燃

当地下空间发生火灾时，由于空间封闭，大量的热量积聚，空间温度提高很快，猛烈燃烧阶段火焰温度可达到 1000℃ 以上。这种地下空间的高温和高浓度烟气加上阴燃物多、内压大，空间的空气体积急剧膨胀，温度急剧升高，极易产生十分危险的轰燃现象，对地下空间火灾扑救来说极为困难。

（3）人员疏散难度大

城市地下空间火灾造成的缺氧现象要比地面火灾严重得多。地下空间发生火灾时，空气中含氧量严重下降，会导致被困人员产生心理惊慌，行动能力减弱。当含氧量低到临界值时会造成人立即晕倒甚至死亡。

其次是地下空间中火灾烟气的流动方向与人员的疏散方向一致。人流速度远小于烟气流动速度，从而导致烟气较早封住地下空间的出入口。

（4）能见度低

由于地下空间很少采用自然采光，平时完全靠灯光照明。发生火灾时电源中断，加之火灾产生的高温烟气及有害气体难以从封闭空间中排出，从而不断地在地下空间中积聚和蔓延；同时烟气具有一定的遮光性，使地下空间中的能见度大大降低。大部分地下空间虽然设有应急照明，但由于浓烟严重影响可见度，使人的视程大大缩短，严重时将失去辨认逃离方向的能力。

（5）火灾扑救困难

地下空间自然采光差，火灾发生时浓烟弥漫，火场内部能见度极低，还有高温、缺氧、有毒气体以及通信中断等影响，使火场实时信息难以准确获知，火情不明会影响火场指挥决策和火灾扑救的有效性。加上地下空间内部分隔错综复杂，通道弯曲多变，消防水枪射流往往鞭长莫及或击不中火点；如果进出口较少又使得可调用的消防扑救装备难以靠近火场，特别是大型灭火设备无法进入现场，进入人员要特殊防护等，导致火灾扑救异常困难。

以上特点表明，城市地下空间与地面建筑相比，具有独特的本体形状、使用功能和结构特点，这些独特之处使其具有更高的火灾风险和更高的消防安全目标，需要更加完善的火灾预防与控制体系。

1.3.2 城市地下空间典型火灾案例

1. 道路隧道火灾

国内部分道路隧道火灾案例见表 1-5。

表 1-5 国内部分道路隧道火灾案例

序号	时 间	地 点	火灾原因	后 果
1	2018 年	温州绕城高速江北岭隧道	半挂车起火事故	一辆车烧毁，隧道内电力、排烟设施严重损坏
2	2017 年	长沙营盘路湘江隧道	车辆自燃	一辆轿车烧毁，无人员伤亡
3	2016 年	上海人民路隧道	车辆自燃	无人员伤亡
4	2016 年	南京长江隧道	小货车货物起火	无人员伤亡
5	2016 年	南昌青山湖隧道	违规进入的电动车自燃	无人员伤亡
6	2015 年	武汉水果湖隧道	车辆自燃	一辆轿车烧毁，无人员伤亡
7	2015 年	上海外环隧道	五车追尾起火	两人死亡，一人受伤
8	2014 年	上海延安东路隧道	车辆自燃	一辆轿车烧毁，无人员伤亡
9	2013 年	长沙营嘉湖隧道	车辆自燃	一辆轿车烧毁，无人员伤亡
10	2012 年	武汉长江隧道	车辆自燃	一辆轿车烧毁，无人员伤亡

道路隧道火灾主要造成人员伤亡、车辆损毁、隧道设施损坏以及隧道结构破坏等方面的危害，也会造成正常交通的中断。通过对交通部门、国家安全生产监督管理总局的事故查询系统和网络报道以及相关文献等多渠道，收集了我国 2000—2015 年发生的 153 起大中型隧道火灾案例，并对数据进行相关的统计分析。如图 1-4 所示，导致人员伤亡的火灾有 25 起，造成车辆烧毁的事故有 152 起，隧道结构受损的事故有 38 起。

道路隧道火灾的主要原因是车辆自身故障起火及车辆交通事故，如图 1-5 所示。

2. 地铁火灾

国内外自 2003 年以来发生的典型地铁火灾见表 1-6。

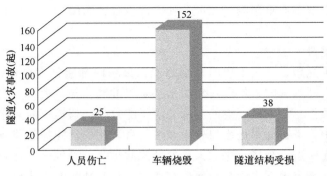

图 1-4　道路隧道火灾产生的后果

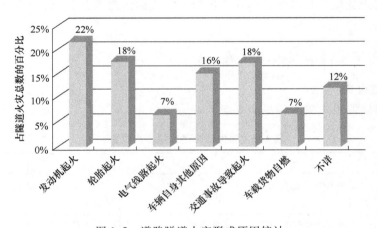

图 1-5　道路隧道火灾形成原因统计

表 1-6　2003 年来国内外典型地铁火灾案例

序号	时间	地点	位置	原因	后果	类别
1	2017 年	我国香港地铁尖沙咀站	列车车厢	人为纵火	16 人受伤，7 人严重烧伤	人为纵火
2	2016 年	日本东京	车站	不明物质燃烧所致	6.8 万人出行受阻	其他原因
3	2014 年	韩国釜山	车厢	车厢集电装置过热引发火灾	4 名乘客因浓烟呛伤	电气原因
4	2013 年	俄罗斯莫斯科	区间隧道	电力电缆起火	11 人重伤	电气原因
5	2012 年	我国广州 8 号线	区间隧道	电线系统短路	4 人轻伤	电气原因
6	2011 年	我国上海 3 号线	车站	电容器起火	无人员伤亡	电气原因
7	2008 年	我国西安	隧道	切割钢板，引燃防水材料	19 名工人吸入大量烟尘，住院观察	意外明火
8	2006 年	美国纽约	—	—	10 余人受伤	人为纵火
9	2004 年	我国香港	隧道	人为纵火	14 人轻伤	人为纵火
10	2003 年	韩国大邱	车站	人为纵火	98 人死亡，147 人受伤，289 人失踪	人为纵火

除表 1-6 中列举的部分国内外典型地铁火灾案例，结合可查阅的地铁火灾案例，表 1-7 中给出了地铁火灾成因统计，发现地铁火灾成因有 40% 是电气原因。

表 1-7 地铁火灾成因

类型（比例）	地铁火灾成因
电气原因 （40%）	1）电路故障（如机车电路、隧道电路、车站电路、照明或动力电路短路） 2）电气装置故障（如电暖空调、灯具） 3）供电系统故障（如变压器、集成电路、整流器、机房）
意外明火 （18%）	1）施工期间火灾（如地铁施工过程产生的火花） 2）运营期间火灾（如乘客携带易燃或乱扔烟头、座椅起火等）
机械原因 （16%）	1）车辆操作失误 2）机械误撞火花 3）车辆不明原因起火
人为纵火 （9%）	1）普通纵火案件 2）恐怖袭击
其他原因 （17%）	1）不属于上述四种原因之内的火灾 2）未查明原因的火灾

2003 年 2 月 18 日，韩国大邱地铁纵火事件造成死亡 192 人、受伤 148 人、失踪 289 人、财产损失 47 亿韩元，地铁重建费用 516 亿韩元，是后果最严重的地铁火灾之一。韩国大邱地铁纵火事件线性分析如图 1-6 所示。

韩国大邱地铁火灾主要原因如下：

1）列车座椅采用可燃物。韩国地铁列车部分采用易燃材料，3 号车厢起火后，火势迅速蔓延，并释放出大量有毒烟气，导致众多乘客窒息死亡。

2）地铁车站采用侧式站台。由于该地铁车站采用侧式站台，两列列车停靠在一起，间距只有 1.4m，导致 1079 号列车的火势蔓延到 1080 号列车，使 1080 号列车的车厢也燃起大火。

3）列车门无法开启。1079 号和 1080 号列车起火到站后，车门均无法打开，致使许多乘客未能及时逃生。只有 4 号车厢内一名列车长启用紧急开关打开车门，才使一部分乘客通过 4 号车厢安全逃生。

4）缺乏有效的应急照明设施。火灾发生时，列车与车站内漆黑一片。在浓烟、烈火、高温环境下，加之黑暗环境，加剧了人们的恐慌。混乱逃生中，造成人被挤倒，被踩死踩伤。

5）消防设施不完善。站台层未设置自动喷水灭火系统，列车在车站中燃烧时，不能及时出水冷却灭火。火灾发生时，电力、信号系统中断，强排风系统无法开启，整个线路也没有大功率的吸入式排烟车。

6）应急反应处置不当。地铁控制中心接到警报信息后，控制中心值班人员掉以轻心、判断失误、反应迟钝、处置不力，指令 1080 号列车继续开往中央路站，并停靠在正燃烧着的 1079 号列车的边上，任浓烟烈火蔓延，以致两列列车全部葬身火海。

7）消防力量不足。整个地铁火灾救援需要的人力是 804 人，实际可能动员到达现场的

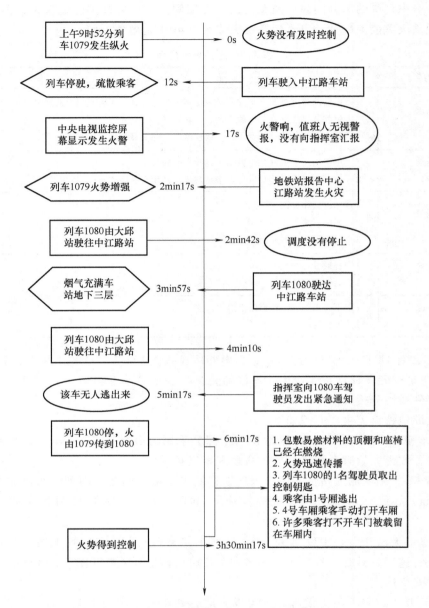

图 1-6　韩国大邱地铁纵火事件线性分析

只有 439 人，并不能全部及时到位。

8）通信系统失灵。由于是地下火灾，消防队员和急救人员配备的无线通信设备，在他们佩戴空气呼吸器的状况下，根本无法进行有效通信。

3. 综合管廊火灾

1984 年 11 月 16 日，日本东京都世田谷地下电缆沟发生火灾，消防队员奋战 17 个小时才将大火扑灭，火灾烧毁直径 7cm 的通信电缆 98 条，长度达 164km，98000 条电话线中断，使全市通信网络陷入瘫痪状态。2016 年 4 月 16 日，重庆市两江新区两江幸福广场黄杨路机电集团路段地下电缆沟内 10kV 电缆失火，造成渝北两江新区的二十余个街道社区，甚至连附近交通信号灯也被临时停电。

通常引起电缆沟火灾的原因有两个：一是电缆本身故障引发着火；二是外界因素引发电缆沟火灾，见表1-8。

表1-8　引起地下电缆沟火灾的因素

序号	电缆本身故障	外界因素
1	电缆发生接地和短路事故时，继电保护未动作，开关切断事故电缆引起电缆过电流致使电缆过热而自燃	施工时，由于电焊、气焊火花飞溅而引起电缆着火
2	电缆接头盒的中间接头因制作工艺不良（如接头盒密封不好），造成绝缘损坏或绝缘性能降低而击穿，形成短路，引起爆炸	电缆在施工中受到机械性损伤，造成气隙，投入运行后常引起局部放电，电弧使电缆发生树纹状裂纹，导致接地短路，引起火灾
3	电缆多次经长时间短路电流冲击，导致绝缘水平下降而引发短路失火	在电缆隧道与油开关室连接处未封堵好，由于油开关漏油引起电缆隧道内存油而造成火灾
4	电缆长期过负荷运行或保护装置不能及时切除负载短路电流，使绝缘过热损坏，造成电缆短路起火	设计不当导致母线短路而引起电缆起火
5	电缆本身质量不过关，引起电缆着火。防火措施不当，使电缆绝缘电阻下降，造成电缆接地或短路事故引起火灾	电缆隧道通往其他建筑物的沟口未用耐火材料封堵，造成外部火灾侵入，引起电缆延燃，扩大火灾
6	电缆长期工作温度为 70~90℃，热量在封闭空间迅速聚积，易引起火灾	电缆沟内未按电压等级分层敷设，或通风不畅，也易引起火灾

4. 地下商场火灾

表1-9汇总了国内部分地下街及地下商场火灾案例。

表1-9　国内部分地下街及地下商场火灾案例

序号	时　间	事故地点	火灾概况及原因
1	2018 年	四川达州好一新商贸城	租户私接照明电源线短路引燃可燃物致灾。大火燃烧60多个小时，1人死亡，商户累计损失千万元以上
2	2014 年	南通钟楼广场地下商场	中央空调冷却塔起火，火灾持续了20多 min 被扑灭，无人员伤亡
3	2013 年	长春依林小镇地下商场	总面积 2600m^2 的服装饰品销售商场起火，过火面积约 70m^2。火灾持续了约 1h，1人死亡
4	2013 年	长春红旗街地下商场	地下商城美食区起火。火灾持续了1个多小时被扑灭，无人员伤亡
5	2008 年	遵义丁字口人防地下商场	一间服装店铺被烧毁。因扑救及时，大火没有蔓延到整座商场
6	2007 年	上海人民广场地下华盛街商场	配电房电缆起火。事故造成地铁2号线人民广场站10、11号出口临时封闭，华盛街地下店铺和摊位也全部停止营业，火灾中无人员伤亡
7	2006 年	包头东河劝业城地下商城	过火面积达上千平方米。现场浓烟多，能见度很低，看不到着火点，火灾持续了5个多小时被扑灭

（续）

序号	时　间	事故地点	火灾概况及原因
8	2005 年	自贡隧道商场	商场内店铺着火，大火将隧道内近 180m 长的店铺烧得面目全非，过火面积在 1000m² 左右，大火持续了 7h
9	2000 年	洛阳东都商厦	施焊工违规操作引燃二楼一家商场可燃物。高温有毒气体导致 309 人中毒窒息死亡

5. 地下车库火灾

地下车库具有面积大、空间封闭、出入口少、通风条件差、可燃物多的特点，另外地下车库结构也日趋复杂，例如仓储式（机械式）立体车库，投资费用大，一旦发生火灾，往往容易造成严重的经济损失和人员伤亡。

地下车库数量日益增多，其火灾也呈上升趋势。表 1-10 为国内外部分城市地下车库火灾案例。

表 1-10　国内外部分城市地下车库火灾案例

序号	时　间	地　　点	事故损失
1	2017 年	海口市龙昆南路 Q 版公寓地下车库	烧毁 6 辆汽车
2	2016 年	邯郸市"红星美凯龙"地下车库	烧毁 3 辆汽车
3	2013 年	北京市朝阳区通惠家园	烧毁 7 辆小轿车
4	2012 年	合肥市铜陵北路香江生态丽景 C 区地下车库	烧毁 30 余辆电动车
5	2012 年	法国巴黎市旺多姆广场地下车库	烧毁 30 余辆汽车

6. 地下仓储火灾

地下仓库因其空间有限、可燃物较多、物品堆放密集、通道狭窄，一旦发生火灾，空气对流差，温度上升快，燃烧释放出的热量在封闭空间迅速聚积，火场温度急剧上升，极易引燃周围其他物质，火灾蔓延迅猛，难以控制。

表 1-11 汇总了国内部分地下仓储火灾案例。

表 1-11　国内部分地下仓储火灾案例

序号	时　间	事故地点	火灾原因及概况
1	2014 年	合肥	某小区沿街商住楼地下仓库起火，600m² 地下仓库堆满服装、鞋类易燃品，仓库空间狭窄，火势大、烟气浓、温度高，19 个中队 200 多名消防官兵奋战 44h 扑灭火灾
2	1993 年	深圳	某危险品储运公司仓库因危险化学品混存发生化学反应引发火灾，并先后发生两次强烈爆炸，造成 15 人死亡，873 人受伤（其中重伤 136 人），直接财产损失 2.54 亿元
3	1985 年	西安	某厂房地下橡胶库电焊渣引燃橡胶海绵板造成火灾。大火共燃烧 123h 才被扑灭，共计损失 380 万元

1.4 城市地下空间火灾预防与控制概述

国内外发生的地下空间火灾均表明，地下空间火灾在短时间内就能对设施造成很大的破坏，特殊的火灾环境也对人员逃生和灭火救援提出挑战。地下空间火灾时的疏散救援困难、排烟困难和灭火困难等特点，使得其相对地面建筑火灾更难防范和抗御。

为预防与控制城市地下空间火灾，地下空间通常采取相比地面建筑更严格的预防火灾和控制火灾的措施。预防地下空间火灾措施和控制地下空间火灾措施均包括技术措施和管理措施。预防地下空间火灾的技术措施主要涉及建筑物的耐火等级、建筑材料燃烧性能。各耐火等级建筑物对建筑构件的燃烧性能均有相应的要求。预防地下空间火灾的管理措施主要涉及消防设施的使用管理，比如日常管理中排查电气设备短路、漏电等火灾隐患，检查是否存在占用消防车道和疏散通道的现象。做好预防地下空间火灾措施，可以减少可燃物和点火源，从而截断地下空间火灾的根源。

控制地下空间火灾的技术措施涉及的内容很广泛，但目标很明确，即一旦火灾发生，应尽量保证初期火灾得到控制而不致扩大；如果控制不住，则应保证火灾及其高温烟气在一定时间内不扩散，特别是不蔓延到人员安全疏散、紧急避难的区域。具体来说，控制地下空间火灾措施包括建筑防火分区、火灾探测与灭火系统设计、防排烟系统设计、人员疏散与救援设施设计和使用管理（图1-7）。首先，建筑防火分区从地下空间结构上进行控制初期火灾。在此基础上，火灾探测与灭火系统采用报警联动扑灭火灾或控制火势。同时，采用防排烟系统确保在火势过大时烟气在一定时间内不扩散。再优化设计人员疏散与救援设施，确保火势过大时人员安全。最后，使用管理措施预防地下空间火灾发生及确保火灾时人员疏散与救援工作的有效开展。

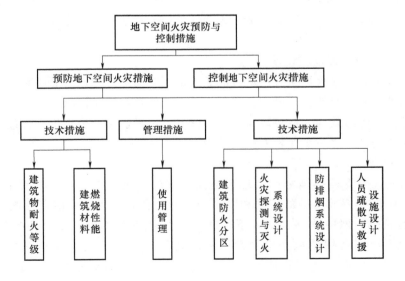

图1-7 地下空间火灾预测与控制措施

（1）建筑物耐火等级与建筑材料燃烧性能

建筑物耐火等级是由墙、梁、柱、楼板、屋顶承重构件等主要建筑构件的燃烧性能和耐火极限决定的。地下建筑物耐火等级多为一、二级。一级耐火等级建筑物的主要构件全部为非燃烧体；二级耐火等级建筑物的主要构件，除吊顶为难燃烧体外，其余为非燃烧体。不同地下场所内部的材料也有相应的要求，例如城市综合管廊中电力电缆应采用阻燃电缆或不燃电缆。

（2）建筑防火分区

防火分区是有效防止火灾扩大和烟气蔓延的重要措施，在地下空间火灾中其作用尤其突出。严格按规范要求划分防火分区，主要是为了控制火灾范围，防止火灾蔓延扩大到相邻防火分区，以至蔓延到整个工程，防止火烧成片，减少火灾损失。由于地下空间火灾疏散困难和扑救困难的特点，设置防火分区就显得更加重要和有效。但是划分防火分区会对平时使用带来一定的不便影响，有的地下工程希望面积大、空间开阔，这就需要妥善处理好这一矛盾。可以采取增设自动灭火系统来扩大防火分区的使用面积，或者用防火卷帘加水幕保护进行分割。

（3）火灾探测与灭火系统设计

由于地下空间结构和火灾的特殊性，从外部开展扑救工作难度很大，主要依靠其自身的建筑消防设施控制并扑灭火灾。火灾探测与灭火系统是实现在地下空间发生火灾时及时有效扑救和降低损失的重要措施。因此，对于大型地下仓库、地铁、隧道和地下公共活动场所等，应设置火灾自动报警设备，以便及时发现火灾；并利用自动报警装置启动相应的灭火设施，扑灭火灾或控制火势。

（4）防排烟系统设计

地下空间除了采用火灾探测与灭火系统加强火灾自救能力，还设置防排烟系统，控制烟气的扩散，进一步提高地下空间火灾防控能力。许多案例表明，地下空间火灾中产生的有毒有害烟气是导致人员死亡的最主要原因。地下空间设置烟气控制系统，可将烟气排至地下空间外，限制及改变烟气扩散方向，为人员疏散创造安全条件或争取时间。

（5）人员疏散与救援设施设计

地下空间火灾时，灭火救援必须从口部进入地下空间进行作业，而此时地下空间内部人员正从口部向外疏散，必然会造成人流交叉，延误疏散及救援时机。因此，在控制烟气的基础上，地下空间设置有效的人员疏散与救援设施，火灾时引导人员逃生，合理进行灭火救援作业，避免人流交叉，进一步保障人员疏散安全。

（6）使用管理

通过有效完善的管理措施可避免地下空间火灾的发生与扩大，主要有下述几个方面：①加强对地下空间中存放物品的管理和限制。不允许在其中生产或储存易燃、易爆物品和着火后燃烧迅速而猛烈的物品；②地下空间装修材料应是难燃、无毒的产品；③应确定合理的公共地下空间使用层数和掩埋深度；④地下空间使用功能具有开拓性和突破性，由于国内规范编制滞后，专项科研研究不足，导致部分项目超规范设计，需要进行消防安全专项设计。

复 习 题

1. 城市地下空间按照开发深度和用途可以划分为哪些类别？
2. 简述城市地下空间主要灾害事故类型及其特征。
3. 简述城市地下空间火灾的特点。
4. 预防与控制城市地下空间火灾通常采用的措施有哪些？

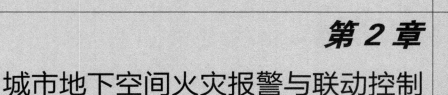

第 2 章
城市地下空间火灾报警与联动控制

本章学习目标：

　　了解城市地下空间火灾自动报警系统的组成、联动控制系统的组成和火灾探测器的分类。

　　理解火灾探测的基本原理、火灾自动报警系统与联动控制系统的工作原理。

　　掌握地下空间火灾探测器选型、联动控制方式和工作流程。

本章学习方法：

　　在分析、理解城市地下空间火灾报警与联动控制原理的基础上，可将各类火灾探测器和联动控制组成系统的特点、工作原理和流程进行归纳总结，明确其适用的地下场所，合理设计火灾报警系统和联动控制系统。

2.1 概述

　　火灾自动报警系统是探测地下空间火灾早期特征、发出火灾报警信号，为人员疏散、防止火灾蔓延和启动自动灭火设备提供控制与指示的有力工具，是实现地下空间运营安全的重要硬件保障。根据我国现行规范要求，地下商业街、长度超过 500m 的城市隧道、地铁、地下停车场和综合管廊舱室等地下空间均设火灾自动报警系统。

　　火灾自动报警系统主要由火灾探测器和火灾报警装置构成，其中火灾报警装置包括手动报警按钮、报警器、火灾报警控制器。各装置作用如下：

　　1）火灾探测器：火灾探测器是火灾自动探测系统的传感部分，能产生并发出火灾报警信号，或向控制和指示设备发出现场火灾状态信号的装置。

　　2）手动报警按钮：手动报警按钮是向报警器手动发送火情的设备，准确性很高。

　　3）报警器：当发生火情时，报警器能发出声或光警报。

　　4）火灾报警控制器：火灾报警控制器具有火灾报警、火灾报警控制、故障报警、屏蔽、监管、自检、信息显示与查询功能，并可为火灾探测器供电。

　　火灾自动报警系统与联动控制的工作原理如图 2-1 所示。安装在保护区的火灾探测器不断向其监视的现场发出巡测信号，监视现场的烟气浓度、温度等，并不断反馈给火灾报警控制器。火灾报警控制器将接收的信号与内存的正常值比较，判断是否发生火灾，确定发生火灾后，发出声光报警，显示火灾区域的地址编码，并打印报警时间、地址等，同时向火灾现场发出警铃报警。报警信号传输至消防联动控制器，依据预置的逻辑编程，启动灭火系统、防排烟系统，使应急疏散指示灯亮，指明疏散方向等。

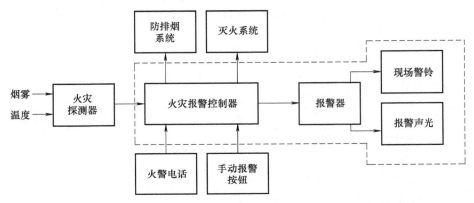

图 2-1　火灾自动报警系统与联动控制的工作原理

2.2 城市地下空间火灾探测

2.2.1　火灾探测器分类与选型

1. 火灾探测器分类

　　地下空间的火灾探测是以物质燃烧过程中产生的各种现象为依据，获取物质燃烧发生、发展过程中的各种信息，并把这种信息转化为电信号进行处理。火灾探测器根据火灾参数信息采集类型主要分为感烟火灾探测器、感温火灾探测器、感光（火焰）火灾探测器、气体火灾探测器（可燃气体探测器）和复合火灾探测器五类，见表 2-1。

　　另外，地下空间的火灾探测器按结构造型可以分成点型和线型两类：①点型火灾探测器：响应某一点周围的火灾参数；②线型火灾探测器：响应某一连接线路周围的火灾参数。

表 2-1　火灾探测器分类

类型	结构造型		探测原理
感烟火灾探测器	点型	离子感烟探测器	单源单室感烟探测器；双源双室感烟探测器；双源单室感烟探测器
		光电感烟探测器	减光型感烟探测器；散射型感烟探测器
	线型	吸气式感烟火灾探测器	
		线型光束感烟火灾探测器；截面感烟火灾探测器	
	图像型感烟火灾探测器		

（续）

类型	结构造型		探 测 原 理
感温火灾探测器	点型	定温	玻璃球膨胀定温探测器；易熔合金定温探测器；金属薄片定温探测器；双金属水银定温探测器；热电偶定温探测器；半导体定温探测器
		差温	金属模盒式差温探测器；热敏电阻差温探测器；半导体差温探测器；双金属差温探测器
		差定温	金属模盒式差定温探测器；热敏电阻差定温探测器；双金属差定温探测器；半导体差定温探测器；模盒式差定温探测器；热电偶线型差定温探测器
	线型	定温	半导体线型定温火灾探测器；缆式线型定温火灾探测器；光纤布拉格光栅定温火灾探测器；分布式光纤线型定温火灾探测器；线型多点型感温火灾探测器
		差温	空气管式线型差温火灾探测器；热电偶线型差温火灾探测器
	图像型感温火灾探测器		
感光火灾探测器	点型紫外火焰探测器；红紫外复合火焰探测器		
	点型红外火焰探测器；双红外火焰探测器；三红外火焰探测器		
	图像型火焰探测器		
气体火灾探测器	半导体气体探测器；接触燃烧式气体探测器；光电式气体探测器；红外气体探测器；光电式气体探测器；热线型气体探测器；光纤可燃气体探测器		
复合火灾探测器	光电烟温复合探测器；光电烟温气（CO）复合探测器；双光电烟温复合探测器；焰烟温复合探测器；双光电烟双感温复合探测器；离子烟光电烟感温复合探测器		

2. 地下场所火灾探测器的选型

地下场所中火灾探测器的选择要充分考虑探测区域内可能发生的火灾特征，空间的高度和形状，火灾探测器的特点和使用环境条件以及可能引起误报的各种因素。譬如，灰尘大、水蒸气多、油雾经常出现的地方不适合用感烟火灾探测器；有高温黑体或低于 0℃ 的场所不适合用感温火灾探测器；地下商业街的火灾通常有阴燃阶段，不能用感温火灾探测器，而要选用感烟火灾探测器；地下车库和商业街的火灾，由于其通风状况不佳，初期极易造成燃烧不充分从而产生一氧化碳气体，可增设一氧化碳火灾探测器；净空高大于 12m 的高大地下空间要用光截面感烟火灾探测器、红外光束线型感烟火灾探测器或者火焰探测器，而不能用点型的感烟火灾探测器和感温火灾探测器等。

表 2-2 给出了各类火灾探测器适用的地下场所，供参考。在实际使用中，在表中找不到所设计的使用场所时，可以参照类似场所选用探测器。此外，对于设有联动装置、自动灭火系统以及用单一探测器不能有效确认火灾的场合，宜采用同类型或不同类型的探测器组合探测。

表 2-2 显示，隧道宜采用线型感温探测器和点型、线型感光探测器。线型感温探测器包括分布式光纤感温探测器和光纤光栅感温探测器；点型感光探测器主要包括双波长火焰探测器。城市道路隧道、特长双向公路隧道和水底隧道等车流量大、疏散与救援较困难，宜采用两种及以上的火灾参数的探测器，如：城市道路隧道、特长双向公路隧道和道路中的水底隧

道，应同时采用线型光纤感温火灾探测器和点型红外火灾探测器（或图像型火灾探测器）；其他公路隧道应采用线型光纤感温火灾探测器或点型红外火焰探测器。

表 2-2　各类火灾探测器适用的地下场所

序号	场所或情形	感烟		感温		感光		气体	说　明
		点型	线型	点型	线型	点型	线型		
1	计算机房、通信房、楼梯、走道、电梯机房等有电气火灾危险	○							灵敏度要高、中档次联合使用
2	发电机房、地下餐饮中厨房、锅炉房	×	×	○					
3	汽车库	○							
4	商店、仓库	○	○						
5	电站、变压器间、配电室	○	○			○	○		
6	大空间（地下商业街中庭、地铁车站和站台等公共区域、大型库房、大型车库）	×		×		○			宜采用图像型火灾探测器
7	公路隧道、地铁运行区间	×	×		○	○	○		宜采用光纤感温探测器、双波长火焰探测器
8	电缆隧道、电缆竖井、电缆桥架、夹层、闷顶	×	×		○				
9	需要检测环境温度和被检测物体湿度的变化，人员不易进入				○				具有实时温度检测的线型光纤探测
10	天然气管道舱	×	×	×	×	×	×	○	

注：○——适合的探测器，优先选用；空白——无符号，表示谨慎选用；×——不宜选用的探测器。

地铁的地下车站站厅层、站台层公共区、长度超过 60m 的出入口通道设置智能型感烟探测器；疏散通道上的防火卷帘门设智能型感烟及感温探测器；电缆通道、变电站电缆夹层的电缆桥架上设置缆式线型感温探测器或线型光纤感温探测器；无人驾驶的列车在客室、牵引单元等重要部位安装感烟探测器，有人驾驶的列车可根据需要设置感烟探测器。

综合管廊舱室内重点防护区域需要设置感温及感烟火灾探测器或火焰探测器；其中天然气管道舱需要设置可燃气体探测器；其他区域一般设置感温火灾探测器。

地下空间的机电设备用房一般选用智能点型感烟、感温探测器或极早期空气采样报警系统。

2.2.2　感烟火灾探测器

感烟火灾探测器是一种响应地下空间内燃烧或热解产生的固体或液化微粒的装置，有离子感烟型、光电感烟型、激光感烟型、吸气式感烟型等类型。其中，光电感烟火灾探测器按其动作原理的不同，还可以分为散射光型（应用烟气粒子对光散射原理）和减光型（应用烟气粒子对光路遮挡原理）两种。

可应用感烟火灾探测器的场所：道路隧道的配套设备用房；地铁车站站厅层、站台层公共区，车站设备管理用房以及主变电站设备管理用房，长度超过 60m 的出入口通道，车辆基地的综合楼、信号楼、主变电站及混合变电站等地面建筑设备用房、办公用房，地上车站的封闭式公共区，无人驾驶的列车的客室、牵引单元，车辆段检修库、运用库；综合管廊的舱室内重点防护区域、风机房、变配电室；通风良好的地下车库。

1. 离子感烟火灾探测器

离子感烟火灾探测器由串联的内、外电离室和电子线路组成，其原理如图 2-2 所示。外电离室又称检测电离室，烟气可以进入其中；内电离室又称补偿电离室，空气可以缓慢进入，而相对于烟气是密封的。电离室内部有一片同位素 ^{241}Am 放射源，放射出的 α 射线使两电极间的空气分子电离，形成正离子和负离子。当在两电离室间施加一定的电压时，正离子和负离子在电场的作用下将定向移动，从而形成离子电流。

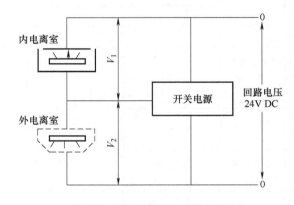

图 2-2　离子感烟探测器原理

当发生火灾时，烟气进入外电离室，烟气粒子吸附带电离子，减慢离子移动速度；同时，烟气粒子阻挡 α 射线，使空气的电离能力减弱，因而使电离电流减少。当外电离室电压变化值超过阈值时电路动作，输出火灾信号。

2. 光电感烟火灾探测器

光电感烟火灾探测器是利用火灾烟气对光产生吸收和散射作用来探测火灾的一种装置，分为减光型和散射光型两大类。减光型光电感烟探测器中发光元件的发射光受到烟气的遮挡，使受光元件接受的光量减少，光电流降低，发出报警信号，其原理如图 2-3 所示。散射光型光电感烟探测器中烟气使发光元件发射的光发生散射，散射光被受光元件接收，从而改变受光元件阻抗，产生光电流，发出报警信号，其原理如图 2-4 所示。

减光式光电感烟探测原理可用于构成点型感烟探测器，更适合于构成线型感烟探测器，如红外光束感烟探测器（响应监视范围中某一线路周围的烟气粒子）。因此，它测量区的光路暴露在被保护的空间，并加长了许多倍。线型红外光束感烟探测器原理如图 2-5 所示，其监视范围更广，保护面积更大。

散射光式光电感烟探测器根据接收散射光的角度，分为前向散射与后向散射两种。前向散射光电感烟探测器中受光元件接收颗粒光散射角度为锐角时的光信号，如图 2-4 所示。后向散射式光电感烟探测器中受光元件接收颗粒光散射角度为钝角时的光信号，如图 2-6 所示。

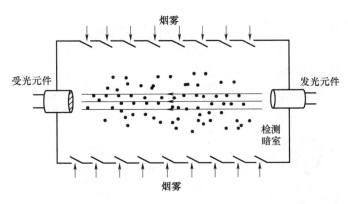

图 2-3　减光型光电感烟探测器原理

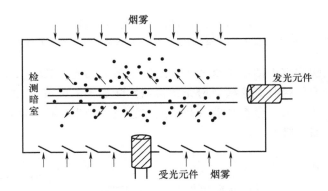

图 2-4　散射光型光电感烟探测器原理

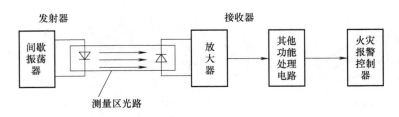

图 2-5　线型红外光束感烟探测器原理

　　前向散射式感烟探测器对黑烟响应灵敏度较差，易形成漏报，因为明火燃烧生成的黑烟颗粒具有较强的光吸收能力。后向散射式光电感烟探测器弥补了前向散射式光电感烟探测器对光吸收能力较强的黑烟响应灵敏度较差的状况，对各种烟颗粒的响应灵敏度较一致。前向散射原理和后向散射原理各有自己的特点，可以考虑充分利用两者的探测优势，将它们组合起来实现感烟探测。其方法是在探测室内设置两个相对的光发射器，光接收器选择合适的角度设置，构成探测结构。其中一个光发射器与光接收器构成前向散射探测器结构。另一个光发射器与光接收器构成后向散射探测器结构。

3. 激光感烟火灾探测器

　　激光感烟探测器配有一个具备收集探测散射光的装置，探测光源为激光，此光源被装在

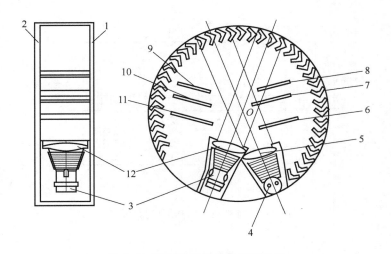

图 2-6　后向散射光电感烟探测器

1—光室　2—迷宫　3—发射管室　4—接收管室　5—接收透镜　6～11—新月叶片　12—发射透镜

探测室内，当出现在探测室内的粒子直径大于或等于激光的光波长时，便发生散射现象，其内部的电子接收装置即可接收到这些散射光，根据判断粒子的遮蔽率及形状来识别火灾。激光测量室原理如图 2-7 所示，激光二极管和集成的透镜使光束在接近感光器时聚成很小的光束，光束到达吸光板而被吸收。

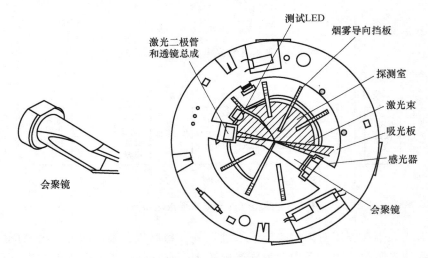

图 2-7　激光测量室原理

激光感烟探测器中聚焦的光束不会触及内壁，而且会聚镜带负电性，灰尘无法沉积，可以消除尘埃的影响。另外，高度聚焦的光线加上特殊的算法，使探测器可以区分尘埃和烟气粒子。因此，激光感烟探测器可以在火灾阴燃阶段比离子感烟探测器及光电感烟探测器更早地探测到火灾。

4. 吸气式感烟火灾探测器

吸气式感烟探测器通过空气采样管把保护区的空气吸入探测器进行分析从而进行火灾的

早期预警，主要由气体采样管网、空气分配阀、空气过滤器、抽气泵、氙灯光电探测器和报警控制器等组成，如图 2-8 所示。

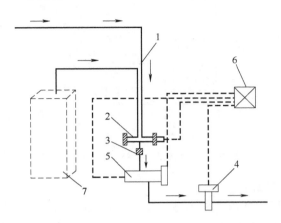

图 2-8　吸气式感烟探测报警系统组成
1—气体采样管网　2—空气分配阀　3—空气过滤器　4—抽气泵　5—氙灯光电探测器
6—报警控制器　7—计算机柜（气体采样场所）

　　气体采样管网采集被保护区域内的空气样本，经过空气过滤器过滤掉其中直径大于 25μm 的微粒，再由抽气泵连续不断地抽至氙灯光电探测器中，实时检测空气样本的烟气浓度。一旦发生火灾，进入氙灯光电探测器中的烟颗粒会对光产生较强的散射，使光电接收器收到光强度变化信息，输出相应的直流电压，送入报警器进行计算处理。报警器可显示提醒、预警、火警三个等级。

2.2.3　感温火灾探测器

　　感温火灾探测器是一种响应异常温度、温升速率的火灾探测器，分为定温火灾探测器（温度达到或超过预定值时响应的火灾探测器）、差温火灾探测器（温升速率超过预定值时响应的火灾探测器）、差定温火灾探测器（兼有差温、定温两种功能的火灾探测器）。感温探测器主要由温度传感器和电子线路构成，由于采用不同的敏感元件，如热敏电阻、热电偶、双金属片、易熔金属、膜盒和半导体等，因此派生出了各种名称的感温火灾探测器。

　　地下空间，如道路隧道、地铁的电缆通道、茶水室和防火卷帘门的控制、综合管廊，均可采用感温火灾探测器。

1. 定温火灾探测器

　　定温探测器有点型和线型两种结构形式。阈值比较型点型定温探测器是点型定温探测器中的一种，缆式线型定温探测器是线型定温探测器中的一种。

　　（1）阈值比较型点型定温探测器

　　阈值比较型点型定温探测器一般利用双金属片、易熔合金、热电偶、热敏电阻等元件为温度传感器。如图 2-9 所示，双金属片定温探测器由外壳、双金属片、触头和电极组成。探测器的温度敏感元件是一只双金属片。当发生火灾时，探测器周围的环境温度升高，双金属片受热会变形而发生弯曲。当温度升高到某一特定数值时，双金属片向下弯曲推动触头，于是两个电极被接通，相关的电子线路送出火警信号。

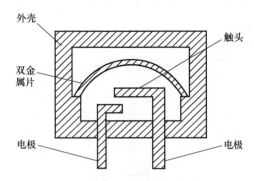

图 2-9 双金属片定温探测器主体结构

（2）缆式线型定温探测器

缆式线型定温火灾探测器由两根弹性钢丝分别包敷热敏绝缘材料，绞对成型，绕包带再加外护套而制成，如图 2-10 所示。在正常监视状态下，两根钢丝间阻值接近无穷大。由于有终端电阻的存在，电缆中通过细小的监视电流。当电缆周围温度上升到额定动作温度时，其钢丝间热敏绝缘材料性能被破坏，绝缘电阻发生跃变，接近短路，火灾报警控制器检测到这一变化后报出火灾信号。当缆式线型定温火灾探测器发生断线时，监视电流变为零，控制器据此可发出故障报警信号。

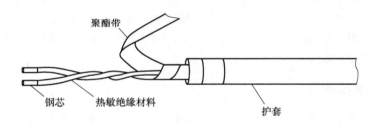

图 2-10 缆式线型定温感温电缆结构

此外，缆式线型定温探测器可以实现多级报警。缆式线型多级定温探测器由两根弹性钢丝分别包敷两种不同热敏系数的热敏材料，绞对成型，线缆外绕包带再加外护套而制成，如图 2-11 所示。在正常监视状态下，两根钢丝间的阻值接近无穷大。当现场的温度上升到火灾探测器设定的低温度等级时，发出火灾预警，提醒人们注意，以便检查现场；当火灾继续发展，温度上升到高温度等级时，发出火灾报警信号，从而实现火灾探测器在火灾不同时期多级报警的目的。

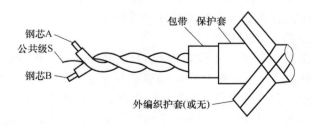

图 2-11 缆式线型多级定温感温电缆结构

2. 差温火灾探测器

差温探测器也有点型和线型两种形式。膜盒式差温探测器是点型探测器中的一种，空气管式差温探测器是线型火灾探测器中的一种。

（1）膜盒式差温探测器

膜盒式差温探测器结构如图 2-12 所示。其主要由感热室、波纹膜片、气塞螺钉及电触点等构成。壳体、波纹膜片和气塞螺钉共同形成一个密闭的气室，该气室只有气塞螺钉的一个很小的泄气孔与外面的大气相通。在环境温度缓慢变化时，由于有泄气孔的调节作用，气室内外的空气压力仍能保持平衡。但是，当发生火灾，环境温度迅速升高时，气室内的空气由于急剧受热膨胀而来不及从泄气孔外逸，致使气室内的压力增大将波纹膜片鼓起，而被鼓起的波纹膜片与电触点接通，于是送出火警信号到报警控制器。

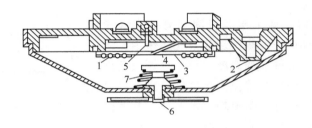

图 2-12　膜盒式差温探测器结构

1—感热室　2—泄气室　3—波纹膜片　4—电触点　5—气塞螺钉　6—易熔合金　7—弹簧

膜盒式差温探测器具有工作可靠、抗干扰能力强等特点。但是，由于它是靠膜盒内气体热胀冷缩而产生盒内外压力差工作的，因此其灵敏度受到环境气压的影响。若将在我国东部沿海标定适用的膜盒式差温探测器拿到西部高原地区使用，其灵敏度有所降低。

（2）空气管式差温探测器

空气管式线型差温探测器的敏感元件空气管为 $\phi 3 \times 0.5mm$ 的紫铜管，置于要保护的现场，传感元件膜盒和电路部分可装在保护现场内或现场外，如图 2-13 所示。

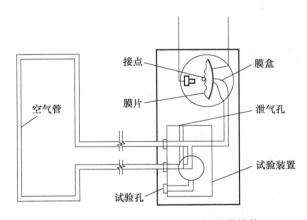

图 2-13　空气管式线型差温探测器结构

当气温正常变化时，受热膨胀的气体能从传感元件泄气孔排出，因此不能推动膜片，动、静接点不会闭合。一旦监视场所发生火灾，现场温度急剧上升，使空气管内的空气突然受热膨胀，泄气孔不能立即排出，膜盒内压力增加推动膜片，使之产生位移，动、静接点闭合，接通电路，输出火警信号。

空气管式差温火灾探测器具有报警可靠、不怕环境恶劣等优点，在多粉尘、湿度大的场所也可使用，尤其适用于可能产生油类火灾且环境恶劣的场所和不易安装点型探测器的夹层、闷顶、库房、地道，由于敏感元件空气管不带电，也可安装在防爆场所。但由于长期运行空气管线路泄漏，检查维修不方便等原因，相比其他类型的感温探测器，空气管式差温火灾探测器使用的场所较少。

3. 差定温火灾探测器

差定温火灾探测器是兼有差温火灾探测和定温火灾探测复合功能的火灾探测器。若其中的某一功能失效，另一功能仍起作用，因而大大地提高了工作的可靠性。图 2-14 为差定温火灾探测器的工作原理。

差定温火灾探测器一般采用两只同型号的热敏元件，其中一只热敏元件位于监测区域的空气环境中，使其能直接感受到周围环境气流的温度，另一只热敏元件密封在探测器内部，以防止与气流直接接触。当外界温度缓慢上升时，两只热敏元件阻值均缓慢下降，此时探测器表现为差温特性；当外界温度急剧上升时，位于监测区域的热敏元件阻值迅速下降，而在探测器内部的热敏元件阻值变化缓慢，此时探测器表现为定温特性。

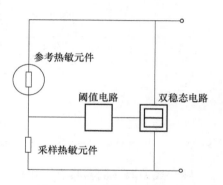

图 2-14　差定温火灾探测器的工作原理图

4. 光纤感温火灾探测器

光纤感温火灾探测器根据动作方式可分为定温型、差温型、差定温型；根据探测方式可分为分布式、准分布式；根据功能构成可分为探测型、探测报警型。

（1）分布式光纤感温火灾探测器

分布式光纤线型感温火灾探测器（DTS）是一款基于光纤拉曼（Raman）散射原理的火灾探测器，能实时监测感温光纤沿线温度的变化。其工作原理如图 2-15 所示，激光光源沿着光纤注入光脉冲，脉冲大部分能传到光纤末端并消失，但小部分拉曼散射光会沿着光纤反射回来，对这一后向散射光进行信号采集，并在光电装置中进行分析，从而提供给用户有关温度的信息。实质上输出的就是整条光纤的温度分布图。光纤可分为多个 1m 长的区域，每个区域有不同的温度读数，该探测系统可以对温度分布图进行设定，当温度超过预定值时可发出警报。

分布式光纤感温火灾探测器尤其适用于电缆、隧道等地下空间的火灾探测。它可以在同一监测点或监测区域设置不同的温度警戒线，同时实现预警以及火灾报警等，还可以根据温升速率进行报警。在电缆隧道内，它可以对沿线电缆温度变化进行在线监测，事故发生时做出快速反应并报警。在道路隧道中，用户可将控制单元安置在隧道外，只将分布式光纤感温探测器安装于隧道中。因此，火灾情况下，只要有一个探测器终端仍与控制单元相连接，所有未受影响的探测器都能继续提供温度信息并加以定位。

隧道中应用分布式光纤感温火灾探测器的另外一个功能是能在同一个区域内对于温度的峰值和平均值加以描述并定位。一般情况下，温度峰值的测定用于火情监测，而温度平均值

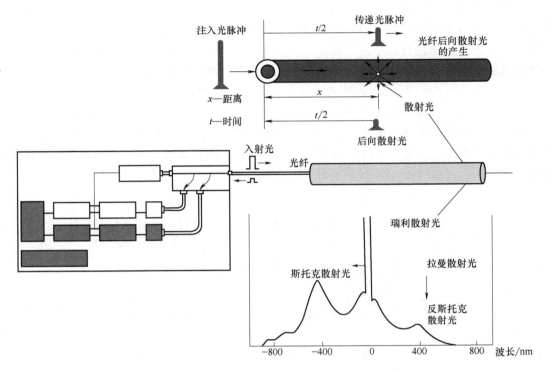

图 2-15　分布式光纤感温火灾探测器工作原理

的测定则可以用于隧道整体环境监测。这一功能特别适用于根据列车运行情况为实施通风的地铁隧道。在交通拥挤或者是突然断电的情况下，地铁列车仍能在隧道内继续行驶一段时间。从列车冷凝器所排放出的热量将隧道内密闭空气的温度提高直至越过可接受的温度极限，从而使得排风设备开始工作，加速空气的流通。然而，隧道内的温升也有可能是由火情所引起的，此时自动打开排风装置将是非常危险的。分布式光纤感温火灾探测器在此时可通过相邻隧道来获得温度的峰值和平均值来区别以上两种情况，据此开关风机。

（2）光纤布拉格光栅感温火灾探测器

光纤由芯层和包层组成，利用光纤芯层材料的光敏特性，通过紫外准分子激光采用相位掩膜板干涉曝光的方法使一段光纤纤芯的折射率发生永久性改变，折射率的改变呈周期性分布，形成光纤布拉格光栅（Fiber Bragg Grating，FBG），其原理如图 2-16 所示。

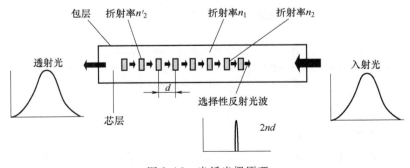

图 2-16　光纤光栅原理

光纤芯层原有的折射率为 n_2，被紫外光照射过的部分的折射率变为 n_2'，折射率的分布周期 d 就是光纤光栅的栅距，当宽带光通过光纤光栅时，满足布拉格条件的波长被光栅反射回来，其余波长的光透射，反射光波长随光栅栅距 d 的改变而改变。由于光栅栅距 d 对环境温度非常敏感，因此，通过检测反射波长的变化可以计算出环境温度的改变量。

FBG 感温火灾探测器基本原理如图 2-17 所示。一根光纤上串接多个光栅，宽带光源所发射的宽带光经 Y 形分路器通过所有的光栅，每个光栅反射不同中心波长的光，反射光经 Y 形分路器的另一端口耦合进 FBG 感温探测信号处理器，通过 FBG 感温探测信号处理器探测反射光的波长及变化，就可以得到解调数据，再经过处理，就得到对应各个光栅所处环境的实际温度。

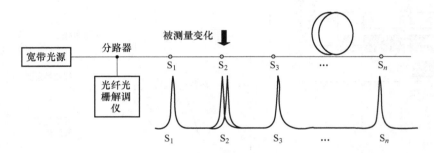

图 2-17　光纤布拉格光栅（FBG）感温火灾探测器基本原理

FBG 感温火灾探测器可进行准分布式测量，测量点可在 5km 范围内任意设置，其结构如图 2-18 所示。FBG 感温火灾探测器本质上是点型感温火灾探测器，故适用于配电装置和开关设备，但是其长距离探测不如分布式光纤感温火灾探测器。

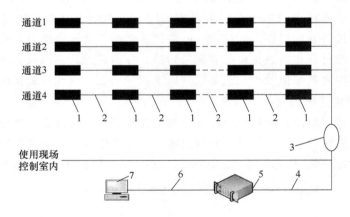

图 2-18　FBG 感温火灾探测器结构

1—光栅感温探测单元　2—连接光缆　3—光缆连接器　4—传输光缆　5—信号处理器
6—电缆 4mm×1.5mm　7—报警控制器或系统计算机

2.2.4　火焰探测器

火焰探测器又称感光式火灾探测器，响应火焰辐射出来的红外光或紫外光，分为紫外火焰探测器、红外火焰探测器和紫外红外复合火焰探测器。火焰探测器可用在综合管廊舱室内重点区域。

1. 紫外火焰探测器

紫外火焰探测器由紫外光敏管、透紫石英玻璃窗、紫外线试验灯、光学遮护板、反光环、电子电路及防爆外壳等组成，其结构如图 2-19 所示。

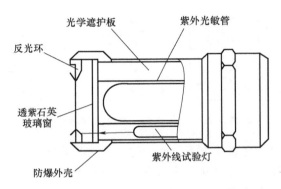

图 2-19　紫外火焰探测器结构

由于火焰中含有大量的紫外辐射，当紫外火焰探测器中的紫外光敏管接收到波长为 $0.185 \sim 0.245\,\mu m$ 的紫外辐射时，光子能量激发金属内的自由电子在极间电场作用下加速向阳极运动，途中撞击气体分子使其电离，管内形成雪崩放电，使光敏管输出脉冲信号送至报警控制器，发出火灾报警信号。

紫外火焰探测器对火焰反应速度快、可靠性较高，探测距离通常在 15m 左右，特别适合火灾初期不产生烟气的场所。

2. 红外火焰探测器

红外火焰探测器是通过响应火焰产生的光辐射中波长大于 700nm 的红外辐射进行工作的。红外火焰探测器基本上包括一个过滤装置和透镜系统，用来筛除不需要的波长，而将收进来的光能聚集在对红外光敏感的光电管或光敏电阻上。红外火焰探测器按照红外热放电传感器数量不同可以分为单波段红外火焰探测器、双波段红外火焰探测器和多波段红外火焰探测器。

图 2-20 为典型的红外火焰探测器原理示意图。首先红外滤光片滤光，排除非红外光线，由红外光敏管将接收的红外光转变为电信号，经放大器（1）放大和滤波片滤波（滤掉电源信号干扰），再经内放大器（2）积分电路等触发开关电路，点亮发光二极管（LED）确认灯，发出报警信号。

白炽灯等能够辐射出红外线的光源容易造成红外火焰探测器误报。双波段红外火焰探测器能够有效地减小甚至避免误报。它有两个探测元件（红外热释电传感器），其中一个和单波段红外火焰探测器的探测元件一样，用于探测火焰中的红外辐射；另外一个以红外热释电传感器作为参比通道，选取不同透射谱带的滤光片，用于排除其他红外辐射源的干扰。当存在明火时，用于火焰探测的红外热释电传感器传出的信号大于参比的红外热释电传感器输出的信号，这时探测器报警；当有黑体辐射等强干扰时，参比的红外热释电传感器输出的信号大于火焰探测的红外热释电传感器输出的信号，探测器不报警。

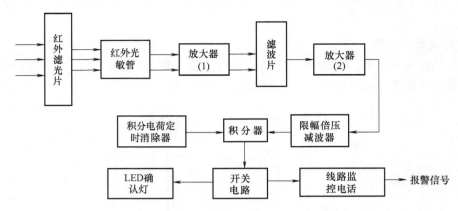

图 2-20   红外火焰探测器原理示意图

多波段红外火焰探测器是将 3 个不同波长的红外探测器复合在一起，其原理与双波段红外火焰探测器类似，增加了红外热释电传感器克服外界干扰。

3. 紫外红外复合火焰探测器

为了减少误报警，有些火焰探测器装有两个吸收不同波段辐射的探头。紫外红外复合火焰探测器选用了一个紫外线探头和一个高信噪比的窄频带的红外线探头。紫外探头容易受电焊光、电弧、闪电、X 射线等（紫外线辐射）触发而产生误报警。为了防止误报警的发生，复合火焰探测器增加了一个红外检测通道。只有当探测器同时接收到特殊波段的红外信号和紫外线信号时，才确认有火焰存在，更大程度上防止误报警。

2.2.5　图像型火灾探测器

图像型火灾探测器采用摄像机监测现场环境，利用图像传感器的光电转换功能，将火灾光学图像转换为相应的电信号"图像"，把电信号"图像"传送到信息处理主机，信息处理主机结合各种火灾判据对电信号"图像"进行图像处理，最后得出有无火灾的结果，若有火灾，则发出火灾报警信号。图像型火灾探测器按照火灾探测参数的不同，可分为图像型感烟火灾探测器、图像型火焰火灾探测器、图像型感温火灾探测器。

图像型感烟探测器适用于地铁中车辆段检修库、运用库，停车场的停车列检库及材料总库等大型库房；图像型火焰火灾探测器适用于综合管廊舱室内重点防护区域。

1. 图像型火焰火灾探测器

图像型火焰火灾探测器通过采用视频图像方式分析燃烧或热解过程中产生的火焰进行火灾探测。对于一般物质如木质制品等可燃物，早期火灾主要光谱特征在红外红光范围，一般燃烧很难达到蓝光范围。通过摄像机提取的火灾影像，利用多重判据，可实现火灾早期探测。

图像型火焰火灾探测器的核心技术为火焰的提取。火灾火焰一般具有较为明显的视觉特征：火焰颜色、火焰纹理、亮光闪烁和外形变化等。图像型火灾探测探测器的研究最早开始于对火焰的检测，目前已经形成多种基于图像的火灾火焰检测算法。

2. 图像型感烟火灾探测器

图像型感烟火灾探测器是通过采用视频图像方式分析燃烧或热解过程中产生的烟气进行

火灾探测。它使用模式识别、持续趋势、双向预测算法，并运用神经网络特有的自学习功能和自适应能力，根据现场自动调整运行参数，它的容错能力提高了系统的可靠性。相对于传统的感烟火灾探测器，它可应用于大范围、超长距离火灾探测，使获取信息的成本大大降低，对有焰火和阴燃火灵敏度都有提高，误报率低，抗干扰性强，适应环境能力强，方便工程安装，可实现多层面立体安装。

图像型感烟火灾探测器由光源发光部分、截面成像部分和信号处理部分组成，如图 2-21 所示。通过红外发光阵列发射红外光，光线穿过被监控区域上空，在红外摄像机光靶阵列上成像，形成红外光斑影像，分布于不同部位的红外摄像机以视频信号的方式将光斑影像传送给视频切换器，由视频切换器以巡检的方式逐一将被分析影像信号送入计算机进行火灾分析，如果发现火灾情况，即通过联动控制报警器进行火灾报警。

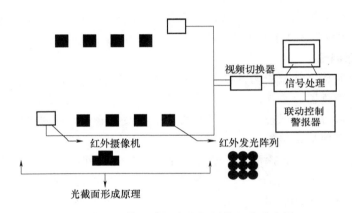

图 2-21　图像型感烟火灾探测器组成示意图

2.2.6　其他火灾探测器

这一节主要介绍可燃气体探测器和复合火灾探测器。地下空间中，隧道和地铁中易燃品库需要设置防爆型可燃气体探测器，综合管廊中天然气管道舱需要设置可燃气体探测器；综合管廊舱室内重点防护区域需要设置感温及感烟火灾探测器或感温火灾探测器或火焰探测器，此时可采用复合型火灾探测器。

1. 可燃气体探测器

可燃气体探测器是一种响应燃烧或热解产生的气体的火灾探测器。对易燃易爆场所，可以利用可燃气体探测器对可燃气体进行探测。可燃气体探测器分为点型可燃气体（催化型）探测器和线型红外（光学）可燃气体探测器。

（1）点型可燃气体探测器

点型可燃气体探测器利用难熔金属铂丝加热后的电阻变化来测定可燃气体浓度。当可燃气体进入探测器时，在铂丝表面引起氧化反应（无焰燃烧），其产生的热量使铂丝的温度升高，而铂丝的电阻率便发生变化。

点型可燃气体探测器目前主要应用于地下商业街中的厨房或燃料气储备间、汽车库、压气机站等存在可燃气体的场所。点型可燃气体探测器存在寿命短、探测面积小等缺陷。

（2）线型红外可燃气体探测器

线型红外可燃气体探测器是基于可燃气体的本征谱带吸收特征，由发射器和接收器两部分组成，发射器发出的红外光束穿过被监测区域后，被接收器接收。当被监测区域出现可燃气体泄漏，对应可燃气体本征吸收波段的红外光将被可燃气体吸收，从而造成该波段到达接收器端的光强发生衰减，如图 2-22 所示。

图 2-22　线型红外可燃气体探测器原理

线型红外可燃气体探测器具有探测灵敏度高、响应速度快、寿命长、探测最大距高可达 80m、保护面积大和抗环境干扰性能强等特点。

2. 复合火灾探测器

复合火灾探测器是一种响应两种以上火灾参数的火灾探测器，主要有感温感烟火灾探测器、感光感烟火灾探测器、感光感温火灾探测器等。多变量/多判据的复合火灾探测不仅可以克服单一火灾变量造成的误报，还可以识别由于非火灾信号导致的误报，此外还可以使火灾探测时间缩短，实现早期报警。

光电、离子、温度三复合探测器，实际上是一个包含时间因素在内的四维探测器，不是简单的三种传感器的"与"组合，而是三种燃烧曲线。这种复合探测器由微处理器对各种传感器采集的信号进行记录、处理，或进行模糊推理或与典型的火灾信号进行类比，做出判断。

一氧化碳、光电感烟和感温三复合火灾探测器采用低功耗的金属氧化物一氧化碳传感器、散射光烟气探测和半导体温度传感技术，利用微处理器对信号进行复合火灾探测算法处理。

2.3 城市地下空间火灾自动报警系统

地下空间火灾自动报警系统主要由火灾触发装置、火灾报警装置、火灾警报装置、联动控制装置以及电源等组成，各装置包含具有不同功能的设备，各种设备按规范要求分别安装在防火区域现场或消防控制中心，通过敷设的数据线、电源线、信号线及网络通信线等线缆将现场分布的各种设备与消防中心的火灾报警及联动控制器等火灾监控设备连接起来，形成一套具有探测火灾、按既定程序实施疏散及灭火联动功能的系统。地下空间火灾自动报警系统组成如图 2-23 所示。

1. 火灾触发装置

在地下空间火灾自动报警系统中，自动或手动产生火灾报警信号的装置称为触发装置，火灾触发方式可分为自动触发和手动触发，火灾探测器是自动触发装置，手动火灾报警按钮是手动触发装置（图 2-24）。手动火灾报警按钮安装在经常有人出入的走道等公共场所，如果有火灾发生，经人工确认后直接手动按下按钮，通过报警信号线可将火灾报警信号发送给火灾报警控制器。

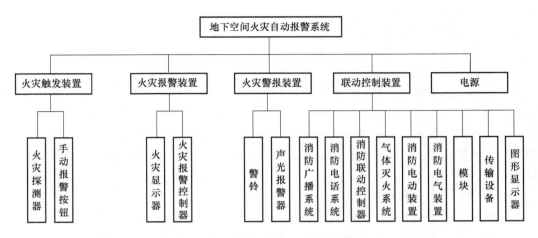

图 2-23　地下空间火灾自动报警系统组成

2. 火灾报警装置

火灾报警装置是用以接收、记录、存储、显示、传递和打印火灾报警信号，并能发出报警信号和具有其他辅助功能的火灾报警控制管理装置。它一般安装在消防控制室或便于值班或救援人员观察到的地方，主要设备为火灾报警控制器。火灾报警控制器具有信息接收、处理、判断、指挥、存储及报警的功能，是火灾自动报警系统有效运行的核心，按应用方式，可分为独立型、区域型、集中型。如图 2-25 所示，火灾报警控制器主要有壁挂式、立柜式、琴台式三种。

图 2-24　手动火灾报警按钮

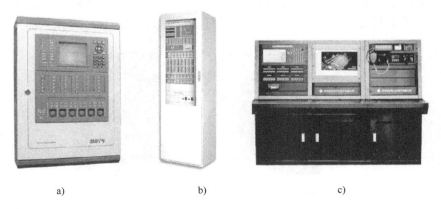

a)　　　　　　　　　b)　　　　　　　　　c)

图 2-25　火灾报警控制器

a）壁挂式　b）立柜式　c）琴台式

火灾报警控制器具有以下功能：

（1）火灾报警功能

火灾报警控制器具备直接或间接地接收来自火灾探测器、手动火灾报警按钮及其他触发器件的火灾报警信号，发出火灾报警声、光信号，指示火灾发生部位，记录火灾报警时间，并予以保持，直至手动复位。

（2）火灾报警控制功能

火灾报警控制器在火灾报警状态下有声或光警报器控制输出及其他控制输出。

（3）故障报警功能

火灾报警控制器能够监视控制器与火灾探测器、手动火灾报警按钮及完成传输火灾报警信号功能部件间连接线的断路、短路和影响火灾报警功能的接地，探头与底座间连接断路等故障；监视控制器与火灾显示盘间连接线的断路、短路和影响功能的接地；监视控制器与其控制的声或光警报器、火灾报警传输设备和消防联动设备间连接线的断路；短路和影响功能的接地。

（4）部件、设备屏蔽功能

火灾报警控制器能够对控制器连接总线上的每个设备、消防联动控制设备、故障警告设备、声或光警报器及火灾报警传输设备进行单独屏蔽、解除屏蔽的操作功能。

（5）自检功能

火灾报警控制器能够检查本机的火灾报警功能，检查面板所有指示灯、显示器的功能，火灾报警控制器的自检功能不影响非自检区域的火灾报警功能。

（6）信息显示与查询功能

火灾报警控制器能够显示查询火灾报警、故障报警、监管报警等状态信息。

（7）主、备电转换功能

火灾报警控制器的电源部分包括主电源和备用电源，当主电源断电时，能自动转换到备用电源；当主电源恢复时，能自动转换到主电源。

3. 火灾警报装置

火灾时用以发出区别于环境声、光或语音的火灾警报信号，以警示人们采取安全疏散、灭火救灾措施的装置称为火灾警报装置。常用的火灾警报装置有警铃（也称声警报器）（图 2-26）、声光报警器（图 2-27）、火灾指示灯（也称光警报器）。

图 2-26　警铃　　　　　　图 2-27　声光报警器

4. 联动控制装置

联动控制装置是火灾自动报警系统中接收火灾报警控制器发出的火灾报警信号，按预设逻辑完成各项消防设备联动功能的控制装置。如图 2-28 所示，通常工程项目中，联动控制系统由下列部分或全部构成：

1）自动喷水灭火系统的联动。

2）消火栓系统的联动。

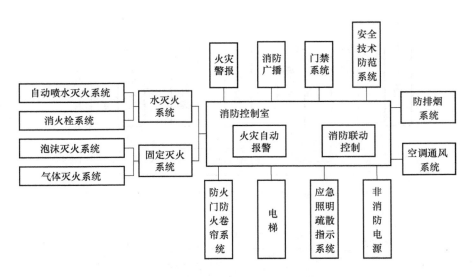

图 2-28　联动控制系统构成

3）气体灭火系统、泡沫灭火系统的联动。

4）防烟、排烟系统的联动。

5）空调通风系统的联动。

6）防火门、防火卷帘系统的联动。

7）电梯的联动。

8）火灾警报和消防应急广播系统的联动。

9）火灾应急照明与疏散指示系统的联动。

10）非消防电源的联动。

11）安全技术防范系统的联动。

12）门禁系统的联动。

有些大型公共建筑还会由于建筑功能的特殊需求，使得联动控制装置不仅限于上述系统，如地铁项目的信号系统、自动闸机系统等。

5. 消防设备应急电源

消防设备应急电源简称 EPS，是一种以弱电控制强电变换的备用交流电源装置。其专门为消防设备而设计，是在地下空间出现紧急情况时，为事故应急照明设备、报警和通信设备（如火灾自动报警系统设备、火灾事故广播系统设备、消防专用电话等）提供集中供电的应急专用电源设备。

交流消防设备应急电源主要包括整流充电器、蓄电池组、逆变器、互投装置等部分，其组成如图 2-29 所示。其中，逆变器是核心，它将直流电变换成交流电，供给消防用电设备稳定持续的三相交流电力。

交流消防设备应急电源的工作原理如图 2-30 所示，当设备处于"自动"运行状态时，如果市电输入正常，KM1 吸合，输出市电，同时，市电经充电器对蓄电池充电，此时逆变器不工作；当市电中断或异常时，控制器启动逆变器，同时控制 KM2、KM3 吸合，电池组的直流电经过逆变器变换为交流电供给负载。

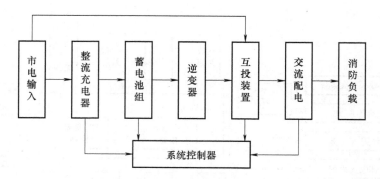

图 2-29　交流消防应急电源的组成框图

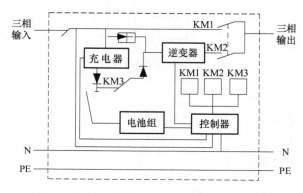

图 2-30　交流消防设备应急电源的工作原理

2.4 | 城市地下空间消防联动控制系统

2.4.1　控制方式

消防联动的控制方式一般有集中控制方式、分散与集中相结合控制方式和自动控制、手动控制和直线手动控制。

（1）集中控制方式、分散与集中相结合控制方式

根据地下建筑的形式、工程规模及管理体制，消防系统的控制方式可分为集中控制方式、分散与集中相结合控制方式。

单体地下建筑宜采用集中控制方式，即在消防控制室集中显示报警点、消防控制设备及设施。占地面积较大、较分散的地下建筑群宜采用分散与集中相结合的控制方式；信号显示及控制需集中的，可由消防总控制室集中显示和控制；不需要集中的，可由消防分控室就近显示和控制。

（2）自动控制、手动控制和直线手动控制

根据消防联动控制系统启动的形式，消防系统的控制方式可分为自动控制、手动控制和直线手动控制。

1）自动控制：火灾探测器发出火警信息给火灾报警控制器，火灾报警控制器按既定的

程序发出火灾警报及消防联动信息，联动消防设备进行灭火及疏散。

2）手动控制：当火灾报警控制器处于手动状态时，当控制器接收到火灾探测器的报警信号后，不按预定程序进行消防系统的联动，而是由消防值班管理人员根据现场情况，在现场或消防控制中心消防联动控制器上手动操作控制。

3）直接手动控制：用专用线路直接将重要设备的控制器启动、停止按钮连接至消防控制室内消防联动控制器的手动控制盘上，通过手动控制盘直接手动控制设备的启动、停止。能够直接手动控制的重要消防设备包括：①干、湿式自动喷水系统中的喷淋消防泵；②干式自动喷水系统中的快速排气阀前的电动阀；③预作用自动喷水系统中的喷淋消防系统、预作用阀、快速排气阀前的电动阀；④雨淋喷水系统中的雨淋消防泵、雨淋阀；⑤水幕系统中的水幕消防泵、水幕控制阀；⑥消火栓系统中的消火栓泵；⑦防、排烟系统中的防烟、排烟风机。

2.4.2　工作流程及原理

（1）火灾报警及消防广播系统

如图 2-31 所示，火灾时，火灾探测器发出报警和手动报警按钮启动信息上传给火灾报警控制器，经信息处理并确认火警后将火警信息上传给消防联动控制器，消防联动控制器通过总线上的控制模块启动声光报警器，接通消防广播系统，发出声光报警和语音广播。未设有消防联动控制器的系统，火灾声光警报器由火灾报警控制器控制。同时设有声光警报器和消防应急广播时，火灾声光警报应与消防应急广播交替循环播放。

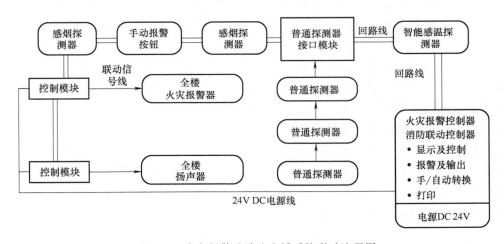

图 2-31　火灾报警及消防广播系统联动流程图

（2）防火门及防火卷帘系统

如图 2-32 所示，对于非疏散通道上的防火卷帘，自动启动方式为当防火卷帘所在的防火分区内任意两只独立的火灾探测器报警，消防联动控制器输出联动信号，由防火卷帘控制器联动防火卷帘下降至地面。手动启动方式为由防火卷帘两侧设置的手动控制按钮或通过设置在消防控制室内的消防联动控制器手动控制防火卷帘下降。

对于疏散通道上的防火卷帘，自动启动方式为当防火分区内任两只独立的感烟火灾探测器或任一只专门用于联动防火卷帘的感烟火灾探测器报警，消防联动控制器发出防火卷帘下

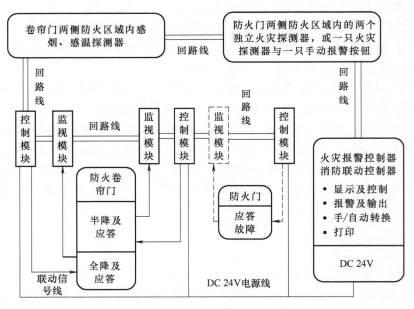

图 2-32　防火门及防火卷帘系统联动流程图

降信号，防火卷帘下降至距地面 1.8m 处。当任一只专门用于联动防火卷帘的感温火灾探测器的报警，消防联动控制器再次发出防火卷帘下降信号，防火卷帘下降至地面。手动启动方式为由防火卷帘两侧设置的手动控制按钮控制防火卷帘的下降。无论对于疏散通道上还是对于非疏散通道上的防火卷帘，所有降落到位的状态均由编址式监视模块通过信号总线反馈至消防联动器。

对于常开防火门，联动触发信号为所在防火分区内两只独立的火灾探测器或一只火灾探测器与一只手动火灾报警按钮发出报警信号后，火灾报警控制器或消防联动控制器发出联动控制信号，由消防联动控制器或防火门监控器联动控制防火门关闭。疏散通道上各防火门的开启、关闭及故障状态信号反馈至防火门监控器。

电动防火门控制装置根据接收到的控制信号，控制电动防火门的开启与关闭。电动防火门开启时，可供人员正常通行及在火灾情况下逃生；电动防火门关闭时，起到阻隔火灾蔓延和防止烟气扩散的作用。

电动防火窗控制装置根据接收到的控制信号控制电动防火窗的开启与关闭。电动防火窗开启时，使火灾产生的烟气排放到室外；电动防火窗关闭时，起到阻止室内外空气流通的作用。

（3）消火栓系统

如图 2-33 所示，消火栓泵的启动方式有三种，一种为消火栓管路系统出水干管上设置的低压压力开关、高位消防水箱出水管上设置的流量开关或报警阀压力开关等动作信号直接控制启动消火栓泵，这种启泵方式不受消防联动控制器处于自动或手动状态的影响；第二种启动方式为自动启动，当消火栓按钮被启动而发出报警信号，消防联动控制器发出启泵信号，联动消火栓泵启动，启泵后接收其状态信号；第三种启动方式为直线启动，消火栓系统设有专用线路直接将消火栓泵控制柜的启动、停止按钮与消防控制室消防联动控制器的手动控制盘连接，确保在自动报警系统失灵时能够直接手动启动、停止消防泵，消防泵运行后点亮消火栓按钮和消防控制中心多线联动盘上的泵运行指示灯。

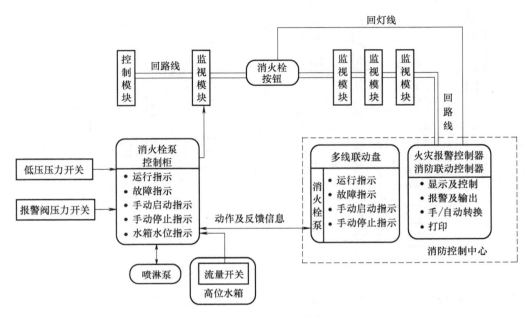

图 2-33　消火栓系统联动流程图

火灾时需启动消火栓时，手动操作启动零件使其动作，按钮发出启动信号，同时点亮启动确认灯。启动信号被传送至消防水泵控制器或消防联动控制器，消防水泵启动向消火栓供水，同时将水泵的启动回答信号反馈至消火栓按钮，按钮的回答确认灯点亮。消火栓按钮被启动后，直至启动零件被更换或手动复原，方可恢复到正常状态。

（4）自动喷水系统

自动喷水系统根据收到的控制信号控制电动消防给水设备的启动或停止，并接收状态反馈信号，如图 2-34 所示。自动喷水系统主要包括湿式系统、干式系统、预作用系统等。

1）湿式和干式系统：火灾时，防护区域温度升高，喷淋头破裂，管内封闭的水或气体释放，报警阀打开，压力开关动作，其动作信号直接启动喷淋消防泵，不受消防联动控制器处于自动或手动状态的影响。手动启动方式将喷淋消防控制箱的启动、停止按钮用专线直接连接设置在手动控制盘，直接手动控制喷淋消防泵的启动和停止。

2）预作用系统：自动启动方式为同一报警区域内两只及以上独立的感烟火灾探测器或一只感烟火灾探测与一只手动报警按钮的报警信号作为预作用阀组的开启联动触发信号，控制模块接收控制信号后输出信号开启预作用阀。当系统设有快速排气装置时，火灾确认后由消防联动控制器通过控制模块联动开启排气阀。

手动控制方式为消防控制中心消防联动盘设有多线控制盘，通过专用线路与喷淋泵控制箱的启动、停止按钮，预作用阀组和快速排气阀入口前的电动阀相连，值班人员可通过按下多线联动盘上启动、停止按钮直接启动喷淋泵，预作用阀及快速排气阀确保系统断电时灭火设备仍能启动。

自动喷水管路上的水流指示器、检修阀、压力开关、排气阀及喷淋泵的启动和停止状态

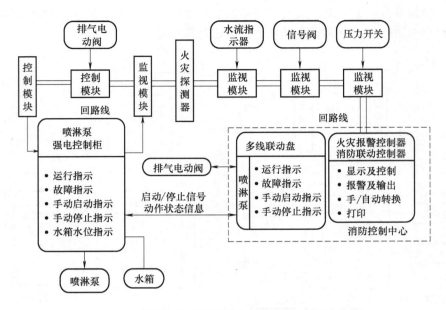

图 2-34 自动喷水系统联动流程图

信号均通过监视模块接入消防联动控制器总线，用以显示该动作设备状态及位置。

（5）气体灭火系统、泡沫灭火系统

气体或泡沫灭火系统设计形式有控制器直接连接火灾探测器和非直接连接火灾探测器两种形式，每种形式的系统启动方式有自动控制和手动控制两种。

如图 2-35 所示，对于气体灭火控制器、泡沫灭火控制器直接连接火灾探测器的系统，工作原理为：当气体灭火控制器、泡沫灭火控制器接收到某一防护区满足联动逻辑关系的首个联动触发信号（该防护区内设置的感烟火灾探测器、其他类型火灾探测器或手动火灾报警按钮的首次报警信号）后，启动设置在该防护区内的火灾声光报警器，进行预报警，防护区内或值班室人员迅速检查现场，采取措施灭火；当气体灭火控制器、泡沫灭火控制器接收到该防护区的第二个联动触发信号（同一防护区内与首次报警的火灾探测器或手动报警按钮相邻的感温火灾探测器、火焰探测器或手动火灾报警按钮的报警信号）后，发出系统联动控制信号。联动控制信号包括：

1）关闭防护区域的送（排）风机及送（排）风阀门。

2）停止通风和空气调节系统及关闭设置在该防护区域的电动防护阀。

3）联动控制防护区域开口封闭装置的启动，包括关闭防护区域的门、窗。

4）开启相应防护区域的选择阀（适用于组合分配系统）。

5）启动气体灭火装置、泡沫灭火装置，释放气体灭火剂或泡沫灭火剂，可设定不大于 30s 的延迟喷射时间。

6）同时启动设置在防护区入口处表示气体喷水的火灾声光警报器（通常选用气体释放指示灯和警铃组合）。

对于无人工作的防护区，通常设置为无延迟喷射，一般灭火控制器在接收到满足逻辑关系的首个触发信号后，执行除启动气体灭火装置、泡沫灭火装置外的全部联动；在接收到第二个联动触发信号后，启动气体灭火装置、泡沫灭火装置。

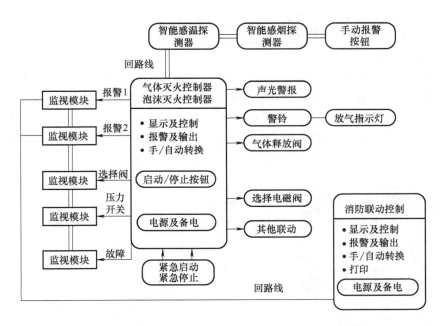

图 2-35 气体及泡沫灭火系统联动流程图（直连探测器）

如图 2-36 所示，对于气体灭火控制器、泡沫灭火控制器非直接连接火灾探测器的灭火系统，其两路联动触发信号由火灾报警控制器或消防联动控制器根据预定程序发出，气体灭火控制器、泡沫灭火控制器接收到报警触发信号后执行的相关联动程序与直接连接火灾探测器的形式相同。

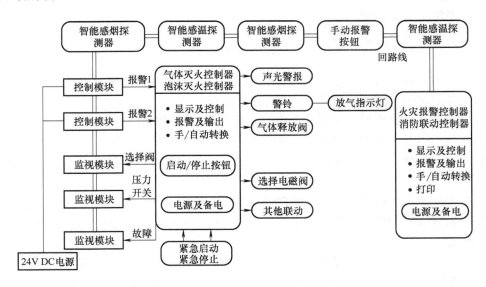

图 2-36 气体灭火控制器及泡沫灭火控制器灭火系统联动流程图（非直接连接火灾探测器）

气体灭火系统、泡沫灭火系统的手动控制方式有两种，一种是操作设置在防护区门外的手动启动和停止按钮，另一种是操作设置在气体灭火控制器、泡沫灭火控制器上的手动启动、停止按钮。手动启动按钮按下时，相当于火灾确认信号，控制器执行系统全部联动控制，当手动停止按钮按下时则可中断输出，停止相关联动控制。

（6）防排烟系统

风机控制装置用于控制排烟风机或防烟风机。发生火灾时，根据收到的控制信号，排烟风机启动，将火灾产生的烟排放到室外；防排烟风机启动，将室外的空气送入室内，达到排烟、防烟的目的。如图 2-37 为防排烟系统联动流程，火灾时，加压送风口所在防护分区内的两只独立的火灾报警控制器或一只火灾探测器与一只手动报警按钮报警后，消防联动控制器联动火灾层和相关层前室等需要加压送风场所的送风口开启，启动加压送风机。

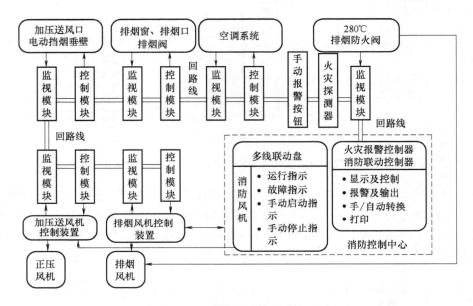

图 2-37　防排烟系统联动流程图

当同一防烟分区内且位于电动挡烟垂壁附近的两只独立感烟火灾探测器报警，消防联动控制器联动本区域电动挡烟垂壁降落，阻止烟气扩散。

排烟系统的联动，当同一防烟分区内的两只独立火灾探测器报警，消防联动控制器联动控制相关区域排烟口、排烟窗或排烟阀开启，同时停止该防烟分区的空气调节系统。

某区域内的排烟口、排烟窗或排烟阀动作后，由消防联动控制器联动控制该区域排烟风机启动。

防排烟系统在消防控制中心的消防联动盘上设有直接启动、停止按钮，并通过专用线路直接连接至防烟、排烟风机的控制器上，可以在消防控制中心直接手动控制防烟、排烟风机的启动、停止。

送风口、排烟口、排烟窗或排烟阀开启和关闭的动作信号，防烟排烟风机启动和停止信号及电动防护阀关闭的动作信号，均通过监视模块反馈至消防联动控制器上。

排烟风机入口处的总管上设置的 280℃ 排烟防火阀在关闭后直接联动控制风机停止，排烟防火阀及风机的动作信号反馈至消防联动控制器。

（7）非消防电源、应急照明及电梯等系统

消防应急照明根据接收到的控制信号，控制消防应急照明灯和消防应急标志灯的启动或停止。如图 2-38 所示。火灾确认后，消防联动控制器通过控制模块发出联动控制信息，主要包括：

1）非消防电源：火灾确认后，消防联动控制器联动切断火灾区域及相关区域的非消防电源。当需要切断正常照明时，宜在自动喷淋系统、消火栓系统动作前切断。

2）应急照明及疏散指示系统：火灾确认后，由火灾发生的报警区域开始，消防联动控制器顺序启动全楼疏散通道的消防应急照明和疏散指示系统，系统全部投入应急状态的启动时间不应大于 5s。

3）电梯系统：强制所有电梯停于首层或电梯转换层，并将电梯状态信息反馈至消防联动控制器。

4）其他系统：火灾确认后，消防联动控制器能够打开涉及疏散的电动栅杆，开启相关区域安全技术防范系统的摄像机，辅助监视火灾现场。

消防联动控制器能够打开疏散通道上门禁系统控制的门和庭院的大门，并能够打开停车场出入口挡杆。

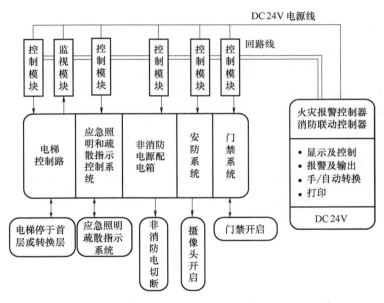

图 2-38　非消防电源、应急照明、电梯等系统联动流程图

复　习　题

1. 火灾探测器类型繁多，请简述城市地下空间主要采用的火灾探测器类型。
2. 地下商业街、地下车库、高大地下空间和城市道路隧道分别适宜采用哪类火灾探测器？
3. 简述光电感烟火灾探测器的分类及其区别。
4. 简述光纤感温火灾探测器的分类、适用场所及其功能。
5. 简述城市地下空间火灾自动报警系统的构成装置。
6. 简要说明城市地下空间火灾时防火卷帘系统的联动控制。

第 3 章
城市地下空间消防灭火系统

3.1 概述

3.1.1 城市地下空间火灾发展阶段

　　地下空间火灾的发展一般依次经历火灾发生过程的三个阶段：火灾初期增长阶段、火灾充分发展阶段以及火灾减弱阶段，如图 3-1 所示。

1. 火灾初期增长阶段

　　火灾发展的初期，外部点火源作用于可燃物，温度缓慢上升，可燃物出现阴燃现象，即冒烟但无明火。氧气供应充分，火灾的强度受燃料量的控制；然而，由于空间受限，火灾中的燃烧产物会在顶棚下大量堆积形成烟气层；烟气层对火源存在热反馈作用，促使火灾强度不断增大，达到一定程度后，火灾强度将发生突变；此时，燃烧反应受到氧气供给量的控制，火灾强度不再继续增大，受限空间火灾已充分发展直至燃料燃烧殆尽。受限空间火灾中的这个突变过程，被称为轰燃。轰燃作为火灾发展过程中强度迅速增大的突变过程，是消防

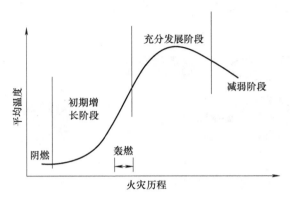

图 3-1　火灾发生过程

安全中备受关注的重要现象。

2. 火灾充分发展阶段

地下空间火灾进入这一阶段后，燃烧强度仍在增加，热释放速率将逐渐达到某一最大值，内部温度将会升到 1000℃ 以上。地下空间内设备和结构会遭到严重的破坏。可燃物燃烧产生的大量高温火焰和烟气从起火区域开始向其他相邻区域蔓延，进而扩大火灾范围和强度，严重时整个地下空间处于火场中，地面出口处浓烟弥漫，建筑结构遭到破坏甚至坍塌。

3. 火灾减弱阶段

经过火灾充分发展阶段之后，可燃物几乎燃烧殆尽，地下空间温度也开始下降。一般情况下认为火灾减弱阶段是从平均温度降到其峰值的 80% 左右的时候开始的。需要注意的是，虽然这一阶段可燃物被大量消耗，燃烧速率减小，火焰熄灭，但可燃固体仍会以焦炭燃烧的形式继续燃烧，而且地下空间内仍积聚有大量的高温烟气和热量，平均温度仍然比较高。

由火灾发生过程可以看出，要最大限度地保护人们的生命财产安全就必须在轰燃发生之前将火扑灭。

3.1.2　城市地下空间火灾灭火机理

火三角，即燃烧的三要素，同时具备氧化剂、可燃物、点火源（也称温度达到着火点），是火灾燃烧的必要条件，如图 3-2 所示。另外，可燃物与氧化剂之间的氧化反应是经过在高温中生成的活性基团和原子等中间物质，通过连锁反应进行，称为链式反应。如果有效控制燃烧的温度、氧化剂、可燃物和活性基团，燃烧过程就会停止。火灾灭火机理也正是基于此原理，主要灭火方法如下：

图 3-2　火三角

1. 化学抑制法

化学抑制法是将灭火剂喷射到燃烧区域之中，让其参加到链式反应里面，通过阻隔中断链式反应达到灭火目的。在实际的燃烧中，燃烧物中氢元素对维持可燃物的有效燃烧起到十分重要的作用，碳氢化合物在燃烧时，其连锁反应的维持主要依靠 H·、OH·、O· 这些自由基。灭火时可以使用卤代烧灭火剂，因为卤代烷灭火剂在高温作用下会产生 Br、Cl 和粉粒，从而抑制火焰，防止其继续发展（图 3-3）。

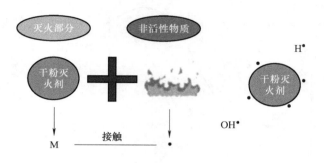

图 3-3　化学抑制法

2. 冷却法

冷却法是将可燃物的温度降到着火点以下，不再具有燃烧条件，燃烧过程便被终止，如图 3-4 所示。在实际消防灭火中，冷却法可以通过消防水枪的方式实施。水有着较大的汽化能力和较好的冷却效果，可以将其直接作用到燃烧物体上，经过一段时间对燃烧物体的冷却作用，燃烧就会终止。冷却法比较适用于对固体可燃物所引发火灾的扑灭工作，能够达到有效阻燃的目的。

图 3-4　冷却法

3. 窒息法

窒息法是通过阻断空气流入燃烧区或者利用不可助燃的惰性气体来稀释空气，使得燃烧因氧气减少而熄灭，如图 3-5 所示。在窒息法中，一种行之有效的方法就是利用氮气或者二氧化碳来对空气中氧气的浓度进行稀释，从而阻碍燃烧。窒息法的主要方式还有利用石棉毯、黄沙、泡沫等难燃物对燃烧物进行覆盖。

4. 隔离法

隔离法是把空气以及易燃品阻隔或挪移，不具备燃烧的要素，而且燃烧区域也会因为没有燃料而无法继续燃烧，从而起到灭火的作用，如图 3-6 所示。在实际消防灭火中，隔离措施是利用石墨粉或泡沫等，在空气和燃烧物间形成阻隔体。在具体的应用时，把靠近火源的易燃物品挪移到较为安全的地方，使易燃物质和火源分隔开，再配合其他灭火方法，最终灭火。

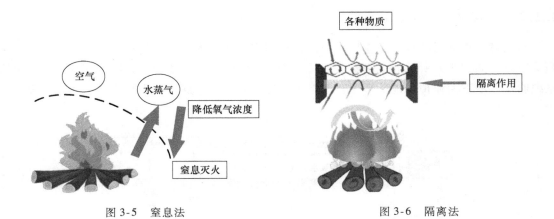

图 3-5　窒息法　　　　　　　　　　　　　图 3-6　隔离法

3.2 | 城市地下空间自动灭火系统

3.2.1　自动灭火系统类别

　　地下空间自动灭火系统是为扑救地下空间初、中期火灾，安装于地下空间内的一种固定式自动灭火设施。火灾发生的初期，地下空间温度不断上升或烟雾浓度上升到一定的程度，迫使各种不同的感受元件发生变化，进而使灭火系统自动运作，开始灭火。当温度等值恢复常态之后，灭火系统便自动停止。

　　自动灭火系统主要有两大类：自动水灭火系统和自动气体灭火系统。自动水灭火系统包括自动喷水灭火系统、水喷雾灭火系统、细水雾灭火系统、泡沫灭火系统、水炮灭火系统；自动气体灭火系统包括七氟丙烷（HFC-227ea）灭火系统、烟烙尽灭火系统（氮气、氩气和二氧化碳气体）、二氧化碳灭火系统，如图 3-7 所示。

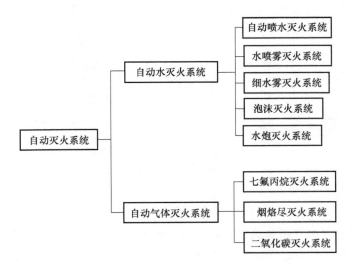

图 3-7　自动灭火系统的分类

3.2.2 自动喷水灭火系统

自动喷水灭火系统是一种应用十分广泛的固定消防灭火装置，具有价格低廉、灭火效率高等特点，如图3-8所示。道路隧道的行车道，地铁的站厅、站台公共区，综合管廊的电力电缆舱室，地下商业街，地下车库，地下人防工程和地下仓储等地下场所均适用自动喷水灭火系统。

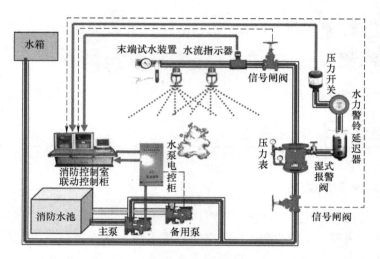

图3-8　自动喷水灭火系统示意图

1. 分类与组成

自动喷水灭火系统由洒水喷头、报警阀组、水流报警装置（水流指示器、压力开关）等组件以及管道、供水设施组成，能在火灾发生时做出响应并实施喷水。此系统依照采用的喷头分为两类：采用闭式洒水喷头的为闭式系统，包括湿式系统、干式系统、预作用系统等；采用开式洒水喷头的为开式系统，包括雨淋系统、水幕系统等，如图3-9所示。

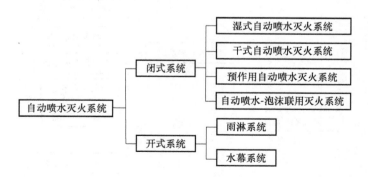

图3-9　自动喷水灭火系统的分类

除了采用不同的喷头和报警阀组，各类自动喷水灭火系统组成大致相同。湿式系统采用湿式报警阀组，在准工作状态下，管道内充满用于启动系统的有压水。干式系统采用干式报警控制装置，在准工作状态下，配水管道内充满用于启动系统的有压气体。预作用系统、雨淋系统、水幕系统均采用雨淋阀组，一般均配套设置火灾自动报警系统。水幕系统与其他系统的不同在于，不具备直接灭火的能力，而是用于挡烟阻火或冷却分隔物。

2. 工作原理与适用范围

（1）湿式系统

湿式系统在准工作状态时，由消防水箱或稳压泵、气压给水设备等稳压设施维持管道内充水的压力。发生火灾时，在火灾温度的作用下，闭式喷头的热敏感元件动作，喷头开启并开始喷水。此时，管网中的水由静止变为流动，水流指示器动作送出电信号，在报警控制器上显示某区域喷水的信息。由于持续喷水泄压造成湿式报警阀的上部水压低于下部水压，在压差的作用下，原来处于关闭状态的湿式报警阀将自动开启。此时，压力水通过湿式报警阀流向管网，同时打开通向水力警铃的通道，延迟器充满水后，水力警铃发出声响警报，压力开关动作并输出启动供水泵的信号。供水泵投入运行后，完成系统的启动过程。湿式系统的工作原理框图如图 3-10 所示。

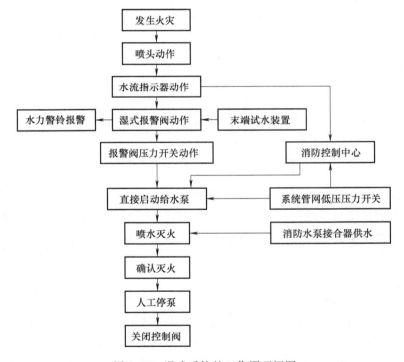

图 3-10　湿式系统的工作原理框图

湿式系统是应用最为广泛的自动喷水灭火系统之一，适合在温度不低于 4℃ 且不高于 70℃ 的环境中使用。在温度低于 4℃ 的场所使用湿式系统，存在系统管道和组件内充水冰冻的危险；在温度高于 70℃ 的场所采用湿式系统，存在系统管道和组件内充水蒸气压力升高而破坏管道的危险。

（2）干式系统

发生火灾时，闭式喷头开启，使干式阀的出口压力下降，加速器动作后促使干式报警阀迅速开启，管道开始排气充水。此时，通向水力警铃和压力开关的通道被打开，水力警铃发出声响警报，压力开关动作并输出启泵信号，启动系统供水泵；管道完成排气充水过程后，开启的喷头开始喷水。从闭式喷头开启至供水泵投入运行前，由消防水箱、气压给水设备或稳压泵等供水设施为系统的配水管道充水。干式系统的工作原理框图如图3-11所示。

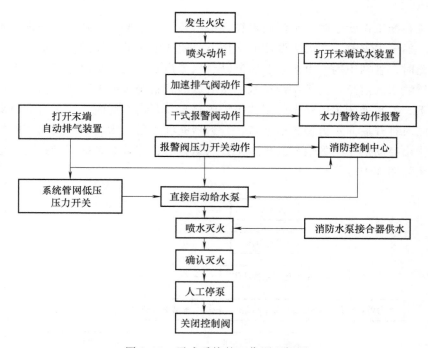

图 3-11　干式系统的工作原理框图

干式系统适用于环境温度低于4℃或高于70℃的场所。干式系统虽然解决了湿式系统不适用于高温和低温环境场所的问题，但由于准工作状态时配水管道内没有水，喷头动作、系统启动时必须经过一个管道排气、充水的过程，因此会出现滞后喷水现象，不利于系统及时控火灭火。

（3）预作用系统

系统处于准工作状态时，由消防水箱或稳压泵、气压给水设备等稳压设施维持雨淋阀入口前管道内的充水压力，雨淋阀后的管道内平时无水或充以有压气体。发生火灾时，由火灾自动报警系统自动开启雨淋报警阀，配水管道开始排气充水，使系统在闭式喷头动作前转换成湿式系统，并在闭式喷头开启后立即喷水。预作用系统的工作原理框图如图3-12所示。

预作用系统可消除干式系统在喷头开放后延迟喷水的弊病，因此其在低温和高温环境中可替代干式系统。系统处于准工作状态时，严禁管道漏水，严禁系统误喷的忌水场所应采用预作用系统。

3. 主要设计参数

《自动喷水灭火系统设计规范》（GB 50084—2017）对于地下空间内的自动喷水灭火系统设计，根据地下场所和保护对象特点，确定火灾危险等级、防护目的和设计基本参数。

（1）火灾危险等级

自动喷水灭火系统设置场所的火灾危险等级共分为4类8级：轻危险级、中危险级（I级、II级）、严重危险级（I级、II级）和仓库火灾危险级（I级、II级、III级）。

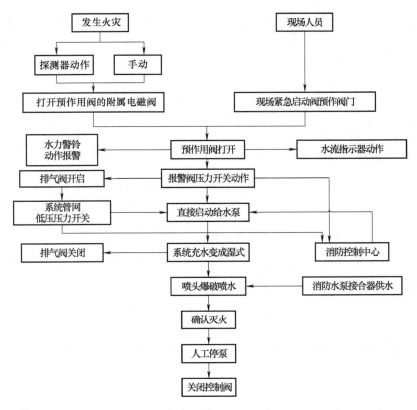

图 3-12　预作用系统的工作原理框图

轻危险级一般是指可燃物品较少、火灾放热速率较低、外部增援和人员疏散较容易的场所。

中危险级一般是指内部可燃物数量、火灾放热速率中等，火灾初期不会引起剧烈燃烧的场所。大部分地下商业街和地下车库划归中危险级。根据此类场所种类多、范围广的特点，再细分为中Ⅰ级和中Ⅱ级。

严重危险级一般是指火灾危险性大，且可燃物品数量多，火灾发生时容易引起猛烈燃烧并可能迅速蔓延的场所。

仓库火灾危险级根据地下仓库储存物品及其包装材料的火灾危险性，将仓库火灾危险等级划分为Ⅰ级、Ⅱ级、Ⅲ级。仓库火灾危险Ⅰ级一般是指储存食品、烟酒以及用木箱、纸箱包装的不燃或难燃物品的场所；仓库火灾危险Ⅱ级一般是指储存木材、纸、皮革等物品和用各种塑料瓶、盒包装的不燃物品及各类物品混杂储存的场所；仓库火灾危险Ⅲ级一般是指储存 A 组塑料与橡胶及其制品等物品的场所。

（2）设计基本参数

系统的设计基本参数包括喷水强度、作用面积、开放喷头数、每只喷头保护面积、喷头最大间距及最不利喷头工作压力等。

1）地下民用建筑的系统设计基本参数。地下民用建筑（如地下商业街、停车库、人防工程）的系统设计基本参数不应低于表 3-1 的规定。

表 3-1　地下民用建筑的系统设计基本参数

火灾危险等级		净空高度/m	喷水强度/[L/(min·m²)]	作用面积/m²
轻危险级		≤8	4	160
中危险级	Ⅰ级		6	
	Ⅱ级		8	
严重危险级	Ⅰ级		12	260
	Ⅱ级		16	

注：系统最不利点处喷头的工作压力不应低于 0.05MPa。

2）地下非仓库类高大净空场所的系统设计基本参数。地下非仓库类高大净空场所设置自动喷水灭火系统时，湿式系统设计基本参数不应低于表 3-2 的规定。

表 3-2　非仓库类高大净空场所系统设计基本参数

适用场所	净空高度 /m	喷水强度 /[L/(min·m²)]	作用面积 /m²	喷头选型	喷头最大 间距/m
地下中庭、影剧院、单一功能体育馆等	8~12	6	260	$K=80$	3
地下多功能体育馆、自选商场等	8~12	12	300	$K=115$	

注：1. 最大储物高度超过 3.5m 的自选商场应按 16L/(min·m²) 确定喷水强度。

2. 表中 "~" 两侧的数据，左侧为 "大于"，右侧为 "小于或等于"。

3）系统的其他设计基本参数。①仅在走道设置单排喷头的闭式系统，其作用主要是防止火灾蔓延和保护疏散通道，因此系统的作用面积应按最大疏散距离所对应的走道面积确定。②地下商场等公共建筑由于内装修要求，通常装设网格状、条栅状等不挡烟的通透性吊顶。考虑到顶板下喷头的洒水分布会受到通透性吊顶的阻挡，影响灭火效果，系统的喷水强度应按表 3-1 规定值的 1.3 倍确定。③干式系统的配水管道内平时维持一定气压，所以系统启动后将滞后喷水，这将增大灭火难度。因此对于干式系统，作用面积应按表 3-1 规定值的 1.3 倍确定，即通过扩大作用面积的办法补偿滞后喷水对灭火能力的影响。④除规范另有规定的情况外，自动喷水灭火系统的持续喷水时间应按火灾延续时间不小于 1h 确定。

4. 组件及设置要求

系统组件主要有喷头、报警阀组、水流指示器、压力开关、末端试水装置。

（1）喷头

喷头是自动喷水灭火系统的主要组件。喷头的作用，首先探测火灾，然后是在保护面积范围内喷水，以控制和扑灭火灾。喷头的性能体现自动喷水灭火系统的火灾探测性能和灭火性能。

1）喷头类型。根据喷头是否有热敏元件封堵可把喷头分为闭式喷头和开式喷头：喷水口有阀片的为闭式喷头，无阀片的为开式喷头。闭式喷头按阀片支撑的结构形式的不同，或按热敏元件的不同，分为玻璃球洒水喷头和易熔合金洒水喷头。

玻璃球洒水喷头是目前最常用的一种喷头，由喷头接口、溅水盘、玻璃球和密封垫构成，如图 3-13 所示。玻璃球洒水喷头外形美观，体积小，重量轻，耐腐蚀，适用于美观要求较高的地下商业街等公共建筑。

易熔合金洒水喷头喷水口的支撑（即热敏感元件）为熔解温度很低的合金。喷头的喷口平时被玻璃阀堵封盖住，而玻璃阀又由三片锁片组成的支撑顶住，锁片用易熔合金焊料焊住，如图 3-14 所示。

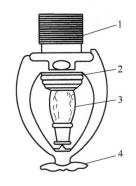

图 3-13　玻璃球洒水喷头

1—喷头接口　2—密封垫
3—玻璃球　4—溅水盘

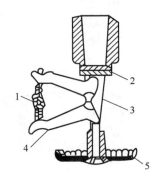

图 3-14　易熔合金洒水喷头

1—易熔合金　2—密封垫　3—轭臂
4—悬臂撑杆　5—溅水盘

按启动时的公称动作温度的不同分成不同温度等级的喷头。我国把玻璃球喷头的公称动作温度分成 13 个温度等级，易熔合金喷头分成 7 个温度等级。不同闭式喷头的公称动作温度和色标见表 3-3。

表 3-3　不同闭式喷头的公称动作温度和色标

玻璃球喷头		易熔合金喷头	
公称动作温度/℃	工作液色标	公称动作温度/℃	轭臂色标
57	橙色	57～77	本色
68	红色	80～107	白色
79	黄色	121～149	蓝色
93	绿色	163～191	红色
100	灰色	204～246	绿色
121	天蓝色	260～302	橙色
141	蓝色	320～343	黑色
163	淡紫色		
182	紫红色		
204	黑色		
227	黑色		
260	黑色		
343	黑色		

喷头按溅水盘的形式和安装位置的不同分为直立型、下垂型、边墙型和垂直边墙型喷头，如图 3-15 所示。

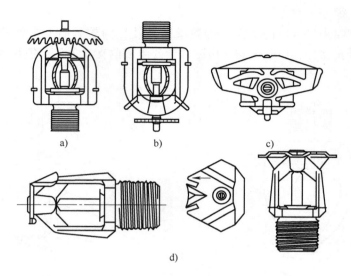

图 3-15　直立型、下垂型、边墙型和垂直边墙型喷头

a）直立型喷头　b）下垂型喷头　c）边墙型喷头　d）垂直边墙型喷头

　　喷头按热敏元件的反应快慢分为标准响应、特殊响应、快速响应和超快速响应等级喷头。玻璃球喷头的响应等级及响应指数（RTI）见表 3-4。

表 3-4　玻璃球喷头的响应等级及响应指数（RTI）

玻璃球喷头响应等级	玻璃球喷头响应指数（RTI 值）/$(m \cdot s)^{1/2}$
标准响应	$80 < RTI \leqslant 350$
特殊响应	$50 < RTI \leqslant 80$
快速响应（FR）	$RTI \leqslant 50$
超快速响应（SFR）	$20 < RTI \leqslant 36$

注：超快速响应玻璃球用于早期抑制快速响应（ESFR）喷头，单独有标准对其进行规范。

　　喷头按出水口径或出水流量系数 K 值分为小口径喷头、标准口径喷头、大口径喷头和超大口径喷头。不同口径喷头对应的流量系数 K 值及适用场所见表 3-5。超大口径喷头流量系数甚至可高达 360。

表 3-5　不同口径喷头对应的流量系数 K 值及适用场所

喷头名称	喷头口径/mm	流量系数 K	适用场所
小口径	10	57	轻危险级
标准口径	15	80	各种危险等级，不同喷水强度
大口径	20	115	要求单个喷头保护面积大的区域
超大口径	>20	>115	货架仓库等

　　喷头按最大保护面积分为标准喷头和扩大覆盖面喷头。

　　2）喷头布置。喷头的布置原则是在所保护的区域内任何部位发生火灾都能得到一定强度的水量。喷头布置根据顶棚的装修要求，喷头的最大保护面积，喷头的最大、最小间距等，并结合建筑平面形状进行，一般有正方形、长方形和菱形三种布置形式，如图 3-16 所示。地下民用建筑喷头布置水平距离见表 3-6。

表 3-6　地下民用建筑喷头布置水平距离

建筑危险等级		标准喷头（口径 15mm）		边墙型喷头与边墙的水平距离/m
		最大水平距离/m	最大墙柱距离/m	
轻级危险		4.6	2.3	4.6
中级危险		3.6	1.8	3.6
严重危险级	生产	2.8	1.4	
	储存	2.3	1.1	

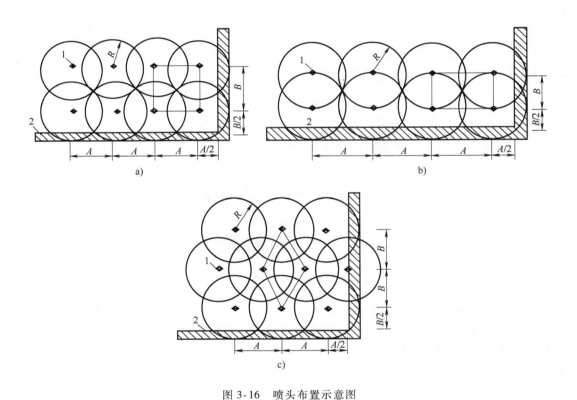

图 3-16　喷头布置示意图

a）喷头正方形布置（$A = B = 2R\cos45°$）　b）喷头长方形布置（$A^2 + B^2 \leqslant 4R^2$）

c）喷头菱形布置（$A = 4R\cos30°\sin30°$，$B = 2R\cos30°\cos30°$）

1—喷头　2—侧墙

　　顶板或吊顶为斜面时，喷头应垂直于斜面，并应按斜面距离确定喷头间距，如图 3-17 所示。尖屋顶的屋脊处应设一排喷头。喷头溅水盘至屋脊的垂直距离，屋顶坡度不小于 1/3 时，不应大于 0.8m；屋顶坡度小于 1/3 时，不应大于 0.6m。

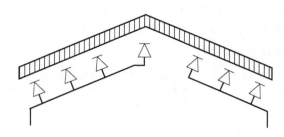

图 3-17　尖屋顶屋脊处喷头设置示意图

（2）报警阀组

报警阀具有接通或切断水源，开启报警器及报警联动系统的作用，与报警信号管路、延迟器、压力开关、水力警铃、泄水及试验装置、压力表及控制阀等组成报警阀组。根据其构造和功能分为湿式报警阀组、干式报警阀组、干湿两用报警阀组、雨淋报警阀组和预作用报警阀组等。

1）湿式报警阀组（充水式报警阀组）。湿式报警阀组（图 3-18）由湿式报警阀、水力警铃、压力开关、延迟器、控制阀等组成，用于湿式自动喷水灭火系统中，安装在系统立管上，适用于环境温度为 4～70℃，且能用水灭火的建筑物或构筑物内。

图 3-18　湿式报警阀组

2）干式报警阀组。干式报警阀组用于干式自动喷水灭火系统和干湿两用自动喷水灭火系统中，适用于室内温度低于 4℃ 或年采暖期超过 240 天的建筑物内，或室内温度高于 70℃ 的建筑物内。干式报警阀组（图 3-19）主要由报警阀、水力警铃、压力开关、充气塞、信号管网、控制阀等组件组成。

3）干湿两用报警阀组。干湿两用报警阀组用于干湿式自动喷水灭火系统，由干式报警阀、湿式报警阀上下叠加串联而成，干式报警阀在上，湿式报警阀在下，安装在供水管道上。干湿两用报警阀组应设置在采暖房间中，或温度不低于 4℃、不高于 70℃ 的环境中。

4）雨淋报警阀组。用于雨淋系统、预作用系统、水幕系统及水喷雾灭火系统，由雨淋阀、水力警铃、压力开关、手动开关阀等组件构成，如图 3-20 所示。

5）预作用报警阀组。预作用报警阀组主要是由雨淋阀和湿式阀上下串接而成的，作用原理与雨淋阀相似，组件基本与雨淋报警阀组相同。

图 3-19 干式报警阀组

图 3-20 雨淋报警阀组构造图

报警阀组的设置要求：①串联接入湿式系统配水干管的其他自动喷水灭火系统，应分别设置独立的报警阀组，其控制的喷头数计入湿式阀组控制的喷头总数。②每个报警阀组供水的最高与最低位置喷头的高程差不宜大于 50m。③报警阀组宜设在安全及易于操作的地点，不宜设置在消防控制中心。④湿式系统报警阀组不多于 3 套时，宜集中设置；多于 3 套时，宜分散设置。对于干式、预作用和雨淋阀组宜分散设置，以便减少报警阀后管网的容积。

（3）水流指示器

水流指示器是指自动喷水灭火系统中将水流信号转换成电信号的一种报警装置，通常设在自喷系统的分区配水管上，当喷头开启喷水灭火时，有大于预定流量的水流通过管道，水流指示器发出电信号，向消防控制室指示开启喷头所处的位置分区。其可用于检测自动喷水灭火系统运行状况及确定火灾发生区域的部位。目前使用最多的是桨片式水流指示器，有 7 种规格，公称直径为 50mm、70mm、80mm、100mm、125mm、150mm、200mm。

水流指示器设置要求：①除报警阀组控制的喷头只保护不超过防火分区面积的同层场所外，设有自动喷水灭火系统的每个防火分区和每个楼层均应设置水流指示器。②水流指示器入口前设置信号阀。③水流指示器宜安装在管道井中，以便于维护管理。

3.2.3 水喷雾灭火系统

水喷雾灭火系统的应用发展实现了用水扑救油类、电气设备火灾，弥补了气体灭火系统不适合在露天环境和大空间场所使用的缺点，适用于道路隧道、地铁、综合管廊、地下仓储等地下空间。例如：干线综合管廊中容纳电力电缆的舱室、支线综合管廊中容纳 6 根及以上电力电缆的舱室及其他容纳电力电缆的舱室均适合设置水喷雾灭火系统。

1. 灭火原理

水喷雾灭火系统是利用水雾喷头在较高压力作用下，将水流分离成 0.2～1mm 的细小水雾滴，喷向保护对象，从而达到灭火或冷却的目的。在水灭火系统中，水喷雾灭火系统是唯一兼有直接灭火和冷却双重功能的固定灭火系统。水喷雾的灭火机理主要是表面冷却、窒息、乳化和稀释作用。

（1）冷却

当喷雾水喷射到燃烧物表面时，会吸收大量的热而迅速汽化，水雾的外表面积与高温气体、火焰产生热交换，夺取气体、火焰的热量。雾滴越小，同体积的水所产生的雾滴越多，其外表面积就越大，雾滴就越容易汽化，热效率越高，冷却作用越明显。当火焰和气态燃烧区被冷却后，燃烧反应速度降低，使燃烧的氧化反应难以维特。物体表面温度迅速降至燃点以下，燃烧即停止。

（2）窒息

喷雾水喷射到燃烧表面后，预热汽化，生成比原液体体积大 1700 倍的水蒸气，包覆在燃烧物周围，使燃烧物周围空气中的氧气浓度不断下降，燃烧因窒息而停止。

（3）乳化

乳化只适用于不溶于水的可燃液体。喷雾水喷射到正在燃烧的液体表面时，由于水雾滴的冲击，在液体表面产生搅拌作用，从而造成液体表层的乳化，由于覆盖在可燃液体表面上的乳化物不燃烧，可使燃烧中断。

（4）稀释

对于水溶性液体火灾，喷雾水由于与水溶性液体能很好融合，因而可使水溶性液体浓度降低，达到灭火的目的。

2. 分类与组成

水喷雾灭火系统是由雨淋阀组、水源控制阀、试验阀、回流阀、管网、水雾喷头、火灾探测器、供水设备、控制柜等设备和组件组成。水喷雾灭火系统的组成如图 3-21 所示。

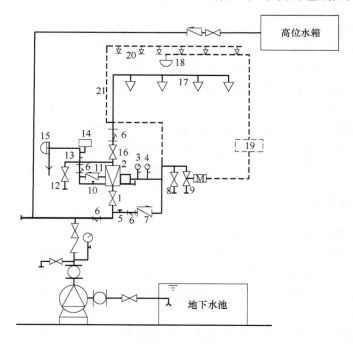

图 3-21　水喷雾灭火系统的组成

1—水源控制阀　2—雨淋阀　3—下腔压力表　4—传动腔压力表　5—补水阀　6—过滤器　7—限量止回阀
8—手动阀　9—电磁阀　10—试管铃阀　11—止回阀　12—试验回流阀　13—信号阀　14—压力开关
15—水力警铃　16—试验阀　17—水雾喷头　18—火灾探测器　19—控制柜
20—传动闭式喷头或温控释放器　21—传动管

水喷雾灭火系统按启动方式可分为电动启动和传动管启动两种类型；按应用方式可分为固定式水喷雾灭火系统、自动喷水-水喷雾混合配置系统、泡沫-水喷雾联用系统三种类型。

3. 工作原理与适用范围

水喷雾灭火系统的工作原理：当系统的火灾探测器发现火灾后，自动或手动打开雨淋报警阀组，同时发出火灾报警信号给报警控制器，并启动消防水泵，通过供水管网到达水雾喷头，水雾喷头喷水灭火。水喷雾灭火系统的工作原理如图3-22所示。

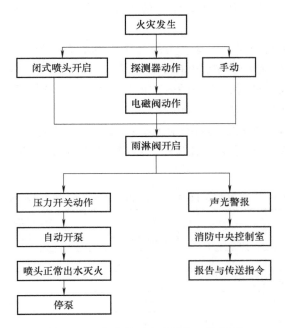

图 3-22　水喷雾灭火系统的工作原理

水喷雾灭火系统的防护目的主要有灭火控火和防护冷却两大类，其适用范围随不同的防护目的而设定。

以灭火控火为目的的水喷雾系统主要适用于以下范围：

1）固体火灾。水喷雾系统适用于扑救固体火灾。

2）可燃液体火灾。水喷雾系统可用于扑救闪点高于60℃的可燃液体火灾，如燃油锅炉、发电机油箱、输油管道火灾等。

3）电气火灾。水喷雾系统的离心雾化喷头喷出的水雾具有良好的电气绝缘性，因此可用于扑灭油浸式电力变压器、电缆隧道、电缆沟、电缆井、电缆夹层等处发生的电气火灾。

根据应用方式，水喷雾灭火系统可设置在不同的场所和部位。

固定式水喷雾灭火系统可设置在以下场所：①建筑内的燃油、燃气锅炉房，可燃油油浸电力变压器室，充可燃油的高压电容器和多油开关室，自备发电机房；②单台容量在90MW及以上的可燃油油浸电厂电力变压器，单台容量在125MW及以上的独立变电所可燃油油浸电力变压器。

自动喷水-水喷雾混合配置系统适用于用水量比较少、保护对象比较单一的室内场所，如建筑内燃油、燃气锅炉房等。

泡沫-水喷雾联用系统适用于采用泡沫灭火比采用水灭火效果更好的某些对象，或者灭火后需要进行冷却，防止火灾复燃的场所。例如：某些水溶性液体火灾，如隧道内危险化学品运输车辆火灾，采用喷水和喷泡沫均可达到控火的目的，但单独喷水时，虽然控火效果比较好，但灭火时间长，造成的火灾及水渍损失较大；单纯喷泡沫时，系统的运行维护费用又较高。目前，泡沫-水喷雾联用系统主要用于公路交通隧道。

4. 主要设计参数

水喷雾灭火系统的主要参数有水雾喷头的工作压力、响应时间、喷雾强度和持续喷雾时间。

1）用于灭火、控火目的时，水雾喷头的工作压力不应小于0.35MPa；用于防护、冷却目的时，水雾喷头的工作压力不应小于0.2MPa。

2）用于灭火、控火目的时，系统的响应时间不应大于45s；用于其他设施的防护、冷却目的时，系统的响应时间不应大于300s。

3）系统的设计喷雾强度和持续喷雾时间应符合表3-7的规定。由自动喷水配水干管或配水管供水的水喷雾系统，供水管所提供的水压和流量应满足《水喷雾灭火系统技术规范》（GB 50219）的要求。

表3-7 水喷雾灭火系统的设计喷雾强度和持续喷雾时间

保护对象		喷雾强度/ $[L/(min \cdot m^2)]$	持续喷雾时间 /h	响应时间/s
固体物质火灾		15	1	60
液体火灾	闪点60~120℃的液体	20	0.5	60
	闪点高于120℃的液体	13		
	饮料酒	20		
电气火灾	油浸式电力变压器、油断路器	20	0.4	60
	油浸式电力变压器的集油坑	6		
	电缆	13		

5. 组件及设置要求

水喷雾灭火系统由水雾喷头、雨淋阀、过滤器、供水管道等主要部件组成。

水雾喷头是将具有一定压力的水，通过离心作用、机械撞击作用或机械强化作用，形成雾状后喷向保护对象的一种开式喷头。按照水流特点，细水雾喷头（图3-23）可以分为离心式水雾喷头和撞击式水雾喷头。其中，离心式水雾喷头一般都是高速喷头，而撞击式水雾喷头主要是中速喷头。按照喷雾雾滴粒径大小可以分为一般水雾喷头、细水雾和超细水雾喷头。根据我国产品标准，按照喷出的雾滴流速可分为高速水雾喷头和中速水雾喷头。

在水雾喷头有效射程内，水雾形成的圆锥体为水雾锥，锥顶角称为"雾化角"。当喷头向下时，水雾锥基本上是一个等边圆锥体，如图3-24所示。

图3-23 细水雾喷头

当保护平面与地平面呈竖直状态时，水雾喷头必须水平安装，其俯角为90°。由于重力作用方向与质点运动方向成90°角，重力的作用变得非常明显，使水雾锥有了一定的改变，如图3-25所示。离心式水雾喷头的喷口的喷射角一般在30°～180°，有30°、60°、90°、120°、140°等规格。

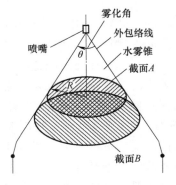

图 3-24　水雾喷头下喷雾的水雾锥

喷头水平喷射时，水雾达到的最高点与喷头之间的水平距离即为水雾喷头的有效射程；喷头中心轴线与水雾锥上包络线的交点至喷头的水平距离即固有射程。在喷头处于一定的安装高度水平喷射时，在一定的工作压力下，其对一定型号、规格的喷头是固定不变的，如图3-26所示。按规范要求，喷头喷出的水雾应在有效射程之内到达保护对象的保护面，若干喷头的水雾锥应两两相交，完全覆盖保护面。

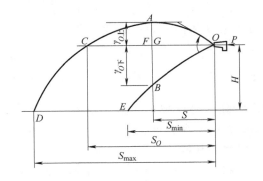

图 3-25　喷头水平喷射时的水雾锥图

S—有效射程（m）；S_O—固有射程（m）；S_{min}—喷头保护范围最短水平距离（m）；S_{max}—喷头保护范围最长水平距离（m）；H—喷头距地平面的距离（m）；$\gamma_{O上}$—喷头中心轴线与水雾达到的最高点之间的垂直距离（m）；$\gamma_{O下}$—水雾锥上内包络线与水雾达到的最高点处垂线的交点与喷头中心轴线之间的垂直距离（m）

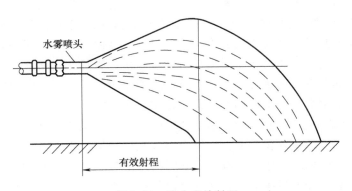

图 3-26　喷头有效射程

喷头的流量系数 K 值表征喷头在规定的试验条件下，喷头的流量与工作压力之间的关系，通常由下式表达：

$$q = K\sqrt{10p} \tag{3-1}$$

式中　q——喷头的流量（L/min）；

　　　p——喷头的工作压力（MPa）；

　　　K——喷头的流量系数，由喷头生产厂家提供。

　　喷头的工作压力，应以系统内最不利点处喷头的实际工作压力为依据。规范规定，用于灭火时，喷头的工作压力不小于 0.35MPa；用于防护冷却时，喷头的工作压力不小于 0.2MPa。由式（3-1）可知，水雾喷头的 K 值、流量、工作压力是相关的，如图 3-27 所示。

　　雨淋阀是水喷雾灭火系统中的系统报警控制阀，主要组成部件可参考自动喷水灭火系统中雨淋报警阀组。

　　过滤器一般安装在雨淋阀前的水平管道内；当水喷雾喷头无滤网时，过滤器安装在雨淋阀后的水平管道内。滤网为耐腐蚀金属材料，孔径一般为 4.0～4.7 目/cm^2。

　　供水管道采用钢管时，管径不应小于 25mm；采用铜管时，管径不应小于 20mm；在最低处或水容易聚集的地方设置泄水阀。雨淋阀后管道应采用内外热镀锌钢管且不设置其他用水设施。

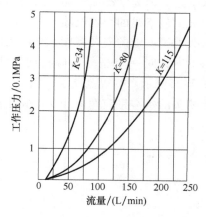

图 3-27　工作压力、K 值、流量图

3.2.4　细水雾灭火系统

　　细水雾灭火系统作为一种新的替代技术，具有安全环保、高效灭火、可靠性高、系统寿命长等特点，地铁、综合管廊、地下仓储等变配电室和其他特殊房间也逐步采用细水雾灭火系统。例如，地铁的地下主变电站的主变电室、控制室、站用变电室、配电室、道路隧道的行车道等。

1. 灭火原理

　　细水雾是指水在最小设计工作压力下，经喷头喷出并在喷头轴线向下 1.0m 处的平面上形成的直径 $D_{v0.50}$ 小于 200μm、$D_{v0.99}$ 小于 400μm 的水雾滴。D_{vf} 值所描述的是雾滴的大小，f 是雾滴粒径从 0 到某一数值（D_{vf} 的值）的累计体积与总累计体积之比。

　　该系统的灭火机理主要是吸热冷却、隔氧窒息、辐射热阻隔和浸湿作用。

　　1）吸热冷却。细小水滴受热后易于汽化，在气、液相态变化过程中从燃烧物质表面或火灾区域吸收大量的热量。物质表面温度迅速下降后，会使热分解中断，燃烧随即终止。雾滴直径越小，表面积就越大，汽化所需要的时间也越短，吸热作用和效率就越高。对于相同的水量，细水雾雾滴所形成的表面积至少比传统水喷淋喷头（包括水喷雾喷头）喷出的水滴大 100 倍，因此细水雾灭火系统的冷却作用是非常明显的。

　　2）隔氧窒息。雾滴在受热后汽化形成原体积 1680 倍的水蒸气，最大限度地排斥火场的空气，使燃烧物质周围的氧含量降低，燃烧会因缺氧而受抑制或中断。

　　3）辐射热阻隔。细水雾喷入火场后，形成的水蒸气迅速将燃烧物、火焰和烟羽笼罩，对火焰的辐射热具有极佳的阻隔能力，能够有效抑制辐射热引燃周围物品，达到防止火焰蔓延的效果。

　　4）浸湿作用。颗粒大、冲量大的雾滴会冲击到燃烧物表面，从而使燃烧物得到浸湿，阻止固体进一步挥发可燃气体。另外系统还可以充分将着火位置以外的燃烧物浸湿，从而抑制火灾的蔓延和发展。

2. 分类与组成

细水雾灭火系统是由供水装置、过滤装置、控制阀、细水雾喷头等组件和供水管道组成的，能自动或手动喷放细水雾进行灭火或控火的固定灭火系统，可按工作压力、应用方式、动作方式、雾化介质输送方式和供水方式对其进行分类，如图 3-28 所示。

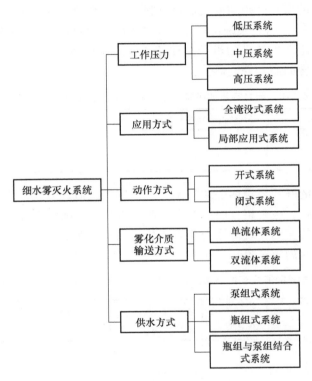

图 3-28　细水雾灭火系统分类

3. 工作原理与适用范围

开式细水雾灭火系统工作原理：火灾发生后，火灾探测器动作，报警控制器得到报警信号，向消防控制中心发出灭火指令，在得到控制中心灭火指令或启动信息后，联动关闭防火门、防火阀、通风及空调等影响系统灭火有效性的开口，并启动控制阀组和消防水泵，向系统管网供水，水雾喷头喷出细水雾，实施灭火。

闭式细水雾灭火系统根据使用场所的不同可分为湿式系统、干式系统和预作用系统三种形式。除喷头不同外，闭式细水雾灭火系统的工作原理与闭式自动喷水灭火系统相同。

细水雾灭火系统适用于扑救以下火灾：

（1）可燃固体火灾（A 类）

细水雾灭火系统可以有效扑救相对封闭空间内的可燃固体表面火灾，包括纸张、木材、纺织品和塑料泡沫、橡胶等固体火灾等。

（2）可燃液体火灾（B 类）

细水雾灭火系统可以有效扑救相对封闭空间内的可燃液体火灾，包括正庚烷或汽油等低闪点可燃液体和润滑油、液压油等中、高闪点可燃液体火灾。

（3）电气火灾（E类）

细水雾灭火系统可以有效扑救电气火灾，包括电缆、控制柜等电子、电气设备火灾和变压器火灾等。

4. 主要设计参数

闭式系统的作用面积不宜小于 140m²，每套泵组所带喷头数量不应超过 100 只。闭式系统的喷雾强度、喷头的布置间距和安装高度宜根据火灾模拟试验结果确定。当喷头的设计工作压力不小于 10MPa 时，闭式系统也可根据喷头的安装高度按表 3-8 确定系统的最小喷雾强度和喷头的布置间距。当喷头的设计工作压力小于 10MPa 时，应经试验确定系统的最小喷雾强度、喷头的布置间距和安装高度。

表 3-8   闭式系统的喷雾强度、喷头的布置间距和安装高度

喷头的安装高度/m	系统的最小喷雾强度/[L/(min·m²)]	喷头的布置间距/m
>3.0 且≤5.0	3.0	>2.0 且≤3.0
≤3.0	3.0	

全淹没应用方式的开式系统的安装高度、工作压力、喷雾强度、喷头的布置间距宜根据火灾模拟试验结果确定，也可根据喷头的安装高度按表 3-8 确定系统的最小喷雾强度和喷头的布置间距。当喷头的实际安装高度介于表 3-9 中规定的高度值之间时，系统的最小喷雾强度应取较高安装高度时的规定值。

表 3-9   全淹没应用方式的开式系统喷头工作压力、安装高度、最小喷雾强度和喷头最大布置间距

应 用 场 所		喷头的工作压力/MPa	喷头的安装高度/m	系统的最小喷雾强度/[L/(min·m²)]	喷头最大布置间距/m
油浸变压器室、液压站、润滑油站、柴油发电机室、燃油锅炉房等		>1.2 且≤3.5	≤7.5	2.0	2.5
电缆隧道、电缆夹层			≤5.0	2.0	
地下文物库，以密集柜储存的地下资料库、档案库			≤3.0	0.9	
油浸变压器、涡轮机室等		≥10	≤7.5	1.2	3.0
液压站、柴油发电机室、燃油锅炉房等			≤5.0	1.0	
			>3.0 且≤5.0	2.0	
电缆隧道、电缆夹层			≤3.0	1.0	
			>3.0 且≤5.0	2.0	
采用非密集柜储存的地下资料库			≤3.0	1.0	
			≤3.0	0.7	
电子信息系统机房、通信机房	主机工作空间		≤0.5	0.3	
	地板夹层				

细水雾灭火系统设计持续喷雾时间应符合表 3-10 的规定。

表 3-10　细水雾灭火系统设计持续喷雾时间

保护对象	设计持续喷雾时间
油浸变压器室、柴油发电机房	20min
液压站、润滑油站	
燃油锅炉房、涡轮机房	
配电室、电子设备间、电缆夹层、电缆隧道	30min
电子信息机房、通信机房等电子机房	
资料库、档案库、文物库	
厨房烹饪设备、排烟罩、排烟管道	持续喷雾时间 15s，持续冷却时间 15min

注：对于瓶组式系统，系统的设计持续喷雾时间可按其实体火灾模拟试验灭火时间的 2 倍确定，且不宜小于 10min。

5. 组件及设置要求

细水雾灭火系统主要由细水雾喷头、控制阀、过滤器、试水阀和管网等组件组成。

细水雾喷头是指含有一个或多个孔口，在一定的工作压力下，通过旋转、撞击和射流等机械方式，将水进行物理性雾化的喷水部件，它是系统中最为关键的部件。其喷头类型主要有三种：螺旋式喷头、离心式喷头和撞击式喷头，如图 3-29 所示。

控制阀组是单相流集中控制组合分配系统中主要组件之一，主要功能是接收水雾报警控制器的控制信号，开启相应的选择阀，向防护区释放灭火剂实施灭火。控制阀应设置在环境温度不低于 4℃ 的室内，其安装位置应在防护区外，宜靠近防护区并便于操作的地点。

过滤器是细水雾灭火系统关键部件之一。过滤器的材质应为不锈钢、铜合金或其他耐腐蚀性能相当的材料。为防止管路中的固体颗粒物累积造成系统水压损失的增大或堵塞，在水泵进水口

图 3-29　细水雾喷头

之前、系统的供水干管或立管上应设置过滤器。过滤器的尺寸应满足在规定的最低灭火时间内、在最低压力和流量下系统正常工作。过滤器的网孔直径不应大于喷头最小喷孔直径的 80%。

3.2.5　泡沫灭火系统

泡沫灭火系统主要用于扑灭非水溶性可燃液体及一般固体火灾，如车辆火灾。因此，道路隧道、综合管廊电力电缆的舱室、地下车库等地下场所可采用泡沫灭火系统。

1. 灭火原理

泡沫灭火系统是通过机械作用将泡沫灭火剂、水与空气充分混合，产生泡沫后实施灭火的灭火系统，是水灭火系统的应用扩展。泡沫灭火系统的灭火机理主要体现在以下几个方面：

1）隔氧窒息作用。在燃烧物表面形成泡沫覆盖层，使燃烧物的表面与空气隔绝，同时

泡沫受热蒸发产生的水蒸气可以降低燃烧物附近氧气的浓度，起到窒息灭火作用。

2）辐射热阻隔作用。泡沫层能阻止燃烧区的热量作用于燃烧物质的表面，因此可防止可燃物本身和附近可燃物质的蒸发。

3）吸热冷却作用。泡沫析出的水对燃烧物表面进行冷却。

2. 分类与组成

泡沫灭火系统由消防泵、泡沫储罐、比例混合器、泡沫产生装置、阀门及管道、电气控制装置组成。此系统按泡沫液发泡倍数的不同分为低倍数泡沫灭火系统、中倍数泡沫灭火系统及高倍数泡沫灭火系统。

1）低倍数泡沫灭火系统是指泡沫发泡倍数小于20倍的泡沫灭火系统。其发泡倍数一般为3~8倍。

2）中倍数泡沫灭火系统是指泡沫发泡倍数为21~200倍的泡沫灭火系统，有局部应用式中倍数泡沫灭火系统和移动式中倍数泡沫灭火系统两种。

3）高倍数泡沫灭火系统是指泡沫发泡倍数大于200倍的泡沫灭火系统。按灭火时泡沫覆盖方式及设备安装方式分为全淹没式高倍数泡沫灭火系统、局部应用式高倍数泡沫灭火系统、移动式高倍数泡沫灭火系统三种类型。

3. 工作原理与适用范围

低倍数泡沫主要通过泡沫的隔断作用，将燃烧液体等燃烧物与空气隔离实现灭火；高倍数泡沫通过大量密集状态的高倍数泡沫封闭火灾区域，以阻断新空气的流入，从而达到窒息灭火的目的。由于泡沫混合液中水的成分占97%以上，所以它同时伴有冷却和降低燃烧液体蒸发的作用，而且灭火过程中产生的水蒸气还有窒息作用。中倍数泡沫当以较低的倍数用于扑救甲（也称易燃液体，闪点 <28℃ 的液体）、乙（闪点 ≥28℃ 至 <60℃ 的液体）、丙类（闪点 ≥60℃ 的液体）液体流淌火灾时，其原理与低倍数泡沫相同；当以较高的倍数用于全淹没方式灭火时，其原理与高倍数泡沫相同。

泡沫灭火系统主要适用于隧道、大型汽车库及燃油锅炉房等地下场所。在具有火灾危险性大的甲、乙、丙类液体的场所中，其灭火优越性非常明显。

4. 主要设计参数

泡沫灭火系统的设计要求应根据保护对象的设置形式、着火物质的属性以及泡沫灭火系统类型的不同，以《泡沫灭火系统设计规范》（GB 50151—2010）、《泡沫灭火系统施工及验收规范》（GB 50281—2006）等国家现行规范和标准为依据，确定设计基本参数。

泡沫-水喷淋系统泡沫中泡沫混合液连续供给时间不应小于10min；泡沫混合液与水的连续供给时间之和应不小于60min。

泡沫-水喷淋系统与泡沫-水喷雾系统应同时具备自动、手动功能和应急机械手动启动功能；系统自动或手动启动后，泡沫液供给控制装置应自动随供水主控阀的动作而动作，或与之同时动作；系统应设置故障监视与报警装置，且应在主控制盘上显示。

泡沫-水喷淋系统与泡沫-水喷雾系统配套设置的火灾探测与联动控制系统除应符合《火灾自动报警系统设计规范》（GB 50116）的有关规定外，尚应符合下列规定：当电控型自动探测及附属装置设置在有爆炸和火灾危险的环境时，应符合《爆炸危险环境电力装置设计规范》（GB 50058）的规定；设置在腐蚀气体环境中的探测装置，应由耐腐蚀材料制成或采取防腐蚀保护；当选用带闭式喷头的传动管传递火灾信号时，传动管的长度不应大于

300m，公称直径宜为 15 ~ 25mm，传动管上喷头应选用快速响应喷头，且布置间距不宜大于 2.5m。

5. 组件及设置要求

泡沫灭火系统设备分为通用设备和专用设备。通用设备主要是消防水泵等除泡沫灭火系统外其他消防系统也使用的设备；专用设备一般是指泡沫比例混合器和泡沫产生器等只在泡沫灭火系统使用的设备。

（1）泡沫比例混合器

泡沫比例混合器是一种使水与泡沫原液按规定比例混合成混合液，以供泡沫产生设备发泡的装置。目前的泡沫比例混合器有环泵式泡沫比例混合器、压力式泡沫比例混合器、平衡压力式泡沫比例混合器、管线式泡沫比例混合器。

1）环泵式泡沫比例混合器。环泵式泡沫比例混合器固定安装在泡沫消防泵的旁路上。环泵式泡沫比例混合器的限制条件较多，设计难度较大，达到混合比时间较长，但其结构简单、工程造价低且配套的泡沫液储罐为常压储罐，便于操作、维护、检修、试验。环泵式泡沫比例混合器适用于建有独立泡沫消防泵站的场所，尤其适用于有甲、乙、丙类液体的场所。

2）压力式泡沫比例混合器。压力式泡沫比例混合器适用于低倍数泡沫灭火系统，也可用于集中控制流量基本不变的一个或多个防护区的全淹没式高倍数泡沫灭火系统和局部应用式高倍数泡沫灭火系统。

压力式泡沫比例混合器分为无囊式压力比例混合器和囊式压力比例混合器两种，主要由比例混合器与泡沫液压力储罐及管路构成。压力式泡沫比例混合器是工厂生产的由比例混合器与泡沫液储罐组成一体的独立装置，安装时不需要再调整其混合比等，其产品样本中一并给出了安装图，设计与安装方便、配置简单、利于自动控制。它适用于统一采用高压或稳高压消防给水系统的场所。

3）平衡压力式泡沫比例混合器。平衡压力式比例混合装置的比例混合精度较高，适用的泡沫混合液流量范围较大，泡沫液储罐为常压储罐。

4）管线式泡沫比例混合器。管线式比例混合器是利用文丘里管的原理在混合腔内形成负压，在大气压力作用下将容器内的泡沫液吸到腔内与水混合。不同的是管线式泡沫比例混合器直接安装在主管线上泡沫液与水直接混合形成混合液，系统压力损失较大。由于管线式比例混合器的混合比精度通常不高，因此在固定式泡沫灭火系统中很少使用，其主要用于移动式泡沫灭火系统，与泡沫炮、泡沫枪、泡沫产生器装配为一体使用。

（2）泡沫产生器

将空气混入并产生一定倍数泡沫的设备称为泡沫产生器。泡沫产生器分为吸气型和吹气型。低倍数泡沫产生器和部分中倍数泡沫产生器是吸气型的，高倍数和部分中倍数泡沫产生器是吹气型的。

1）横、立式泡沫产生器。低倍数泡沫产生器有横式和立式两种，仅安装形式不同，构造和工作原理是相同的。低倍数泡沫产生器应符合下列规定：①泡沫产生器进口的工作压力应为其额定值 ±0.1MPa；②泡沫产生器的空气吸入口及露天的泡沫喷射口应设置防止异物进入的金属网；③横式泡沫产生器的出口应设置长度不小于 1m 的泡沫管。

2）高背压泡沫产生器。高背压泡沫产生器的进口工作压力应在标定的工作压力范围内，出口工作压力大于泡沫管道的阻力和罐内液体静压力之和，发泡倍数不应小于 2 倍，且不应大于 4 倍。

3.2.6 气体灭火系统

气体灭火系统是指平时灭火剂以液体、液化气体或气体状态存储于压力容器内，灭火时以气体（包括蒸气、气雾）状态喷射灭火介质的灭火系统。该系统能在防护区内形成各方向均一的气体浓度，而且至少能保持该灭火浓度达到规范规定的浸渍时间，实现扑灭该防护区火灾的目的。气体灭火系统按其结构特点可分为管网灭火系统和无管网灭火系统；按防护区的特征和灭火方式可分为全淹没灭火系统和局部应用灭火系统；按一套灭火剂储存装置保护的防护区的多少，可分为单元独立系统和组合分配系统。

气体灭火系统主要有七氟丙烷、混合气体、气溶胶等几类。

1. 七氟丙烷

特点：七氟丙烷（HFC—227ea）自动灭火系统是一种高效能的灭火设备，其灭火剂 HFC—227ea 是一种无色、无味、低毒性、绝缘性好、无二次污染的气体，对大气臭氧层的耗损潜能值（ODP）为零，是卤代烷 1211（二氟一氯一溴甲烷）、1301（三氟一溴甲烷）最理想的替代品。

适用范围：七氟丙烷灭火系统主要适用于计算机房、通信机房、配电房、油浸变压器、自备发电机房等场所，可用于扑救电气火灾、液体火灾或可熔化的固体火灾，固体表面火灾及灭火前能切断气源的气体火灾。

2. 混合气体

特点：混合气体灭火剂是由氮气、氩气和二氧化碳气体按一定的比例混合而成的气体，对大气臭氧层没有损耗，是理想的环保型灭火剂。

适用范围：可用于扑救电气火灾、液体火灾或可熔化的固体火灾，固体表面火灾及灭火前能切断气源的气体火灾。主要适用于电子计算机房、通信机房、配电房、油浸变压器、自备发电机房等经常有人工作的场所。

3. 气溶胶

特点：气溶胶是指以固体或液体为分散相而气体为分散介质所形成的溶胶。也就是固体或液体的微粒（直径 $1\mu m$ 左右）悬浮于气体介质中形成的溶胶。气溶胶与气体物质同样具有流动扩散特性及绕过障碍物淹没整个空间的能力，因而可以迅速地对被保护物进行全淹没方式防护。它具有灭火效能高、灭火速度快、无臭氧层耗损、无温室效应、对人体无害、可常温常压存放等优点。

适用范围：《气溶胶灭火系统 第一部分：热气溶胶灭火装置》（GA 499.1）中按气溶胶发生剂的化学配方将其分为 K 型（含硝酸钾）、S 型（含硝酸锶和硝酸钾）、其他型。S 型气溶胶灭火系统适用于扑救电气火灾，不会造成对电气及电子设备的二次损坏。K 型气溶胶灭火系统喷放后的产物会对电气和电子设备造成损坏，不能用于电子计算机房、通信机房等场所。

3.2.7 干粉灭火系统

干粉灭火系统主要用于扑灭易燃、可燃液体、可燃气体和带电电气设备的火灾。地铁、综合管廊、地下车库、地下仓储场所均可用干粉灭火系统。例如，地铁的配电室、变电室和开关室等可采用干粉灭火系统；综合管廊的容纳电力电缆的舱室可采用干粉灭火系统。存放燃油类的地下仓储场所可采用干粉灭火系统。

1. 灭火剂分类

1）普通干粉。其可扑救可燃液体、可燃气体以及带电设备火灾，又称为 BC 干粉灭火剂，包括以碳酸氢钠为基料的钠盐干粉灭火剂（小苏打干粉）；以碳酸氢钠为基料的紫钾盐干粉灭火剂；以氯化钾为基料的超级钾盐干粉灭火剂等。

2）多用途干粉灭火剂。其不仅可扑救可燃液体、可燃气体和带电设备火灾，还可扑救一般固体物质火灾，又称为 ABC 干粉灭火剂，包括以磷酸盐为基料的干粉灭火剂；以磷酸铵和硫酸铵混合物为基料的干粉灭火剂；以聚磷酸铵为基料的干粉灭火剂。

3）专用干粉灭火剂。可扑救钾、钠、镁等活泼金属火灾，又称为 D 类专用干粉灭火剂，包括以石墨、氯化钠、碳酸氢钠为基料的干粉灭火剂。

2. 系统的组成与分类

干粉灭火系统由启动装置、氮气瓶组、减压阀、干粉罐、干粉喷头、干粉枪、干粉炮、电控柜、阀门和管道等零部件组成，如图 3-30 所示。一般为火灾自动探测系统联动控制，发出报警信号后，干粉灭火系统中氮气瓶组内的高压氮气经减压阀减压后进入干粉罐，其中一部分氮气送到干粉罐的底部，松散干粉灭火剂。随着罐内压力的升高，部分干粉灭火剂随氮气进入出粉管，当干粉固定喷嘴或干粉枪、干粉炮的出口阀门处的压力达到一定值后，阀门打开（或者定压爆破膜片自动爆破），高速的气粉流便从固定喷嘴或干粉枪射向火源，破坏燃烧链，起到迅速扑灭或抑制火灾的作用。

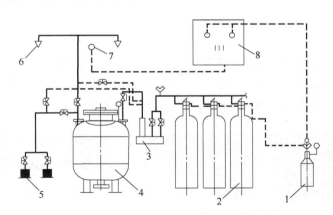

图 3-30　干粉灭火系统组成示意图

1—启动气体瓶组　2—高压驱动气体瓶组　3—减压器　4—干粉罐　5—干粉枪及卷盘
6—喷嘴　7—火灾探测器　8—控制装置

干粉灭火系统可按照灭火方式、设计情况、系统保护情况、驱动气体储存方式进行分类，如图 3-31 所示。

3. 系统适用范围

1）易燃、可燃液体和可熔化的固体火灾，适用场所：停车场、油泵房。

2）可燃气体或可燃液体以压力形式喷射的火灾，适用场所：地下综合管廊。

3）电气火灾。干粉灭火剂具有很好的绝缘性能，可以在不切断电源的条件下扑救电气火灾，尤其适用于含油的电气设备火灾，如变压器、油浸开关。

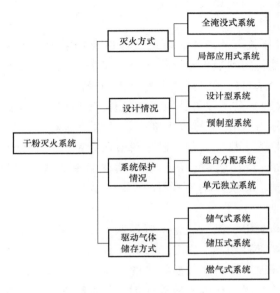

图 3-31　干粉灭火系统分类

3.3 城市地下空间其他灭火系统

3.3.1　消火栓灭火系统

消火栓灭火系统是为城市地下空间服务的，它是以消火栓为给水点、以水为主要灭火剂的灭火系统，可扑灭多种类型的火灾。图 3-32 是消火栓及灭火器使用方法指示说明。按设置的位置消火栓灭火系统分为室外消火栓系统和室内消火栓系统。

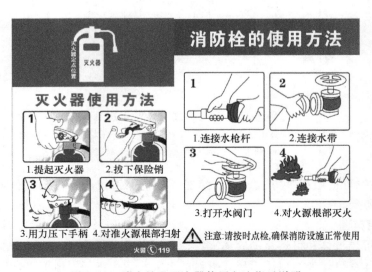

图 3-32　消火栓及灭火器使用方法指示说明

1. 室外消火栓系统

室外消火栓系统通常是指设置在地下建筑外墙外的消防给水系统。室外消火栓系统由消防水源、消防供水设备、室外消防给水管网和室外消火栓灭火设施组成。室外消防给水管网包括进水管、干管和相应的配件、附件；室外消火栓灭火设施包括室外消火栓、水带、水枪等。

（1）系统工作原理

1）高压室外消火栓系统。高压室外消火栓系统管网内应经常保持足够的压力和消防用水量。当火灾发生后，现场人员可从设置在附近的消火栓箱内取出水带和水枪，将水带与消火栓栓口连接，接上水枪，打开消火栓的阀门，直接出水灭火。

2）临时高压室外消火栓系统。临时高压室外消火栓系统中设有消防泵，平时管网内压力较低。当火灾发生后，现场人员可从设置在附近的消火栓箱内取出水带和水枪，将水带与消火栓栓口连接，接上水枪，打开消火栓的阀门，通知水泵房启动消防泵，使管网内的压力达到高压给水系统的水压要求，消火栓即可投入使用。

3）低压室外消火栓系统。低压室外消火栓系统管网内的压力较低，当火灾发生后，消防队员打开最近的室外消火栓，将消防车与室外消火栓连接，从室外管网内吸水加入消防车内，然后利用消防车直接加压灭火，或者由消防车通过水泵接合器向室内管网内加压供水。

（2）设置要求

1）室外消火栓设置安装应容易发现，方便出水操作，地下消火栓还应当在地面附近设有明显固定的标志。

2）室外消火栓应沿道路设置，当道路宽度大于60m时，宜在道路两边设置消火栓，并宜靠近十字路口。

3）室外消火栓的间距不应大于120m。

4）室外消火栓的保护半径不应大于150m，在市政消火栓保护半径以内，当室外消防用水量小于或等于15L/s时，可不设置室外消火栓。

5）室外消火栓的数量应按其保护半径和室外消防用水量等综合计算确定，每个室外消火栓的用水量应按10~15L/s计算；与保护对象之间的距离在5~40m范围内的市政消火栓，可计入室外消火栓的数量内。

6）室外消火栓宜采用地上式消火栓。地上式消火栓应有一个DN150或DN100的栓口和两个DN65的栓口。采用室外地下式消火栓时，应有DN100和DN65的栓口各一个。寒冷地区设置的室外消火栓应有防冻措施。

7）室外消火栓宜沿建筑周围均匀布置，且不宜集中布置在建筑一侧；建筑消防扑救面一侧的室外消火栓数量不宜少于2个；消火栓与路边距离不应大于2m，与房屋外墙距离不宜小于5m。

8）室外消火栓、阀门、消防水泵接合器等设置地点应设置相应的永久性固定标识。

9）人防工程、地下工程等建筑应在出入口附近设置室外消火栓，且与出入口的距离不宜小于5m，并且不宜大于40m。

2. 室内消火栓系统

室内消火栓是在地下建筑外墙中心线以内的消火栓，实际上是室内消防给水管网向火场供水的带有专用接口的阀门，其进水端与消防管道相连，出水端与水带相连。

室内消火栓系统主要由消防水池、水泵（生活水泵与消防水泵）、消防水箱、水泵接合器、室内给水管网、室内消火栓箱（室内消火栓箱内设有消火栓、水带和水枪等）及各种控制阀门等组成，如图3-33所示。

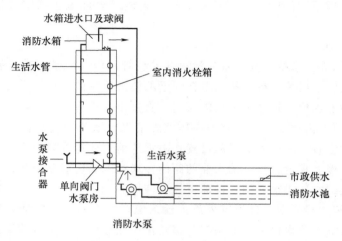

图3-33　室内消火栓系统的组成

（1）工作原理

室内消火栓给水系统的工作原理与系统采用的给水方式有关，通常地下民用建筑消防给水系统采用的是临时高压消防给水系统。当火灾发生后，现场人员将水带与消火栓栓口连接，打开消火栓的阀门，按下消火栓箱内的启动按钮，消火栓即可投入使用。消火栓箱内的按钮直接启动消火栓泵，并向消防控制中心报警。在供水的初期，由于消火栓泵的启动需要一定的时间，其初期供水由高位消防水箱供给（储存10min的消防水量）。对于消火栓泵的启动，还可由消防泵现场、消防控制中心控制，消火栓泵一旦启动便不得自动停泵，其停泵只能由现场手动控制。

（2）设置要求

1）室内消火栓的设置。室内消火栓的设置应符合下列要求：①设有消防给水系统的建筑物，其各层（无可燃物的设备层除外）均应设置室内消火栓；②室内消火栓的布置应保证有两支水枪的充实水柱同时到达室内任何部位；③室内消火栓应设在明显、易于取用的地点。栓口离地面的高度为1.1m，其出水方向宜向下或与设置消火栓的墙面成90°角；④消防电梯前室应设室内消火栓；⑤室内消火栓的间距应由计算确定。地下民用建筑室内消火栓按2支消防水枪的2股充实水柱布置的建筑物，消火栓的布置间距不应超过30m；按1支消防水枪的1股充实水柱布置的建筑物，消火栓的布置间距不应超过50m；⑥消火栓应采用同一型号规格。消火栓的栓口直径应为65mm，水带长度不应超过25m，水枪喷嘴口径不应小于19mm。

2）室内消火栓栓口压力和消防水枪充实水柱。充实水柱是指由水枪喷嘴起至射流90%的水柱水量穿过直径为380mm圆孔处的一段射流长度，其设置要求如下：①消火栓栓口的出水压力不应大于0.50MPa，当大于0.70MPa时应采取减压措施；②室内净空高度超过8m的地下民用建筑的消火栓栓口动压不应小于0.35MPa，且消防水枪充实水柱应达到13m；其他地下场所的消火栓栓口动压不应小于 0.25MPa，且消防水枪充实水柱应达到 10m。

3）消防软管卷盘的设置。消防软管卷盘由小口径消火栓、输水缠绕软管、小口径水枪等组成。与室内消火栓相比，消防软管卷盘具有操作简便、机动灵活等优点。它的设置应符合下列要求：①栓口直径应为 25mm，配备的胶带内径不应小于 19mm，长度不应超过 40m，水喉喷嘴口径不应小于 6mm；②地下商业街的消防软管卷盘应设在走道内，且布置时应保证有一股水柱能达到室内任何部位。

3.3.2　灭火器配置

灭火器是指靠人力能够移动，且具有独立灭火作用，在自身内部压力作用下，能够喷出所充装灭火剂的灭火器材。

1. 分类与适用范围

灭火器按充装灭火剂可分为水基型灭火器、干粉灭火器、二氧化碳灭火器、洁净气体灭火器等。

（1）水基型灭火器

水基型灭火器是指充装灭火剂以水为基础的灭火器，有清水灭火器、水基型泡沫灭火器和水基型水雾灭火器三种。

清水灭火器的筒体中充装清洁的水，以二氧化碳（氮气）为驱动气体，主要扑救固体物质的初期火灾，不适于扑救油类、电气、轻金属以及可燃气体火灾。

水基型泡沫灭火器内部装有水成膜泡沫灭火剂和氮气，依靠泡沫和水膜的双重作用迅速有效地灭火。它能扑灭可燃固体、液体的初起火灾。

水基型水雾灭火器是在水中添加少量的有机物或无机物改进水的流动性能、分散性能、润湿性能和附着性能等，进而提高水的灭火效率。它主要适合配置在具有可燃固体物质的场所，如地下商业街、地下仓储等。

（2）干粉灭火器

干粉灭火器内充装干粉灭火剂，利用氮气作为驱动动力，将筒内的干粉喷出灭火。干粉灭火剂一般分为 BC 干粉灭火剂和 ABC 干粉灭火剂两大类。它可扑灭一般可燃固体火灾，还可扑灭油、气等燃烧引起的火灾，主要用于车辆和电气设备的初期火灾。

（3）二氧化碳灭火器

二氧化碳灭火器的容器内充装二氧化碳气体，靠自身的压力驱动喷出进行灭火。它用来扑灭贵重设备、精密仪器、600V 以下电气设备及油类的初起火灾。

（4）洁净气体灭火器

洁净气体灭火器是指将洁净气体（如 IG541、七氟丙烷、三氟甲烷等）灭火剂直接加压充装在容器中，使用时，灭火剂从灭火器中排出形成气雾状射流射向燃烧物，当灭火剂与火焰接触时发生一系列物理化学反应，使燃烧中断，达到灭火目的的灭火器。洁净气体灭火器适用于扑救可燃液体、可燃气体和可熔化的固体物质以及带电设备的初期火灾。

根据《建筑灭火器配置设计规范》（GB 50140），将火灾分为六类：A 类：固体火灾；B 类：液体或可融化的固体物质火灾；C 类：气体火灾；D 类：金属火灾；E 类：电气火灾；F 类：厨房油脂火灾。

不同类型火灾的灭火器选用见表 3-11。

表 3-11　不同类型火灾的灭火器选用

火灾类型	灭火器选用	备　注
A 类火灾	水基型（水雾、泡沫）灭火器、ABC 干粉灭火器	
B 类火灾	水基型（水雾、泡沫）灭火器、BC 类或 ABC 类干粉灭火器、洁净气体灭火器	极性溶剂 B 类火灾用 B 类火灾抗溶性灭火器
C 类火灾	用干粉灭火器、水基型（水雾）灭火器、洁净气体灭火器、二氧化碳灭火器	
D 类火灾	金属火灾专用灭火器	
E 类火灾	二氧化碳灭火器、洁净气体灭火器、干粉灭火器、水基型（水雾）灭火器	最好选用二氧化碳灭火器或洁净气体灭火器
F 类火灾	BC 类干粉灭火器、水基型（水雾、泡沫）灭火器	

2. 配置要求

（1）配置场所的危险等级

建筑灭火器配置场所的危险等级划分为严重危险级、中危险级和轻危险级，见表 3-12。

表 3-12　建筑灭火器配置场所危险等级

危险等级	主要特征
严重危险级	火灾危险性大，可燃物多，起火后蔓延迅速或容易造成重大火灾损失的场所
中危险级	火灾危险性较大，可燃物较多，起火后蔓延缓慢的场所
轻危险级	火灾危险性较小，可燃物较少，起火后蔓延较缓慢的场所

（2）最低配置基准

1）一个计算单元内配置的灭火器数量不得少于 2 具。

2）每个设置点的灭火器数量不宜多于 5 具。

灭火器的最低配置基准见表 3-13，表 3-14。

表 3-13　A 类火灾场所灭火器的最低配置基准

危险等级	严重危险级	中危险级	轻危险级
单具灭火器最小配置灭火级别	3A	2A	1A
单位灭火级别的最大保护面积（m^2（A））	50	75	100

表 3-14　B、C 类火灾场所灭火器的最低配置基准

危险等级	严重危险级	中危险级	轻危险级
单具灭火器最小配置灭火级别	89B	55B	21B
单位灭火级别的最大保护面积/m^2（m^2（B））	0.5	1.0	1.5

（3）配置设计计算

灭火器配置设计一般按照下述步骤进行：

1）确定灭火器配置场所火灾类型和危险等级。

2）划分计算单元，计算各单元的保护面积。

3）计算各单元的最小需配灭火级别。

4）确定各单元内的灭火器设置点的位置和数量。

5）计算每个灭火器设置点的最小需配灭火级别。

6）确定各单元和每个设置点的灭火器的类型、规格与数量。

7）确定每具灭火器的设置方式和要求。

地下场所灭火级别根据下式计算：

$$Q = 1.3K \frac{S}{U} \tag{3-2}$$

式中　Q——计算单元的最小需配灭火级别；

S——计算单元的保护面积（m^2）；

U——A 类或 B 类火灾场所单位灭火级别最大保护面积（m^2/A 或 m^2/B）；

K——修正系数，见表 3-15。

表 3-15　修正系数 K

计　算　单　元	K
未设室内消火栓系统和灭火系统	1.0
设有室内消火栓系统	0.9
设有灭火系统	0.7
设有室内消火栓系统和灭火系统	0.5

灭火器设置点数根据下式计算：

$$N = \frac{Q}{Q_e} \tag{3-3}$$

式中　Q_e——计算单元中每个灭火器设置点的最小需配灭火级别；

N——计算单元中灭火器设置点数（个）。

每个灭火器设置点实配灭火器的灭火级别和数量不得小于最小需配灭火级别和数量的计算值。计算单元中的灭火器设置点数依据火灾的危险等级、灭火器类型（手提式或推车式）按不大于表 3-16 规定的最大保护距离合理设置，并应保证最不利点至少在 1 具灭火器的保护范围内。

表 3-16　A、B、C 类火灾场所的灭火器最大保护距离

危 险 等 级	火灾及灭火器类型			
	A 类		B、C 类	
	手提式灭火器	推车式灭火器	手提式灭火器	推车式灭火器
严重危险等级	15	30	9	18
中危险等级	20	40	12	24
轻危险等级	25	50	15	30

注：1. D 类火灾场所的灭火器，其最大保护距离应根据具体情况研究确定。

2. E 类火灾场所的灭火器，其最大保护距离不应低于该场所内 A 类或 B 类火灾的规定。

复 习 题

1. 比较湿式、干式、预作用自动喷水灭火系统组成部分的主要区别，并简要说明预作用自动喷水灭火系统的工作原理。

2. 简述报警阀的作用、类型和适用范围。

3. 简要说明水喷雾灭火系统的主要灭火机理和工作原理。

4. 分析固定式水喷雾系统、自动喷水-水喷雾混合配置系统和泡沫-水喷雾联用系统的适用场所。

5. 简述细水雾的定义及细水雾灭火系统的灭火机理。

6. 简述细水雾灭火系统的主要构成组件及各组件作用。

7. 泡沫灭火系统按发泡倍数分为几种？发泡倍数分别为多少？

8. 简述泡沫灭火系统中的专用设备及其中泡沫比例混合器的类型？

9. 简述室内外消火栓系统的工作原理。

10. 某地下商业场所危险等级为中危险级，面积为 $34\text{m} \times 20\text{m}$，设置室内消火栓系统和灭火系统（$K = 0.5$），拟配置 MF/ABC3 型号的干粉灭火器（灭火级别为 2A），试确定该场所所需灭火器的数量。

第4章
城市地下空间火灾通风排烟

本章学习目标：

了解城市地下空间火灾烟气成分及其危害。

理解烟气流动的多种驱动力。

掌握火灾热释放速率和火灾烟气生成量的计算方法。

掌握城市地下空间火灾烟气控制方式。

本章学习方法：

在掌握城市地下空间通风排烟基本内容的前提下，将城市地下空间火灾烟气成分、危害、烟气流动驱动力、火灾热释放速率、烟气生成量进行系统的归纳、梳理和总结，联系实际工程情况，明确城市地下空间火灾各种烟气控制方式的使用范围。

4.1 | 火灾烟气及其危害

4.1.1 火灾烟气成分

根据美国国家防火协会（NFPA）对烟气的定义，烟气是由物质燃烧后形成的固体悬浮物、液体微粒子、气体及卷吸的空气混合而成，即包括固体灰烬炭粒、未燃烧完全的焦油液滴、水蒸气、二氧化碳、其他有毒或腐蚀性气体。

火灾过程中会产生大量烟气，其成分非常复杂，主要由三种类型的物质组成：①第一种为气相燃烧产物；②第二种为未完全燃烧的气、液、固相分解物和冷凝物微小颗粒；③第三种为燃烧过程中卷吸的空气。

大部分可燃物质都属于有机化合物，其主要成分是碳（C）、氢（H）、氧（O）、硫（S）、磷（P）、氮（N）等元素。在一般温度条件下，氮在燃烧过程中不参与化学反应而呈游离状态析出，而氧作为氧化剂在燃烧过程中消耗掉了。碳、氢、硫、磷等元素则与氧化合，生成相应的氧化物，即二氧化碳（CO_2）、一氧化碳（CO）、水蒸气（H_2O）、二氧化硫（SO_2）和五氧化二磷（P_2O_5）等，在不完全燃烧状态下还会生成大量的中间产物。

4.1.2　火灾烟气危害

烟气是火灾时造成人员伤亡的主因，其对人的危害性主要表现在减光性、毒害性和温度三方面。烟气的毒性及高温会对人体造成生理的伤害，而烟气的减光性则会对人的心理造成影响。

1. 减光性

火灾烟气中往往含有大量的固体颗粒，从而使烟气具有一定的减光性，这将大大降低地下空间中的能见度。能见度指的是人们在一定环境下刚好能看到某个物体的最远距离。能见度主要由烟气的浓度决定，同时受到烟气的颜色、物体的亮度、背景的亮度以及观察者对光线的敏感程度等因素的影响。能见度与减光系数有如下关系：

$$V = \frac{R}{K_e} \tag{4-1}$$

式中　V——能见度（m）；

R——比例系数，它反映了特定场合下各种因素对能见度的综合影响；

K_e——减光系数（m^{-1}），用来表示烟气光学浓度，就是光线透过烟层后的能见距离。

如图 4-1 所示，当可见光透过烟层时，烟粒子使光线的强度变弱，光线减弱的程度与烟的浓度存在一定的函数关系。设由光源射入测量空间的光束强度为 I_0，该光束由测量空间 L 射出后的强度为 I，则比值 I/I_0 称为该空间的透射率。若该空间没有烟气，则射入和射出的光强度几乎不变，即透射率等于 1。光束通过的距离越长，光束强度衰减的程度越大。

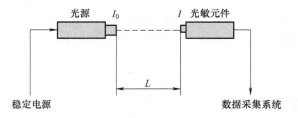

图 4-1　烟气遮光性测量装置示意图

根据 Lambert-Beer 定律，有烟情况下的光强度 I 可用下式表示：

$$I = I_0 \exp(-K_e L) \tag{4-2}$$

式（4-2）整理可得：

$$K_e = \frac{1}{L} \ln \frac{I_0}{I} \tag{4-3}$$

由式（4-3）可见，K_e 值越大，即烟的浓度越大时，光线强度 I 就越小；L 越大，也即距离越远时，I 值就越小。

大量火灾案例和实验结果表明，即便设置了应急照明和疏散标志，火灾烟气仍可导致人们辨识目标和疏散能力的大大下降。日本的 Jin（金）和 Yamada 曾对自发光标志和反光标志在不同烟气情况下的能见度进行了测试。在充满烟气的试验箱内放置目标物，白色烟气是阴燃产生的，黑色烟气是明火燃烧产生的，发光标志的能见度与减光系数的关系如图 4-2 所示。通过白色烟气的能见度较低，可能是由于光的散射率较高。他建议对于疏散通道上的反光标志、疏散门以及有反射光存在的场合，R 取值为 2～4；对自发光标志、指示灯等，R 取值为 5～10，由此可知，安全疏散标志最好采用自发光标志。

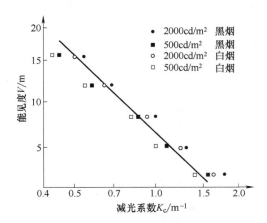

图 4-2　发光标志的能见度与减光系数的关系

　　以上关于能见度的讨论并没有考虑烟气对眼睛的刺激作用。日本的学者 Jin 对暴露于刺激性烟气中人的能见度和移动速度与减光系数的关系进行了一系列实验。图 4-3 表示在刺激性与非刺激性烟气中发光标志的能见度与减光系数的关系。刺激性强的白烟是由木垛燃烧产生的，刺激性较弱的烟气是由煤油燃烧产生的。可见式（4-3）给出的能见度的关系式不适应于刺激性烟气，在浓度大且有刺激性的烟气中，受试者无法将眼睛睁开足够长的时间以看清目标。

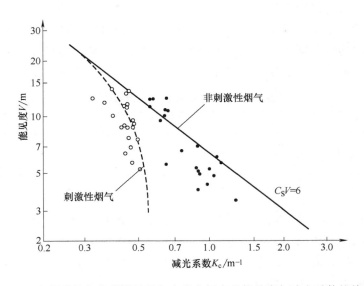

图 4-3　在刺激性与非刺激性烟气中发光标志的能见度与减光系数的关系

　　图 4-4 给出了暴露在刺激性与非刺激性烟气的情况下，人的行走速度与烟气减光系数的

关系。烟气对眼睛的刺激和烟气密度都对人的行走速度有一定影响。随着减光系数增大，人的行走速度减慢，在刺激性烟气环境下，行走速度减慢得更厉害。当减光系数为 $0.4m^{-1}$ 时，人通过刺激性烟气的行走速度仅是通过非刺激性烟气时的 70%。当减光系数大于 $0.5m^{-1}$ 时，通过刺激性烟气的行走速度降至约 $0.3m/s$，相当于普通人蒙上眼睛时的行走速度。行走速度下降是由于受试者无法睁开眼睛，只能走"之"字形或沿着墙壁一步一步地挪动。

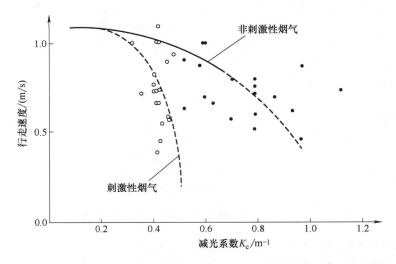

图 4-4　在刺激性与非刺激性烟气中人的行走速度与烟气减光系数的关系

火灾中烟气对人的生命安全的影响不仅仅是生理上的，还包括对人员心理方面的副作用。当人受到浓烟的侵袭时，在能见度较低的情况下，极易产生恐惧与惊慌，尤其当减光系数在 $0.1m^{-1}$ 时，人便不能正确进行疏散决策，甚至会失去理智而采取不顾一切的异常行为。

表 4-1 给出了人可以耐受的能见度极限值。小空间通常功能分区简单，进入其中的人对内部构造可能熟悉起来比较容易，而且小空间到达安全出口的距离短，能见度的要求就相对低一些；大空间内功能分区复杂，人员流动性大，对疏散设施不容易熟悉，寻找安全出口需要看得更远，因此能见度要求更高。故在疏散安全设计上，通常采用最小能见度为 10m。

表 4-1　人可以耐受的能见度极限值

参　　数	小　空　间	大　空　间
光学密度/m^{-1}	0.2	0.08
能见度/m	5	10

2. 毒害性

烟气中主要包含 CO、HCN、NH_3、SO_2 等窒息性气体和刺激性气体。表 4-2 给出了人体所能忍受的各种燃烧产物的最大剂量及浓度，超出表中所列极限值，人可能发生严重的机能丧失。毒性产物的作用取决于暴露剂量，暴露剂量是浓度与曝火时间的乘积。如果超出这一数值，会发生机能丧失（失去知觉）。

当毒性产物发生混合时，混合物的作用可大致上考虑为叠加，可以通过每一个气体最高可忍受浓度相加估计出来，得到刺激性浓度分数（FIC）。当分数的总和达到 1 时即视为达到混合物的最高可忍受浓度。只要 FIC 不超过 1，就不太可能发生严重的肺部灼伤。

表 4-2 人体所能忍受的各种燃烧产物的最大剂量及浓度

火灾产物	5min 暴露时间		30min 暴露时间	
	暴露剂量 （浓度×时间）/（% · min）	浓度最大值（%）	暴露剂量 （浓度×时间）/（% · min）	浓度最大值（%）
窒息性气体				
CO	1.5	1	1.5	1
CO_2	25	6	150	6
Low O_2	45（耗尽）	9（耗尽）	360（耗尽）	9（耗尽）
HCN	0.05	0.01	0.225	0.01
刺激性气体				
HCl	—	0.02	—	0.02
HBr	—	0.02	—	0.02
HF	—	0.012	—	0.012
SO_2	—	0.003	—	0.003
NO_2	—	0.008	—	0.003
丙烯醛	—	0.0002	—	0.0002

从火灾死亡统计资料得知，大部分罹难者是因吸入一氧化碳等有害气体致死。一氧化碳被人吸入后，与血液中的血红蛋白结合成为一氧化碳血红蛋白。当一氧化碳和血液 50% 以上的血红蛋白结合时，便能造成脑和中枢神经严重缺氧，继而失去知觉，甚至死亡。即使吸入量在致死量以下，也会因缺氧而头痛无力及呕吐等，导致不能及时逃离火场而死亡。

人体暴露在含有 2000ppm（$1ppm = 10^{-6}$）的一氧化碳浓度量的环境下约 2h，则将失去知觉进而死亡；若浓度高达 3000ppm 时，约 30min 致死（表 4-3）。即使浓度在 700ppm 以下，长时间暴露也将造成人体危害。1995 年 David（戴维）提出空气中 CO 浓度与人体暴露的临界忍受时间，可作为危害评估的参考。CO 对人体失能忍受时间表达式如下：

$$t = \frac{30}{8.2925 \times 10^{-4} \times (10^4 \times X_{CO})^{1.036}}$$ (4-4)

式中 t——人体的忍受时间（min）；

X_{CO}——烟气中 CO 浓度（%）。

表 4-3 一氧化碳对人体的影响

浓　　度		暴 露 时 间	危 害 效 应
用 ppm 表示	用百分数表示		
100	0.01%	8h 内	尚无感觉
400～500	0.05%	1h 内	尚无感觉
600～700	0.07%	1h 内	感觉头痛、恶心、呼吸不畅
1000～2000	0.2%	2h 内	意识模糊、呼吸困难、昏迷，逾 2h 即死亡
3000～5000	0.5%	20～30min 内	即死亡
10000	1%	1min 内	即死亡

研究表明，火灾中产生的 CO_2 会造成在场人员的呼吸中毒，海因里希·赫布根（Heinrich Hebgen）在其编写的《房屋安全手册》中提到：碳和碳化物燃烧形成的 CO_2 及灭火装置中的 CO_2 在体积分数较大时有毒害和麻醉作用。当人处在 CO_2 体积分数为 10% 的环境中时就会有生命危险，当空气中的 CO_2 含量达到 5% 时，呼吸就会比较困难费力。由于缺氧而使得呼吸系统受到刺激，这会造成呼吸频率加快、程度加深，这样又将导致人员吸入更多的火灾烟气。当空气中 CO_2 浓度达到 7% ~ 10% 时，人在数分钟内便会出现昏迷而丧失逃生的能力。不同浓度的 CO_2 对人体的影响见表 4-4。

表 4-4　不同浓度的 CO_2 对人体的影响

CO_2 浓度（%）	对人体的影响
0.55	6h 内不会产生任何症状
1 ~ 2	引起不适感
3	呼吸中枢受到刺激，呼吸频率增大，血压升高
4	感觉头痛、耳鸣、目眩、心跳加速
5	感觉喘不过气，30min 内引起中毒
6	呼吸急促，感觉难受
7 ~ 10	数分钟内失去知觉，甚至死亡

3. 温度

由于城市地下空间比较封闭，导热性比较差，烟气产生的热量在室内不断地蓄积，随着燃烧时间的增加，空间内蓄积的热量就越多，使得空间内温度随着热量的增多而不断升高，火场温度可达 1000℃ 左右。

（1）高温

烟气高温对于火场内及邻接区域的人员皆具危险性。当周围气体温度达到 60℃ 时，人体尚能忍受一段时间，不过要视当时人的衣着及个人体质等因素决定承受时间的长短；若周围温度为 120℃ 时，人体只能承受十几分钟而已；当火场温度达 175℃ 时，只要一分钟人的皮肤就会受到严重的伤害。表 4-5 是不同温度下人体可耐受时间。

表 4-5　不同温度下人体可耐受时间

温度/℃	40	50	60	70	80	90
可忍受时间/min	60	46	35	26	20	15

对于健康、着装整齐的成年男子，克拉尼（Cranee）推荐了温度与极限忍受时间的关系式：

$$t = 4.1 \times 10^8 / T^{3.61} \tag{4-5}$$

式中　t——极限忍受时间（min）；

　　　T——烟气温度（℃），目前在火灾危险性评估中推荐数据为：短时间脸部暴露的安全温度极限范围为 65 ~ 100℃。

（2）热辐射

研究表明，火灾中火源释放的热量近 70% 通过对流传热方式进入烟气层。高温烟气将辐射大量的热作用于火场中的疏散人员。根据人体对辐射热耐受能力的研究，人体对烟气层等火灾环境的辐射热的耐受极限是 2.5kW/m²，处于这个程度的辐射热灼伤几秒钟之内就会引起皮肤强烈疼痛，辐射热为 2.5kW/m² 的烟气相当于上部烟气层的温度达到 180～200℃。而对于较低的辐射热流，人员可以忍受 5min 以上。对于很短的曝火时间，例如快速通过一个发生火灾的封闭空间的敞开门洞所需的时间，甚至可以忍受 10kW/m² 辐射热流。对于高于 2.5kW/m² 的辐射热流，人员忍受热辐射的时间由下式得到：

$$t_m = \frac{133}{q^{1.33}} \tag{4-6}$$

式中　t_m——由于皮肤疼痛造成机能丧失的时间（s）；

　　　q——单位面积辐射热流动（W/m²）。

表 4-6 为人体对不同辐射热的耐受极限。

表 4-6　人体对不同辐射热的耐受极限

热辐射强度	<2.5kW/m²	2.5kW/m²	10kW/m²
忍受时间	>5min	30s	4s

（3）热对流

火场中的人呼吸的空气已经被火源和烟气加热，吸入的热空气主要通过热对流的方式与呼吸系统换热。热烟气会对呼吸系统造成伤害，使得黏膜脱落，阻塞呼吸道的通畅，使得肺部水肿，氧气无法交换，因缺氧而死。对于大多数建筑环境而言，人体可以短时间内承受 100℃ 环境的对流热。表 4-7 给出了不同温度和湿度时人体对热对流的耐受极限。

表 4-7　人体对热对流的耐受极限

温度和湿度条件	耐受时间
<60℃，水分饱和	>30min
100℃，水分含量<10%	12min
120℃，水分含量<10%	7min
140℃，水分含量<10%	4min
160℃，水分含量<10%	2min
180℃，水分含量<10%	1min

当人员暴露于水分含量小于 10% 的热空气中，可用下式计算在温度 T 时人员丧失活动能力的时间：

$$t_{ICONV} = 5 \times 10^7 T^{-3.4} \tag{4-7}$$

值得注意的是，由于灭火用水和燃烧产生的水在高温下汽化，火场中空气的绝对湿度会比正常环境下大大提高。湿度对热空气作用于呼吸系统的危害程度影响很大，如 120℃ 时饱和湿空气对人体的伤害远远大于干空气所造成的危害。研究表明火场中可吸入空气的温度不高于 60℃ 才认为是安全的。

4.2 烟气流动的驱动力

火灾时产生的烟气的成分中，固体微粒及气体微粒居多，因此易受空气流动影响而移动，而空气的流动主要来自于空间中不同位置的压力差。然而影响烟气的流动因素又比单纯空气流动因素更复杂。

烟气流动因素依其驱动力性质可分为自然驱动力及强制驱动力两大类。自然驱动力包括热膨胀、热浮力、烟囱效应及外界风，强制驱动力包括空调系统和电梯活塞效应。其中，热浮力与热膨胀由烟气的温度引起，烟囱效应受气象条件、建筑结构及建筑内外温差共同影响，自然风主要受气象条件影响，空调系统驱动力及电梯活塞效应驱动力则是由地下空间内设施产生。在同一火灾状况中，烟气通常会被这些驱动力共同影响，烟气控制系统必须能克服这些驱动力或利用其达到控烟的目的。

鉴于城市地下空间功能类型迥异，建筑结构上的特点也差异较大。譬如地下商场、地下地铁车站，结构上高度最多不超过地下三层，其长度和宽度都处在一个量级上，多利用通风竖井、电梯竖井、楼梯竖井、管道竖井或自然排烟窗（口）与外界连通；而道路隧道、地铁区间隧道、综合管廊等属于狭长形构造，其在长度方向的尺寸远大于高度或宽度方向的尺寸，多利用通风竖井、坡度出入口与外界连通。不同功能地下空间建筑结构的特点决定了影响烟气流动的驱动力的不同，除均受热膨胀、热浮力、烟囱效应及外界风等气象条件影响外，地下商场和地下地铁车站还可能因设置空调和电梯而受到空调系统驱动力及电梯活塞效应驱动力的影响。

4.2.1 热膨胀

热膨胀是指在压强不变的情况下，大多数物质在温度升高时，其体积增大，温度降低时，体积缩小。火灾释放能量引起空气体积膨胀而造成烟气的流动，烟气会由火场流出，周围空气则会流入火场。其空气流量远大于燃料燃烧所增加的质量，在忽略燃烧物质量的条件下，假设烟气的热性质与空气相同，则流入火灾内空气的体积与流出火场外空气的体积可用下式表示：

$$\frac{Q_{out}}{Q_{in}} = \frac{T_{out}}{T_{in}} \tag{4-8}$$

式中　Q_{out}——流出火场外烟气的烟气体积流量（m^3/s）；

　　　Q_{in}——流入火场内的空气体积流量（m^3/s）；

　　　T_{out}——流出火场外烟气的热力学温度（K）；

　　　T_{in}——流入火场内空气的热力学温度（K）。

若流入空气的温度为 20℃，当烟气温度为 250℃ 时，烟气热膨胀的系数为 1.8；当烟气温度为 500℃ 时，热膨胀的系数为 2.6；当烟气温度达到 600℃ 时，其体积约膨胀到原体积的三倍。

在火场中，对于有开启门窗的空间或狭长贯通空间，在开口两侧或与火源较远的空间远处因膨胀产生的压力就可忽略。但对于一个具有较小开口或缝隙的封闭火场，膨胀引起的压差将使烟气通过各种开口或缝隙向非着火区流动。

4.2.2　热浮力

因为高温的烟气比周围空气温度高，密度相对比较低，故有浮力产生。火灾烟气的浮力实质上是火场与非着火区域形成热压差，导致烟气从高压区向低压区扩散。

由上节得知，烟气热膨胀也会产生压力差。周允基对热浮力与热膨胀力相对大小进行了研究，火场开口示意图如图 4-5 所示，并提出无量纲数 B 来确定两者的相对大小，B 的计算公式由以下四个公式表示：

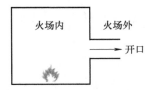

图 4-5　火场开口示意图

$$B = \frac{Gr}{Re^2} \tag{4-9}$$

$$Gr = \frac{(\Delta\rho/\overline{\rho})\, g\, \overline{D}^3}{v^2} \tag{4-10}$$

$$Re = \sqrt{\frac{\Delta p}{\overline{\rho}}\frac{\overline{D}}{v}} \tag{4-11}$$

$$\Delta p = \Delta p_{\mathrm{p}} + \Delta p_{\mathrm{b}} = \frac{1}{2\rho_{\mathrm{e}}}\left(\frac{Q}{c_{\mathrm{p}}T_{\mathrm{e}}A_0 C_{\mathrm{d}}}\right)^2 + H_{\mathrm{vd}}(\rho_{\mathrm{a}} - \rho_{\mathrm{g}})g \tag{4-12}$$

式中　Δp_{p}——热膨胀引起的压力差；

　　　Δp_{b}——热浮力引起的压力差；

　　　Gr——格拉晓夫系数；

　　　Re——雷诺数；

　　　g——重力加速度（$\mathrm{m/s^2}$）；

　　　$\Delta\rho$——火场内外气体的密度差（$\mathrm{kg/m^3}$）；

　　　$\overline{\rho}$——火场内外气体平均密度（$\mathrm{kg/m^3}$）；

　　　$\overline{D}$——火场开口的特征直径（m），取其开口长度或宽度平均值；

　　　v——运动黏度（$\mathrm{m^2/s}$），气体的运动黏度随温度升高而增大；

　　　Δp——火场内与火场外环境的压差（Pa）；

　　　ρ_{e}——开口旁边的外壳密度（$\mathrm{kg/m^3}$）；

　　　Q——火灾热释放速率（kW）；

　　　c_{p}——空气的定压比热容，取值 $1.012\mathrm{kJ/(kg \cdot K)}$；

　　　T_{e}——开口旁边的外壳温度（K）；

　　　A_0——火场开口面积（$\mathrm{m^2}$）；

　　　C_{d}——流动系数；

　　　H_{vd}——通风口厚度（m）；

ρ_a——环境空气密度（kg/m³）；

ρ_g——热烟气密度（kg/m³）。

当 $B < 0.1$ 时，热膨胀作用占主导作用，热浮力引起的烟气流动可忽略不计；当 $B > 10$ 时，热浮力是导致烟气流出火场的主要驱动力。

热浮力产生的压力差可以按下式计算：

$$\Delta P = (\rho_a - \rho_g)gh \qquad (4\text{-}13)$$

式中 h——烟气层厚度（m）。

或者简化为下式：

$$\Delta P = 353\left(\frac{1}{T_a} - \frac{1}{T_g}\right)gh \qquad (4\text{-}14)$$

式中 T_a——环境空气温度（K）；

T_g——热烟气温度（K）。

举例：假设火场内有大约 1m 厚的烟气层，烟气层平均温度为 400℃，环境空气温度 20℃，则烟气层（从烟气层底部到顶部）的热压力差为：

$$\Delta p = 353 \times \left(\frac{1}{293} - \frac{1}{673}\right) \times 9.81 \times 1\,\text{Pa} = 6.7\,\text{Pa}$$

当烟气从火场流出后，由于热损失以及与冷空气掺混而降低温度。因此，烟气受浮力的影响会随距离火场越远而越小。

4.2.3 烟囱效应

当地下空间发生火灾时，空间内外烟气与空气的密度差将引发浮力驱动的向上流动，地下空间越高，这种流动越强。地下空间的各种竖向通道（如通风竖井、楼梯井、电梯井、设备管道井等）是发生这种现象的主要结构形式，由于浮力作用产生的气体运动十分显著，通常称这种现象为烟囱效应。

1. 竖向通道引起的烟囱效应

对于竖向通道内部与外界环境存在的温度差形成的烟囱效应，其大小主要与竖向通道高度以及竖向通道内热烟气和环境中冷空气的密度差有关。城市地下空间内烟气温度越高，进入竖向通道后形成的烟囱效应就越强，在竖向通道下方形成的排烟速度就越大，有利于排出烟气。如果竖向通道距离火源较远，到达竖向通道下方的烟气层温度会很低，烟囱效应可能不会发生，甚至进入竖向通道的烟气会倒灌回地下空间。

（1）竖井与火源距离对烟囱效应的影响

烟囱效应（图 4-6）的产生主要由于竖井内外压差与烟气自身浮力的联合作用，在不同范围内两者对竖井内烟气上升所发挥的作用不同：在火源距离竖井中心线较远区域（$l/L > 0.825$，其中，l 为竖井中心线与火源的距离，特征距离 L 为竖井中心线与开口的距离），烟气的自身浮力起主要作用，火源与竖井越远，达到竖井附近的烟气

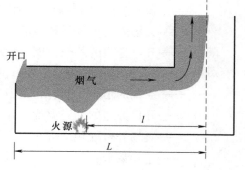

图 4-6　竖井引起的烟囱效应

水平惯性力越小，导致竖井排出的烟气质量流率减小；在火源距离竖井中心线较近区域（$l/L < 0.825$），竖井内外压差起主要作用。

（2）竖井结构形式对烟气在竖井中运动速度的影响

烟气在开放竖井（与周围环境有开口相通的为开放竖井）中上升速度最快，而在封闭竖井（没有开口相通的为封闭竖井）内上升速度最慢，竖井结构形式如图4-7所示。开放竖井内的烟气层上升主要受到烟囱效应的影响，在烟囱效应的作用下，竖井下部开口处竖井内压力小于竖井外压力，空气流入竖井；竖井上部开口处竖井内压力大于竖井外压力，烟气流出竖井。所以在烟囱效应作用下，竖井存在一个中性面，在此高度处，竖井内压力等于竖井外压力。对于一个上下双开口竖井，其中性面高度可用下式表示：

$$\frac{H_n}{H} = \frac{1}{1 + (T_s/T_0)(A_b/A_a)^2} \tag{4-15}$$

式中　H——竖井高度（m）；

H_n——竖井中性面高度（m）；

T_s——竖井内烟气的热力学温度（K）；

T_0——竖井外空气的热力学温度（K）；

A_a——竖井上部开口面积（m²）；

A_b——竖井下部开口面积（m²）。

在如图4-7b所示的封闭竖井中，由于顶部封闭，竖井中没有烟囱效应，烟气在竖井中的运动主要受到湍流混合作用的影响。烟气进入封闭竖井中，由于竖井上部的空气密度比较大，而竖井下部的烟气密度比较小，竖井中的这种密度分布是不稳定的，烟气将在湍流混合作用下在竖井中蔓延。库珀等人研究封闭竖井中烟气蔓延，提出了在湍流混合作用下竖井中烟气蔓延的方程：

$$\frac{\partial \rho_s}{\partial t} = \frac{\partial}{\partial z}\left[k_2 d^2 \sqrt{\frac{g}{\rho_s}\left(\frac{\partial \rho_s}{\partial_z}\right)} \frac{\partial \rho_s}{\partial z} \right] \tag{4-16}$$

式中　z——烟气蔓延高度（m）；

g——重力加速度（m/s²）；

ρ_s——烟气密度（kg/m³）；

k_2——常数，0.44。

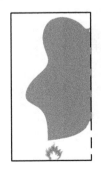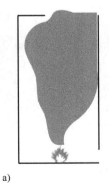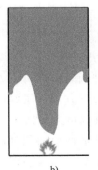

a)　　　　　　　　　　　　　　　　　b)

图 4-7　竖井结构形式

a）开放竖井　b）封闭竖井

由于烟气在湍流混合作用下在竖井中的运动速度比在烟囱效应作用下在竖井中的运动速度要小很多，这使得烟气在封闭竖井中的上升速度远小于在开放竖井中的上升速度。

（3）竖井高度对烟囱效应的影响

随着竖井的升高，竖井内会先后出现边界层分离和烟气层吸穿现象，如图 4-8 所示。

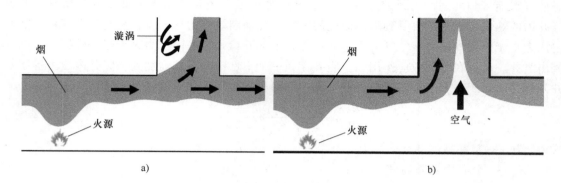

图 4-8　边界层分离与烟气层吸穿现象

a）边界层分离现象　b）烟气层吸穿现象

1）当竖井较低时（$Ri' < 1.4$），边界层分离和竖井入口上游处形成的涡流占主导地位，导致一部分流出的烟气形成回流，而该部分烟气直接影响了排烟效率。其中，Ri' 为竖井是否吸穿的判定依据，表示竖井下方烟气所受热浮力与水平驱动力的比值。竖井存在临界竖井高度 h_c，即发生烟气层吸穿时所需的最低竖井高度，随着火源与竖井距离的增加而增加；较大的竖井口面积会导致烟气层吸穿现象出现，导致临界竖井高度 h_c 变小；临界竖井高度 h_c 随着竖井口纵横比的下降而增加，但临界竖井高度 h_c 的增量不显著。

2）当竖井较高时（$Ri' > 1.4$），较高的纵向浮力导致烟囱效应抑制了边界层分离并发生了烟气层吸穿现象，导致温度较低的新鲜空气直接被吸入竖井内，降低了排烟效率。

因此，竖井排烟效率最高的时候就是适度的烟囱效应抑制边界层分离，并避免烟气层下方的新鲜空气被烟囱效应直接吸入竖井。Ri' 和 h_c 分别用以下两式表示：

$$Ri' = \frac{\Delta \rho g H A}{\rho_{s0} v^2 dw} \tag{4-17}$$

$$h_c = 0.943 \times \frac{1.4 d_s^2 w}{A} \times \left(\frac{a}{w} \right)^{0.85} + 0.060w \tag{4-18}$$

式中　　$\Delta \rho$——无排烟时烟气与环境空气的密度差（kg/m^3）；

g——重力加速度（m/s^2）；

d——无排烟时排烟口下方烟气层厚度（m）；

d_s——顶棚下方烟气层厚度（m）；

H——竖井高度（m）；

A——竖井横截面面积（m^2）；

ρ_{s0}——无排烟时烟气的密度（kg/m^3）；

v——无排烟时排烟口下方烟气的运动速度（m/s）；

w——竖井宽度（m）；

a——竖井口一侧长度（m）。

2. 坡度引起的烟囱效应

当有坡度的城市地下空间（如倾斜的隧道、倾斜的出入口、斜井等）内发生火灾时，在火灾烟气的流动过程中由于烟气与周围环境进行了热交换，空间内外形成密度差，从而对空间内烟气的蔓延形成推动或阻碍作用，产生这种效应的作用力称之为火风压。由于在有坡度的城市地下空间中，火风压在隧道较为明显，故以隧道中的火风压为例进行说明。火风压是导致隧道内烟气流动发生变化的一个重要因素，也是坡度隧道内"烟囱效应"（图4-9）最主要的推动力。

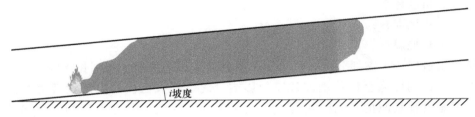

图 4-9　斜坡引起的烟囱效应示意图

关于火风压的计算公式介绍如下：

（1）公路隧道通风设计细则

《公路隧道通风设计细则》（JTG/T D70/2-02—2014）指出火风压计算公式：

$$p_f = \rho g \Delta H_f \frac{\Delta T_x}{T} \tag{4-19}$$

$$\Delta T_x = \Delta T_0 e^{-\frac{cx}{G}} \tag{4-20}$$

式中　p_f——火风压值（N/m²）；

　　　　ρ——通风计算点的空气密度（kg/m³）；

　　　　g——重力加速度，$g = 9.8\text{m/s}^2$；

　　　ΔH_f——高温气体流经的高程差（m）；

　　　　T——高温气体流经隧道内火灾后空气的平均绝对温度（K）；

　　　　x——沿烟流方向计算烟流温升点到火源点的距离（m）；

　　　ΔT_x——沿烟流方向距火源点距离为 x 处的气温增量（K）；

　　　ΔT_0——发生火灾前后火源点的气温增量（K）；

　　　　G——沿烟流方向 x 米处的火烟的质量流量（kg/s）；

　　　　c——系数，$c = kC_r/(3600c_p)$；

　　　　C_r——隧道断面周长（m）；

　　　　k——岩石的传热系数，$k = 2 + k'\sqrt{v_1}$，k' 值为 $5 \sim 10$，v_1 为烟流速度（m/s）；

　　　　c_p——空气的定压比热容，取 1.012kJ/(kg·K)

设计细则中提出了火风压的计算公式，但公式中未涉及隧道坡度，同时公式中涉及的量并没有给出相应的计算方法，如火灾后空气的平均绝对温度 T、烟气的质量流量 G、火灾前后火源点的气温增量 ΔT_0 等，这让该公式的可操作性较差，无法给隧道内的通风排烟提供相应的指导。

（2）瑞士隧道设计规范

瑞士隧道设计规范给出了简单易于使用的模型，将着火隧道分为上游无烟区、下游无烟区以及火区三个区段，火风压计算见下式：

$$\Delta p_{\text{stack}} = i_{\text{fire}} L_{\text{fire}} \rho_0 g \eta_{\text{fire}} \frac{\Delta T_{\text{fire}}}{T_0 + \Delta T_{\text{fire}}} \tag{4-21}$$

式中　i_{fire}——隧道坡度（%）；

　　　L_{fire}——火区长度（m）；

　　　ρ_0——环境密度；

　　　η_{fire}——折减系数；

　　　ΔT_{fire}——火区温升；

　　　T_0——环境温度。

该模型仅适用于火灾部分具有恒定梯度的隧道。如果应用于实际长度短于设计防火部分长度的隧道，则可能会低估烟囱效应的影响。规范将火区段的温度设置为恒定值，但实际上温度是沿程衰减的，同时规范中给出了不同火灾热释放速率下的各项参数，但隧道火灾最大热释放速率的选用多种多样，均会导致相应的参数发生变化，使得火风压的值发生变化。

（3）Opstad 模型

欧洲学者 Opstad 将隧道内的温度分布分为着火区及下游温度衰减区，构建了火风压的理论模型，该模型已由挪威一条隧道中测得的数据进行了验证，火风压公式如下：

$$\Delta p_{\text{stack}} = \frac{ugi\rho_0}{c} \ln \left\{ \frac{T_0 + [T_{\text{fire}}(0) - T_0] \exp\left(\dfrac{c \cdot L_{\text{T}}}{u}\right)}{T_{\text{fire}}(0)} \right\} \tag{4-22}$$

$$T_{\text{fire}}(0) = \frac{Q}{\rho_0 A_{\text{T}} c_p u} + T_0 \tag{4-23}$$

$$c = -\frac{\alpha U_{\text{T}}}{\rho_0 A_{\text{T}} c_p} \tag{4-24}$$

式中　u——风速（m/s）；

　　　g——重力加速度（m/s^2）；

　　　i——隧道坡度（%）；

　　　ρ_0——环境密度（kg/m^3）；

　　　c——系数；

　　　L_{T}——隧道长度（m）；

　　　T_{fire}——火源处温度（K）；

　　　Q——火灾热释放速率（W）；

　　　A_{T}——隧道截面积（m^2）；

　　　c_p——空气的比定压热容 [J/(kg·K)]；

　　　T_0——环境温度（K）；

　　　α——导热系数 [W/(m^2·K)]；

　　　U_{T}——隧道周长（m）。

该模型适用于实际隧道长度短于设计防火部分长度的隧道，即火灾热释放速率分别为 5MW、10MW、20MW、30MW 时，隧道的长度分别短于 400m、480m、640m、800m。瑞士隧道设计规范和 Opstad 模型的着火隧道的温度分布曲线如图 4-10 所示。

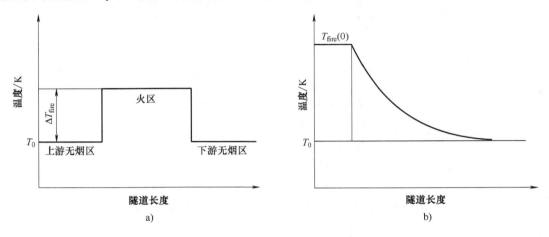

图 4-10　着火隧道的温度分布曲线
a）瑞士隧道设计规范　b）Opstad 模型

4.2.4　外界风

外界风吹过地下空间的自然排烟口、竖井通风孔等开口构筑物时，气流将发生绕流，如图 4-11 所示。风压是指空气流动时遇阻，速度降低，动能转化成压能从而产生的压力。由于气流的撞击作用，迎风面压力会高于大气压力，形成正压区域。在建筑物的顶部和背风面则会产生负压区。在一般情况下，风向与该平面的夹角大于 30° 时会形成正压区，如图 4-12a 所示。图 4-12b 开口构筑物顶倾斜角度为 30°，图 4-12c 开口构筑物顶倾斜角度为 45°，图 4-12d 开口构筑物顶倾斜角度为 90°。

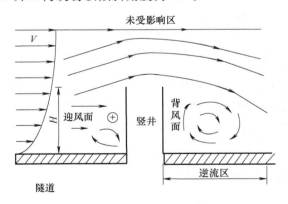

图 4-11　地下空间自然风示意图

外界风在地下空间的地面开口周围产生压力分布，而这种压力分布对地下空间内烟气的流动有显著影响。外界风的作用受到多种因素的影响，包括风速、风向、地面开口构筑物的高度和几何外形等。作用在一个表面的风压可由下式表示：

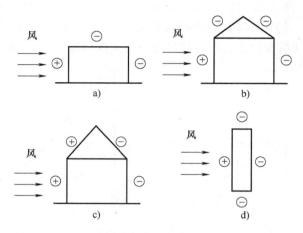

图 4-12　不同形式构筑物外界风造成的正负压区

a) 风向与该平面的夹角大于 30°　b) 倾斜角度为 30°　c) 倾斜角度为 45°　d) 倾斜角度为 90°

$$\Delta p_{wT} = \frac{1}{2} C_w \rho_{out} v^2 \tag{4-25}$$

式中　Δp_{wT}——外界风作用到地面开口构筑物表面产生的压力（Pa）；

ρ_{out}——环境空气密度（kg/m^3）；

v——外界风速（m/s）；

C_w——无量纲风压系数。

通常风压系数 C_w 的值在 $-0.8 \sim +0.8$。迎风侧为正，背风侧为负。C_w 为正，表示该处的压力比大气压力升高了 ΔP_w；C_w 为负，表示该处的压力比大气压力减少了 Δp_w。

由外界风引起的地面开口构筑物两个侧面的压差由下式表示：

$$\Delta p_{wT} = \frac{1}{2} (C_{w1} - C_{w2}) \rho_0 v^2 \tag{4-26}$$

式中　C_{w1}、C_{w2}——迎风侧和背风侧的压力系数。

4.3 | 火灾热释放速率

地下空间内可能发生火灾的热释放速率是决定火灾发展及烟气生成量的主要参数，也是采取消防对策的基本依据。火灾热释放速率大小取决于燃烧材料性质、时间等因素和自动灭火设施的设置情况。为确保安全，一般按可能达到的最大火势确定火灾热释放速率。

4.3.1　特征火灾曲线

通常采用特征火灾曲线法确定热释放速率，即对所研究的火灾进行适当假设，将火灾分为稳态火灾与非稳态火灾，并将火灾发展过程特征化。

1. 稳态火灾

稳态火灾是指在火灾的整个发展过程中，热释放速率不会随时间变化，始终保持一个恒定的值。比如，有些可燃固体火灾的旺盛燃烧阶段、容器面积不变的油池火等都可以认为其为稳态火灾。稳态火灾是一种理想化的假设，不过这种理想化可大大简化计算过程。稳态火灾的火灾热释放速率可采用下式计算：

$$Q = \varphi m \Delta H \tag{4-27}$$

式中　Q——热释放速率（kW）；

φ——不完全燃烧程度的燃烧因子，一般为 $0.3 \sim 0.9$；

m——燃料的质量燃烧速率（kg/s）；

ΔH——燃料的燃烧值（kJ/kg）。

2. 非稳态火灾

非稳态火灾的热释放率随时间变化。从起火到旺盛燃烧阶段，热释放速率大体按指数规律增长，火灾增长的模型示意图如图 4-13 所示。

Heskestad 指出，非稳态火灾的热释放速率可用下式描述：

$$Q = \alpha (t - t_0)^2 \tag{4-28}$$

式中　Q——热释放速率（kW）；

α——火灾增长系数（kW/s²）；

t——点火后的时间（s）；

t_0——开始有效燃烧所需的时间（s）。

通常在研究中不考虑火灾的前段酝酿期，即认为火灾从出现有效燃烧时算起，热释放速率公式可由下式表示：

$$Q = \alpha t^2 \tag{4-29}$$

由于地下空间普遍设置自动灭火系统，受其影响，火灾热释放速率发展会出现以下两种情况，如图 4-14 所示：

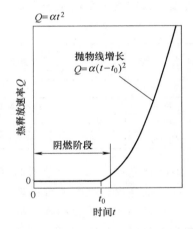

图 4-13　火灾增长的模型示意图

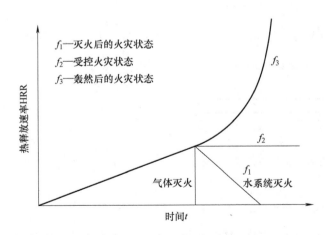

图 4-14　灭火过程中热释放速率示意图

1）火灾为无限制的自由发展状态。如果自动灭火系统失效，火灾无限制自由发展至最大热释放速率。

2）火灾受灭火系统的控制。在灭火系统动作且发挥有效作用的情况下，火灾将受到抑止，热释放速率不再增长，继而会呈下降趋势。为安全起见，通常保守地假定灭火系统动作后热释放速率不再增长，并维持在这一水平。火灾的最大热释放速率可以按自动喷水灭火系统动作时的热释放速率考虑。

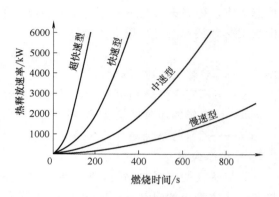

图 4-15　火灾的初期增长类型

火灾的初期增长可分为慢速、中速、快速、超快速四种类型，如图 4-15 所示。各类型的火灾增长系数见表 4-8。

表 4-8　火灾增长系数

火灾类别	典型可燃材料	火灾增长系数 $\alpha/(\text{kW/s}^2)$	热释放速率达到 1055kW 所需时间/s
慢速型	硬木家具	0.002931	600
中速型	棉质/聚酯垫子	0.01127	300
快速型	装满的邮件袋、木制货架托盘、泡沫塑料	0.04689	150
超快速型	池火、快速燃烧的装饰家具、轻质窗帘	0.1878	75

有些物品按 t^2 规律燃烧段时间后，热释放速率便趋向于某一确定值，例如泄漏气体的射流火、油池火、某些塑料火等。火灾由快速增长到稳定燃烧的曲线如图 4-16 所示。

一种常用的简化方式是按照火灾发展过程将热释放速率曲线分为三个阶段（图 4-17）：初期增长阶段，采用 t^2 模型描述；充分发展阶段，认为热释放速率维持不变；减弱阶段，这个阶段按线性减弱处理，这种处理方式对池火和大部分塑料火都是适用的。

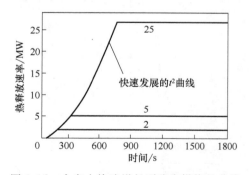

图 4-16　火灾由快速增长到稳定燃烧的曲线

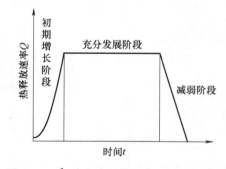

图 4-17　t^2-稳定火源模型热释放速率曲线

4.3.2　火灾热释放速率的选择

由于不同类型城市地下空间内部可燃物的差异，导致其最大热释放速率并不相同。

1. 道路隧道火灾热释放速率

道路隧道火灾热释放速率根据隧道等级、隧道内通行车辆的构成以及车型比例来合理确定。车辆火灾热释放速率见表 4-9。

表4-9　车辆火灾热释放速率

资料来源 车辆类别	《中国消防手册》第三卷	《道路隧道设计标准》（DG/TJ 08-2033—2017）	《城市地下道路工程设计规范》（CJ 221—2015）	世界道路协会（PIARC）	《美国公路隧道、桥梁和其他封闭式高速公路标准》NFPA 502—2017		法国隧道研究中心（CETU）建议书	英国《道路及桥梁设计手册》第二册第九部分 BD78/99 公路隧道设计的第八节一火灾安全工程	《澳大利亚公路隧道火灾安全指南》
					未配有水消防系统	配有水消防系统			
					热释放速率/MW				
小轿车	—	3～5	3～5	—	5～10	—	—	5	—
1辆小轿车	2.5	—	—	2.5	—	—	2.5	—	2.5
1辆大轿车	5	—	—	5	—	—	5	—	5
2～3辆轿车	8	—	—	8	—	—	8	—	5
面包车、厢式货车	15	10～15	10～15	15	—	—	15	15	15
长途汽车/卡车（中等、重型）	—	20～30	20～30	—	25～34	20	—	20	—
巴士	20	20	—	20	—	—	20	—	20
重型货车	20～30	30～100	30～100	20～30	20～200	15～90	30	30～100	20～30
危险品车、重型货车（大车）	100～120	—	—	100～120	—	—	—	—	100～120
油罐车	—	—	—	—	200～300	10～200	200	—	—

国内外部分隧道采用的最大火灾热释放速率见表 4-10。

表 4-10　国内外部分隧道采用的最大火灾热释放速率

序号	名　　称	长度/km	竣工年份	火灾热释放速率/MW	备　　注
1	珠海十字门隧道	1.7	在建	20	中国珠海，水底隧道
2	郑东新区综合交通枢纽区地下道路	2.918	在建	20	中国郑州，城市隧道
3	汕头苏埃通道	6.8	在建	30	中国汕头，水底隧道
4	芜湖城南过江隧道	4.94	在建	30	中国芜湖，水底隧道
5	港珠澳海底隧道	6.2	2017	50	中国广东，水底隧道
6	武汉东湖隧道	10.6	2015	30	中国武汉，水底隧道
7	上海虹梅南路越江隧道	5.26	2014	50	中国上海，水底隧道
8	杭州钱江隧道	4.45	2013	50	中国杭州，水底隧道
9	青岛胶州湾隧道	7.8	2011	20	中国青岛，水底隧道
10	上海军工路隧道	3.05	2011	20	中国上海，城市隧道
11	厦门翔安隧道	6.1	2010	20	中国厦门，水底隧道
12	上海长江隧道	8.1	2009	50	中国上海，水底隧道
13	南京长江隧道	6.04	2009	20	中国南京，水底隧道
14	武汉长江隧道	3.6	2008	20	中国武汉，水底隧道
15	上海翔殷路隧道	2.6	2005	20	中国上海，城市隧道
16	Fort Canning 隧道	0.35	2007	100	新加坡，城市隧道
17	El Azhar 公路隧道	2.4	2001	100	埃及，水底隧道
18	东京湾海底隧道	9.1	1997	50	日本，水底隧道
19	Cointe 隧道	1.375	1995	150	比利时，城市隧道
20	Ted Williams 隧道	2.6	1995	20	美国，城市隧道
21	悉尼东部高速公路隧道	2.8	1992	50～100	澳大利亚，城市隧道
22	L-H-La Fontaine 隧道	1.8	1967	20	加拿大，水底隧道
23	CTE 隧道	/	/	100	新加坡，城市隧道
24	兰谷隧道	/	/	50	/
25	NeunUdong 隧道	/	/	50～100	/

2. 地铁火灾热释放速率

（1）地铁列车火灾

区间和车站隧道火灾以列车火灾为主，《地铁设计防火标准》（GB 51298）对国内地铁列车的设计火灾热释放速率规定取 7.5～10.5MW。此外，部分国家（地区）在地铁设计中采用的列车火灾热释放速率见表4-11。

表 4-11　部分国家（地区）采用的列车火灾热释放速率

国家（地区）	地铁/铁路线路	热释放速率峰值/MW
澳大利亚	新南线	10
泰国	Chaloem Ratchamongkhom MRT line，曼谷	7
希腊	雅典地铁	10
中国香港	东涌线	5
	机场快线	10

（2）地铁乘客行李火灾

国内外学者及机构在研究地铁乘客行李火灾热释放速率时，认为其取值数值在 2~5MW。英国建筑研究所一项试验研究表明：2 个手提行李同时燃烧的最大火灾热释放速率为 0.5MW，参照其他工程防火设计，并考虑一定的安全系数，取多件行李最大火灾热释放速率为 1.5MW。我国学者参考英国出版报告与美国国家标准与技术研究院实际测量售货亭燃烧结果，在考察台湾地铁车站火灾后建议最大火灾热释放速率取 2MW。应急管理部上海消防研究所杨昀通过对北京、上海、广州、深圳等地铁的实地调研，发现乘坐地铁前往机场、火车站、换乘站等场所的线路和车站，乘客携带的行李较多，行李中可能包括较易燃烧的纤维织物、纸张、食品等，同时考虑到人为纵火及其他爆炸物等，建议选取 5MW 作为最大火灾热释放速率。

（3）其他形式城市地下空间的最大热释放速率

地下商场、公共场所、汽车库等其他形式城市地下空间的最大热释放速率见表 4-12。

表 4-12　其他形式城市地下空间的最大热释放速率

场所类型	热释放速率 Q/MW	
	有喷淋	无喷淋
商场	5	/
公共场所	2.5	8
汽车库	1.5	3
超市、仓库	4	20

注：若安装有快速响应喷淋灭火系统（《自动喷水灭火系统设计规范》规定响应时间指数 RTI≤50 $(m·s)^{0.5}$ 的喷淋灭火系统），则该场所可按本表减少 40%。

4.4　火灾烟气生成量

火灾烟气生成量是进行防排烟设计的基础，它主要取决于羽流的质量流量。羽流质量流量是指单位时间内烟羽流通过某一高度的水平断面的质量。

在可燃物燃烧中，火源上方的火焰及燃烧生成的烟气的流动通常称为火羽流，如图 4-18 所示。在燃烧表面上方附近为火焰区，它又可以分为连续火焰区（火焰持续存在的区段）和间歇火焰区（火焰间歇性存在的区段）。而火焰区上方为燃烧产物（烟气）的羽流区，其流动完全由浮力效应控制，一般称其为烟羽流或浮力羽流。由于浮力作用，烟气流会形成一个热烟气团，在浮力的作用下向上运动，在上升过程中卷吸周围新鲜空气与原有的烟气发生掺混。

通常情况下，羽流中由火源燃烧产生的燃烧产物的质量远小于羽流上升过程中卷吸进来的周围空气的质量，一般将其忽略，因此可以近似认为火灾烟气生成量与烟羽流质量流量相等。需要说明的是，热烟气在水平和竖向流动时仍然要卷吸空气，因此实际的烟气量比烟羽流的质量流量大。

由于火源受限状况和烟气的流通路径不同，烟羽流按火焰及烟的流动情形，可分为轴对称羽流、墙边羽流、阳台型羽流等。

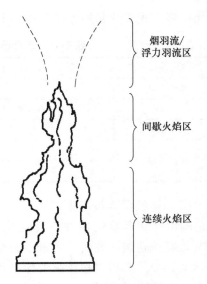

图 4-18　火羽流示意图

1. 轴对称羽流

轴对称羽流又称自由羽流，其火源不受周围障碍物的限制，火灾产生的高温气体上升到火焰上方形成烟羽流。该烟羽流在上升过程中不断卷吸四周的空气且不触及空间的墙壁或其他边界面，这种类型的烟羽流称为轴对称烟羽流，如图 4-19 所示。

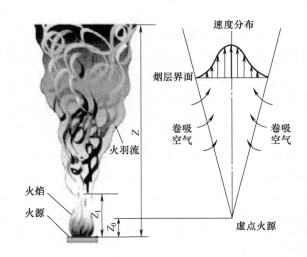

图 4-19　轴对称型羽流示意图

轴对称羽流的羽流质量流量计算由以下两式表示：

$$M_\mathrm{p} = \begin{cases} 0.032\ Q_\mathrm{c}^{\frac{3}{5}} Z & ,Z \leqslant Z_1 \\ 0.071\ Q_\mathrm{c}^{\frac{1}{3}} Z^{\frac{5}{3}} + 0.0018\ Q_\mathrm{c}, & Z > Z_1 \end{cases} \tag{4-30}$$

$$Z_1 = 0.166 Q_\mathrm{c}^{\frac{2}{5}} \tag{4-31}$$

式中　M_p——羽流质量流量（kg/s）；

Q_c——火源的对流热释放速率（kW），一般取 $Q_\mathrm{c} = 0.7Q$（Q 为火灾热释放速率）；

Z_1——火焰极限高度（m）；

Z——燃料面到烟气层底部的高度（m）取值应大于等于最小清晰高度。

清晰高度是指烟层下缘至地面的高度。最小清晰高度 H_q 可按下式计算：

$$H_q = 1.6 + 0.1H \tag{4-32}$$

式中　H——计算空间的净高度（m）；对于单层空间，取排烟空间的建筑净高度。

如图 4-20a 所示，式（4-30）也是针对这种情况提出的；对于多层空间，取最高疏散楼层的层高（m），实质上最小清晰高度同样是针对某一个单层空间提出的，往往也是连通空间中同一防烟分区中最上层计算得到的最小清晰高度，如图 4-20b 所示。然而，在这种情况下的燃料面到烟层底部的高度 Z 是从着火的那一层起算的，如图 4-20b 所示。

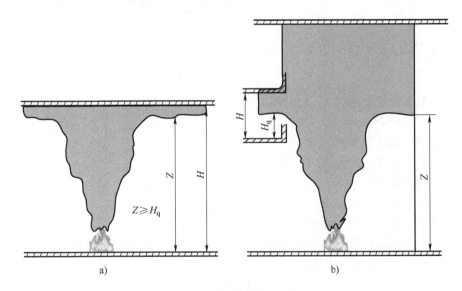

图 4-20　最小清晰高度示意图

a）单层空间　b）多层空间

2. 墙边羽流

墙边羽流由紧靠一面竖直墙壁的火源产生，如图 4-21 所示。

火源附近存在受限物时，羽流的行为将会受到影响，对应的质量流率也将发生变化。为此 Hasemi 提出"镜像模型"来建立墙边羽流与轴对称羽流之间的关系。对于墙边羽流，可以假设在火源相对于壁面对称位置处也存在着与其强度一样的另一个火源，因此，墙边羽流的质量速率可以认为是由这两个火源所形成的轴对称羽流质量速率的一半，见下式：

$$M_p = 0.5M_{p \text{ 轴对称羽流}} \tag{4-33}$$

$$M_p(Q) = 0.5M_{p \text{ 轴对称羽流}}(2Q)$$

3. 阳台型羽流

火灾生成的烟气通过起火位置上部水平阻挡物，经过阻挡物边缘向相邻空间蔓延，这样形成的烟羽流称为阳台型羽流，如图 4-22 所示。

阳台溢流的羽流质量流量计算如下，以下两式适用于 $Z_b < 15m$ 的情形：

$$M_p = 0.36(QW^2)^{\frac{1}{3}}(Z_b + 0.25H_1) \tag{4-34}$$

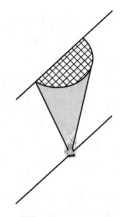
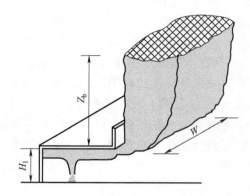

图 4-21　墙边羽流示意图　　　　　　　图 4-22　阳台型羽流示意图

$$W = w + b \tag{4-35}$$

式中　M_p——羽流质量流量（kg/s）；

　　　　Q——火灾热释放速率（kW）；

　　　　W——烟羽流扩散宽度（m）；

　　　　Z_b——从阳台下缘至烟气底部的高度（m）；

　　　　H_1——燃料面至阳台的高度（m）；

　　　　w——火源区域的开口宽度（m）；

　　　　b——从开口至阳台边沿的距离（m），$b \neq 0$。

　　按照以上公式计算得到的均为质量生成率（kg/s），为方便确定排烟量，还应换算为体积生成率（m³/s），其换算公式见以下两式：

$$V = M_p T / \rho_0 T_0 \tag{4-36}$$

$$T = T_0 + \Delta T$$

$$\Delta T = k Q_c / M_p c_p \tag{4-37}$$

式中　V——火灾烟气体积生成率（m³/s）；

　　　　ρ_0——环境温度下气体密度（kg/m³），常取 $\rho_0 = 1.2\,\mathrm{kg/m^3}$；

　　　　T_0——环境温度（K），常取 $T_0 = 293\mathrm{K}$；

　　　　ΔT——烟层平均温度与环境温度的差（K）；

　　　　c_p——空气的定压比热容（kJ/kg·K），一般取 $c_p = 1.01\,\mathrm{kJ/(kg \cdot K)}$；

　　　　k——烟气中对流放热量因子，当采用机械排烟时，取 $k = 1.0$；当采用自然排烟时，取 $k = 0.5$；

　　　　M_p——羽流质量流量（kg/s）；

　　　　Q_c——火源的对流热释放速率，一般取 $Q_c = 0.7Q$ ［Q 为火灾热释放速率（kW）］。

4.5 城市地下空间火灾烟气控制方式

　　城市地下空间烟气控制最根本的目的是在火灾发生初期，为人员的逃生提供相对安全的疏散通道，保证人员的生命安全，甚至为后续的消防扑救工作创造相对安全的工作通道。烟气控制的实质是有组织地控制烟气蔓延的方向和速度,避免烟气朝人员的逃生方向及疏散通道扩散,并尽快将烟气排出地下空间。

城市地下空间火灾发生时,人员逃生途径一般经过火灾发生区(危险区)、火灾发生毗邻区(相对安全区,如相邻公共走廊、相邻防火分区等)、疏散通道(安全区,如避难间、避难走道、防烟前室、防烟楼梯间等)、地面(绝对安全区),因此应该针对上述的部位的不同特点及需求,采用相对应的烟气控制方式,以满足人员的疏散逃生需求。

城市地下空间火灾烟气控制在工程应用中主要有排烟和防烟两种方式。防烟方式是一种主动方式,主要应用在安全区域,通过安全区域和危险区域的压差或速度差,防止烟气侵入。排烟方式是一种被动方式,主要应用在火灾发生区域、火灾毗邻区域,通过对烟气进行组织的引导和控制,将烟气对人员逃生的影响尽量降到最小。

按排烟的动力来源,可将其分为自然排烟和机械排烟。鉴于城市地下空间使用类型迥异,不同种类地下空间的烟气计算模型、控制要求也不尽相同。但排烟量计算仍可分为两种理念:一种是根据其防烟分区,按规范简单计算;一种是依据火灾热释放速率,按特定的火灾烟气生成量模型计算。

4.5.1　机械送风防烟

机械送风防烟目的在于当地下空间发生火灾时,为人员提供不受烟气干扰的疏散路线和避难场所。机械送风防烟主要有两种机理,一种是使用风机在防烟分隔物的两侧造成压力差从而抑制烟气流过,另一种是直接利用空气流阻挡烟气。

当城市地下空间某隔墙上的门关闭时,假设门的左侧是疏散通道或避难区,通过风机可使该侧形成一定的高压,与右侧热烟气区域保持一定的压力差(该部位空气压力值为相对正压),则穿过门缝和隔墙裂缝的空气流可阻止门右侧的热烟气侵入到高压侧来,如图 4-23a 所示。若门被打开,空气就会流过门洞。当空气流速较低时,烟气还能经门洞上半部逆着空气流进入疏散通道或避难区,如图 4-23b 所示。但当空气流速足够大时,烟气逆流可全部被阻挡住,如图 4-23c 所示。由此可见,加压控制烟气有两种途径,一是利用分隔物两侧压差控制的方法,即压差法;二是利用平均流速足够大的空气流控制方法,即门洞风速法。

实际上加压也是在门缝和空间结构缝隙中产生高速空气流来阻止烟气扩散,故两者的控制原理相同。但在烟气控制设计应用中两者有差异:若分隔物上存在一个或几个大的开口,则无论对设计计算和验收测量来说都适宜采用门洞风速法;对于门缝、裂缝等这类小缝隙,按流速设计和测量空气流速都不现实,这时适宜采用压差法。另外,将两者分别考虑,强调了对于开门或关门的情况应采取不同的处理方法,即在防烟系统设计过程中的送风量应按保持加压部位规定正压值所需的漏风量或门开启时保持门洞处规定风速所需的送风量计算。

1. 压差法

通过结构缝隙、门缝的空气体积正比于压差的 n 次方。对于几何形状固定的缝隙,理论上 n 在 $0.5 \sim 1.0$ 的范围内。对于除极窄狭缝之外的情形,均可取 $n = 0.5$。根据伯努利方程,由下式可计算出通过缝隙的加压风量:

$$V_{\mathrm{P}} = \mu A_{\mathrm{c}} \left(\frac{2 \Delta p}{\rho} \right)^{\frac{1}{2}} \tag{4-38}$$

式中　V_P——按压差法计算的加压风量（m^3/s）；

　　　A_c——结构缝隙、门缝的面积（m^2）；

　　　Δp——加压区与非加压区的压差（Pa）；

　　　ρ——流动空气密度（kg/m^3）；

　　　μ——流量系数，它取决于流动路径的几何形状及流动的湍流度等，其取值通常在0.6~0.7的范围内。

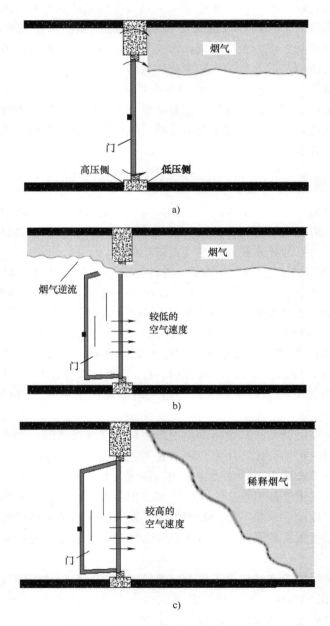

图 4-23　挡烟门两侧的压差及气体流动

a）门关闭　b）门开启，空气流速较低　c）门开启，空气流速较高

《道路隧道设计标准》（DG/TJ 08—2033）规定：隧道专用安全通道应设置独立的机械加压防烟设施，隧道专用安全通道与隧道行车道的压差为 30 ~ 50Pa。机械加压送风量应满足走廊、前室至楼梯间的压力呈递增分布，压差值应符合下列规定：

1）前室、封闭避难层（间）与走道之间的压差应为 25 ~ 30Pa。

2）楼梯间与走道之间的压差应为 40 ~ 50Pa。

疏散门的最大允许压力差应按以下两式计算：

$$\Delta p = 2(F' - F_{dc})(W_m - d_m)/(W_m A_m) \tag{4-39}$$

$$F_{dc} = M/(W_m - d_m) \tag{4-40}$$

式中　Δp——疏散门的最大允许压力差（Pa）；

F'——门的总推力，一般取 110N；

F_{dc}——门把手处克服闭门器所需的力（N）；

W_m——单扇门的宽度（m）；

A_m——门的面积（m²）；

d_m——门的把手到门闩的距离（m）；

M——闭门器的开启力矩（N·m）。

2. 门洞风速法

当楼梯间和前室之间的门、前室和走廊之间的门，或通往疏散通道的疏散门开启时，保持门洞处风速所需的加压送风量，见下式：

$$V_v = (\sum A_k)v \tag{4-41}$$

式中　V_v——按门洞风速法计算的加压风量（m³/s）；

$\sum A_k$——所有门洞的面积（m²）；

v——门洞平均断面风速（m/s）。

关于门洞平均断面风速，《建筑防烟排烟系统技术标准》（GB 51251）规定：

1）当楼梯间和独立前室、共用前室、合用前室均采用机械加压送风时，通向楼梯间和独立前室、共用前室、合用前室疏散门的门洞断面风速均不应小于 0.7m/s。

2）当楼梯间机械加压送风、只有一个开启门的独立前室不送风时，通向楼梯间疏散门的门洞断面风速不应小于 1.0m/s。

3）当消防电梯前室机械加压送风时，通向消防电梯前室门的门洞断面风速不应小于 1.0m/s。

4）当独立前室、共用前室或合用前室机械加压送风而楼梯间采用可开启外窗的自然通风系统时，通向独立前室、共用前室或合用前室疏散门的门洞风速不应小于 0.6（A_1/A_g + 1）（m/s），其中 A_1 为楼梯间疏散门的总面积（m²），A_g 为前室疏散门的总面积（m²）。

为保证送风防烟有效性，系统的总风量还应考虑风管漏风及不可预见的因素。根据《建筑防烟排烟系统技术标准》，门开启时，规定风速值下的其他门漏风总量应按下式计算：

$$V = 0.827 \times A \times \Delta p^{\frac{1}{n}} \times 1.25 \times N_2 \tag{4-42}$$

式中　A——每个疏散门的有效漏风面积（m²），其门缝宽度取 0.002 ~ 0.004m；

Δp——计算漏风量的平均压力差（Pa）；当开启门洞处风速为 1.0m/s 时，取 $\Delta p = 12.0$Pa；当开启门洞处风速为 1.2m/s 时，取 $\Delta p = 17.0$Pa；

n——指数（一般取 $n=2$）；

1.25——不严密处附加系数；

N_2——漏风疏散门的数量，楼梯间采用常开风口，取 N_2 = 加压楼梯间的总门数 $- N_1$ 楼层数上的总门数。

未开启的常闭送风阀的漏风总量应按下式计算：

$$V = 0.083 A_f N_3 \qquad (4\text{-}43)$$

式中 0.083——阀门单位面积的漏风量 $[m^3/(s \cdot m^2)]$；

A_f——单个送风阀门的面积 (m^2)；

N_3——漏风阀门的数量，前室采用常闭风口，取 N_3 = 楼层数 -3。

4.5.2　自然排烟

自然排烟是利用火灾热烟气的浮力和外部风力作用，通过地面开口将着火区域内的烟气直接排至地下空间外的排烟方式。其实质上就是热烟气与地下空间外冷空气的对流运动，其动力是地下空间内外空气温度差所形成的热压和外界风力所形成的风压。该方式适用于火灾烟气具有足够大的浮力、可能克服其他阻碍烟气流动的驱动力的区域。

1. 自然排烟的形式

通风井、自然排烟窗（口）、坡度出入口等是地下空间中常用的自然排烟形式。图 4-24 给出了两种自然排烟形式。

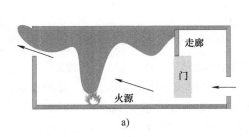 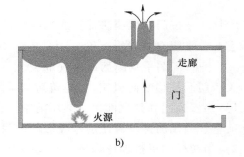

图 4-24　自然排烟典型形式

a）窗口排烟　b）竖井排烟

自然排烟具有如下优点：①不需要专门的排烟设备及动力设施；②构造简单，经济；③火灾时不受电源中断的影响；④排烟口可兼做平时通风换气使用。因此，对于满足自然排烟条件的地下空间，首先应考虑采取自然排烟方式。但这种排烟方式受室外风向、风速和地下空间本身的密封性影响，排烟效果不太稳定。

2. 自然排烟时的烟气层厚度

为了使烟气具有足够大的浮力，在室内积累的烟气层必须具有一定的厚度，当上部热烟层较薄时，自然排烟系统不能有效工作，如图 4-25 所示。因此，应当在地下空间的顶棚处设计一定的储烟仓，图 4-26 便为一种上凸式储烟仓。储烟仓（图 4-27）是指位于地下空间顶部，由挡烟垂壁、梁或隔墙等形成的用于蓄积火灾烟气的空间，储烟仓高度即设计烟层厚度。《建筑防烟排烟系统技术标准》（GB 51251）规定：当采用自然排烟方式时，储烟仓的厚度不应小于空间净高的 20%，且不应小于 500mm。烟气流入仓内后，容易积累形成足够深（＞1m）的烟气层，从而提供自然排烟所必需的浮力压头。

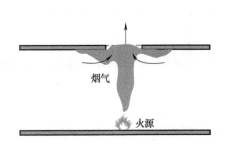 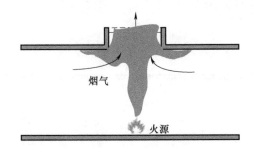

图 4-25　薄烟气层的自然排烟　　　　　　图 4-26　上凸式储烟仓

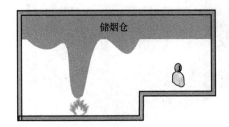

图 4-27　储烟仓示意图

在许多地下空间中，难以设置较深的储烟仓，这时可设置挡烟垂壁（或挡烟帘），可在顶棚下方形成小的储烟仓。挡烟垂壁是指用不燃材料制成，垂直安装在地下空间顶棚、梁或吊顶下，能在火灾时形成一定储烟空间的挡烟分隔设施。挡烟垂壁不仅可以阻止烟气蔓延，还可使烟气在顶棚的储烟仓内建立浮力压头以促进烟气从排烟口流出。对于平面面积较大的地下空间，采用挡烟垂壁是一种很有效的方法，因为失火部位产生的烟气进入大面积区域后将会显著冷却，可能失去自然排烟所需的浮力。若在失火区域附近构成图 4-28a 所示的储烟仓，将有利于加强直接排烟；但是由此排出的烟气量必须足够大才能防止烟气进入大面积区域。如果地下空间自然排烟开口上方的压力为正值（可能是外部有风造成的），则自然排烟效果会大大降低。当外界压力过大时，还可能出现逆向进风现象（图 4-28b）。这是自然排烟方式的固有缺点。

3. 城市地下空间自然排烟的应用

（1）道路隧道/地铁区间隧道的自然排烟

1）《建筑设计防火规范》规定：城市交通隧道中四类隧道、行人或非机动车辆的三类隧道，因长度较短、发生火灾的概率较低或火灾危险性较小，可不设置排烟设施。当隧道较短或隧道沿途顶部可开设通风口时，可以采用自然排烟，如图 4-29 所示。

2）地铁区间隧道内和全封闭车道可采用自然排烟，如图 4-30 所示。《地铁设计防火标准》（GB 51298）规定：设置隔声罩的地上区间和路堑地下区间的排烟应采用自然排烟方式。自然排烟口应设于区间外墙上方或顶板上，有效面积不应小于该区间水平投影面积的 5%；常闭的自然排烟口应设置自动和手动开启装置。

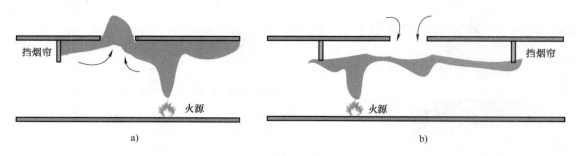

图 4-28　自然排烟与挡烟帘的配合使用
a）外部压力低　b）外部压力高

图 4-29　东湖隧道采用自然排烟

图 4-30　成都地铁采用自然排烟

（2）地铁车站/地下商场等建筑的自然排烟

1）《地铁设计防火标准》规定：采用自然排烟的车站或路堑式车站，外墙上方或顶盖上可开启排烟口的有效面积不应小于所在场所地面面积的 2%，且区域内任一点至最近自然排烟口的水平距离不应大于 30m。

2）《人民防空工程设计防火规范》（GB 50098）规定：设置自然排烟设施的场所，自然排烟口底部距室内地面不应小于2m，并应常开或发生火灾时能自动开启，且自然排烟口净面积不应小于该防烟分区面积的2%。

3)《汽车库、修车库、停车场设计防火规范》（GB 50067）规定：当采用自然排烟方式时，可采用手动排烟窗、自动排烟窗、孔洞等作为自然排烟口，并应满足自然排烟口的总面积不应小于室内地面面积的2%；自然排烟口应设置在外墙上方或屋顶上，并应设置方便开启的装置；房间外墙上的排烟口（窗）宜沿外墙周长方向均匀分布，排烟口（窗）的下沿不应低于室内净高的1/2，并应沿气流方向开启。

4.5.3　机械排烟

机械排烟依靠风机所形成的排烟系统内外压力差而使烟气沿一定方向流动。烟气最终经过地面开口排至地下空间之外，同时在着火区形成负压，防止烟气向其他区域蔓延。机械排烟的优点是能有效地保证疏散通路的安全，使烟气不向其他区域扩散。其缺点在于火灾猛烈发展阶段排烟效果会降低、排烟风机和排烟管道须耐高温、初投资和维修费用高。

1. 地下地铁车站/地下商场的机械排烟

地下地铁车站/地下商场的机械排烟方式是将地下空间划分为若干个防烟分区，根据防烟分区，按规范简单计算所需的排烟量；火灾时将烟气限制在一个分区内，再利用该区独立的排烟系统将烟气排出，达到烟气控制的目的。图4-31为机械排烟系统示意图。

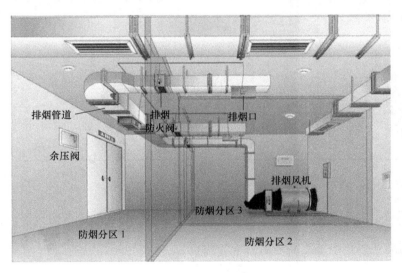

图4-31　机械排烟系统示意图

（1）机械排烟系统的设置

机械排烟系统由挡烟垂壁（挡烟梁、挡烟墙）、排烟口、排烟防火阀、排烟管道、排烟风机等组成。

1）挡烟垂壁。设置排烟系统的场所或部位通过采用挡烟垂壁、结构梁及隔墙等耐火性能好的构件把烟气阻挡在某些限定区域，划分防烟分区。根据《建筑设计防火规范》，防烟分区是指在建筑内部采用防火墙、楼板及其他防火分隔设施分隔而成，能在一定时间内防止火灾向同一建筑的其余部分蔓延的局部空间。防烟分区的划分方法：

① 平面分区：楼地板面积较大的使用空间，大多与防烟垂壁相配合，分区原则可分为以楼地板面积，及以与排烟口距离来划分。

② 垂直分区：电梯竖井、楼梯间或其他管道井等，用防火墙及防火门做分区，以防止烟流入竖井中并经由竖井向其他楼层蔓延。

③ 层间分区：楼层为基础，顶棚和楼地板间构成的分区。

防烟分区过大时（包括长边过长），烟气水平射流的扩散中，会卷吸大量冷空气而沉降，不利于烟气的及时排出；而防烟分区的面积过小，又会使储烟能力减弱，使烟气过早沉降或蔓延到相邻的防烟分区。

挡烟垂壁常常设置在烟气扩散流动路线上烟气控制区域的分界处，有时也在同一防烟分区内采用，以便和排烟设备配合进行更有效的排烟。一般挡烟垂壁从顶棚向下的下垂高度 h_0 要在 50cm 以上，称为有效高度。当室内发生火灾时，所产生的烟气由于浮力作用而聚积在顶棚下面，随时间的推移，烟层越来越厚。当烟层厚度小于挡烟垂壁的有效高度 h_0 时，烟气就被阻挡在垂壁和墙壁所包围的区域内而不能向外扩散，如图 4-32a 所示。有时，即使烟层厚度小于挡烟垂壁的有效高度 h_0，当烟气流动高于一定速度时，由于反浮力壁面射流的形成，烟层可能克服浮力作用而越过挡烟垂壁的下缘继续水平扩散。当挡烟垂壁的有效高度 h_0 小于烟气层厚度 h 或小于烟气层厚度 h 与其下降高度 Δh 之和时，挡烟垂壁防烟失效，如图 4-32b 所示。

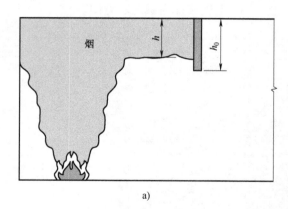 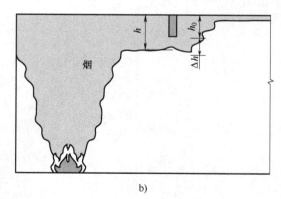

a)   b)

图 4-32　挡烟垂壁的作用机理
a) 挡烟垂壁防烟有效　b) 挡烟垂壁防烟失效

烟气流动的动能与所克服的浮力由下式表示：

$$\frac{\rho_y v_y^2}{2} \geqslant (\rho_k - \rho_y) g \Delta h \tag{4-44}$$

式中　v_y——烟气水平流动的速度（m/s）；

　　　ρ_y——烟气的密度（kg/m³）；

　　　ρ_k——空气的密度（kg/m³）；

　　　Δh——烟气层下降的高度（m）。

烟气层的下降高度 Δh 与烟气的温度有很大关系，由式（4-44）可以看出，在相同的流速下，烟气温度越低，烟气下降的高度越大。当挡烟垂壁的有效高度小于烟气层厚度 h 及其下降高度 Δh 时，其防烟是无效的，故挡烟分隔体凸出顶棚的高度应尽可能大。

2）排烟口。排烟口是在建筑物墙面或顶棚上的开口，平时关闭，火灾时能自动或用手开启，排除火灾产生的热气和烟。每个防烟分区内必须设置排烟口，排烟口应设在顶棚上或靠近顶棚的墙面上。排烟口设置如图 4-33 所示。

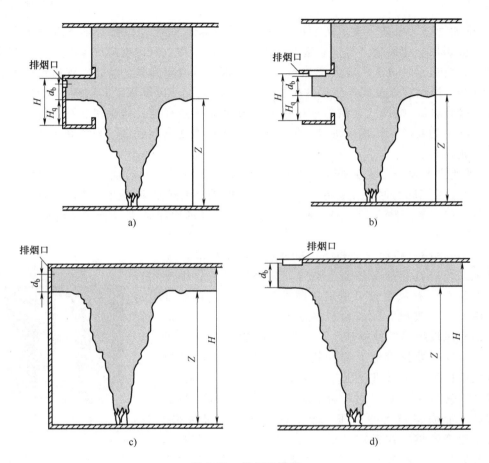

图 4-33　排烟口设置

a）多层侧排烟　b）多层顶排烟　c）单层侧排烟　d）单层顶排烟

《建筑防烟排烟系统技术标准》规定：每个排烟口的排烟量不应大于最大允许排烟量，最大允许排烟量见下式：

$$V_{\max} = 4.16\gamma d_{\mathrm{b}}^{\frac{5}{2}}\left(\frac{T-T_0}{T_0}\right)^{\frac{1}{2}} \qquad (4\text{-}45)$$

式中　$V_{\max}$——排烟口最大允许排烟量（m^3/s）；

　　　d_{b}——排烟系统吸入口最低点之下烟气层厚度（m）；

　　　T——烟层的平均绝对温度（K）；

　　　T_0——环境的绝对温度（K）；

　　　γ——烟位置系数。当风口中心点到最近墙体的距离≥2 倍的排烟口当量直径时，γ 取 1.0；当风口中心点到最近墙体的距离 <2 倍的排烟口当量直径时，γ 取 0.5；当吸入口位于墙体上时，γ 取 0.5。

当排烟口设在吊顶内且通过吊顶上部空间进行排烟时，应符合下列规定：①吊顶应采用不燃材料，且吊顶内不应有可燃物；②封闭式吊顶上设置的烟气流入口的顶部烟气速度不宜大于 1.5m/s；③非封闭式吊顶的开孔率不应小于吊顶净面积的 25%，且孔洞应均匀布置。

3）排烟管道。根据《建筑防烟排烟系统技术标准》规定，机械排烟系统应采用管道排烟，且不应采用土建风道。排烟管道应采用不燃材料制作，且内壁应光滑。当排烟管道内壁为金属时，管道设计风速不应大于 20m/s；当排烟管道内壁为非金属时，管道设计风速不应大于 15m/s。排烟管道及其连接部件应能在 280℃时连续 30min 保证其结构完整性。

4）排烟风机。根据《建筑防烟排烟系统技术标准》规定，排烟风机应满足 280℃时连续工作 30min 的要求，排烟风机应与风机入口处的排烟防火阀联锁，当该阀关闭时，排烟风机应能停止运转。

5）排烟防火阀。安装在机械排烟系统的管道上，平时呈开启状态，火灾时当排烟管道内烟气温度达到 280℃时关闭，并在一定时间内能满足漏烟量和耐火完整性要求，起隔烟阻火作用的阀门。排烟防火阀一般由阀体、叶片、执行机构和温感器等部件组成，如图 4-34 所示。

6）补风系统。根据《建筑防烟排烟系统技术标准》规定，补风系统应直接从室外引入空气，且补风量不应小于排烟量的 50%。补风系统可采用疏散外门、手动或自动可开启外窗等自然进风方式以及机械送风方式。防火门、窗不得用作补风设施。机械排烟与自然进风方式如图 4-35 所示。该方式在需要排烟的上部安装某种排烟风机，风机的启动可使近排烟口处形成低压，从而使烟气排出。而风亭、洞口等开口便成为新鲜空气的补充口。使用这种方式需要在排烟口处形成相当大的负压，否则难以将烟气吸过来。如果负压程度不够，在远离进烟管口区域的烟气往往无法

图 4-34　排烟防火阀

排出。若烟气生成量较大，烟气流过排烟口，继续蔓延并逐渐积聚形成烟气层。另外，由于采用这种方式时风机直接接触高温烟气，所以应当能耐高温，同时应当在排烟支管及排烟风机入口处安装防火阀，以防烟气温度过高而损坏风机。

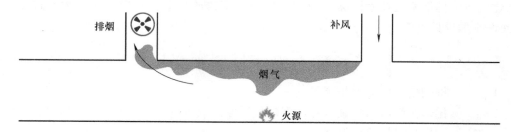

图 4-35　机械排烟与自然进风方式

机械排烟与机械进风方式如图 4-36 所示，一般称这种方式为全面通风排烟方式，使用这种方式时，通常让送风量略小于排烟量，即让通风区段内保持一定的负压，从而防止烟气的外溢或渗漏。全面通风排烟方式的防排烟效果良好，运行稳定，且不受外界气象条件的影

响。但由于使用两套风机，其造价较高，且在系统风压和气流组织的配合方面需要精心设计，否则难以达到预期的排烟效果。

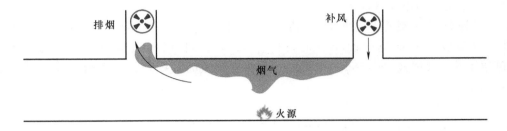

图 4-36　机械排烟与机械进风方式

（2）排烟口烟气层吸穿现象

为有效地排除烟气，通常要求负压排烟口浸没在烟气层之中。当排烟口下方存在够厚的烟气层或排烟口处的速度较小（正常的排烟情况）时，烟气能够顺利排出，如图 4-37a 所示。不过烟气与空气交界面也会产生扰动，加剧烟气与空气的掺混。当排烟口下方无法聚积起较厚的烟气层或排烟速率较大时，排烟时就有可能发生烟气吸穿现象（Plug-holing），如图 4-37b 所示。此时，有一部分空气被直接吸入排烟口中，导致机械排烟效率下降。同时，风机对烟气与空气交界面处的扰动更为直接，使得更多的空气被卷吸进入烟气层内，增大了烟气的体积。

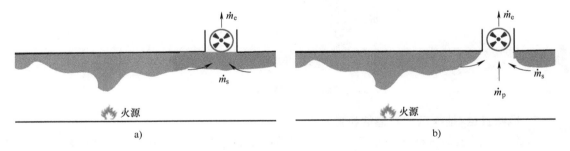

图 4-37　机械排烟时排烟口下方的烟气流动情况

a）正常的排烟情况　b）发生烟气吸穿的排烟情况

Hinckley 提出可以采用无量纲弗洛德数 F 来描述自然排烟时的吸穿现象，Lougheed 将 Hinckley 模型应用于机械排烟的吸穿现象时，发现弗洛德数可作为烟气层被吸穿的判据，借此可推断出当弗洛德数大于临界值时，烟气层被完全吸穿，下层冷空气被直接排出。无量纲数 F 定义由下式表示：

$$F = \frac{u_v A}{(g \Delta T / T_0)^{1/2} h_e^{5/2}} \tag{4-46}$$

式中　F——弗洛德数；

u_v——通过排烟口流出的烟气速度（m/s）；

A——排烟口面积（m^2）；

h_e——排烟口下方的烟气层厚度（m）；

ΔT——烟气层温度与环境温度的差值（K）；

T_0——环境温度（K）；

g——重力加速度（m/s²）。

烟气层刚好发生吸穿现象时的 F 值大小可记为 $F_{critical}$。Morgan 和 Gardiner 的研究表明，当排烟口位于蓄烟池中心位置时，$F_{critical}$ 可取 1.5；当排烟口位于蓄烟池边缘时，$F_{critical}$ 可取 1.1。根据式（4-46），烟气层发生吸穿现象时，排烟口下方的临界烟气层厚度由下式表示：

$$h_{critical} = \left[\frac{u_v}{(g\Delta T/T_0)^{\frac{1}{2}} F_{critical}} \right]^{\frac{2}{5}} \tag{4-47}$$

如果从一个排烟口排出太多的烟气，则会在烟层底部撕开一个"洞"，使新鲜的冷空气卷吸进去，随烟气被排出，从而降低了实际排烟量，如图 4-38 所示，因此规定了每个排烟口的最高临界排烟量。

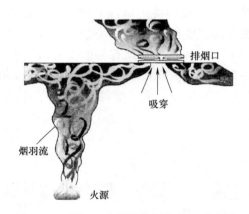

排烟口

吸穿

烟羽流

火源

图 4-38　排烟口的最高临界排烟量示意图

2. 道路隧道/地铁区间隧道的机械排烟

常见道路隧道的机械排烟方式为纵向排烟和重点排烟，常见地铁区间隧道机械排烟方式为纵向排烟。通过选择相应的火灾热释放速率和火灾烟气生成量模型，可进而确定机械排烟所需的排烟量。

（1）纵向排烟

纵向排烟是将新鲜空气从隧道的一端引入，将有害气体及烟尘从另一端排出，可通过悬挂在隧道内的射流风机或其他射流装置、风井送排风设施等及其组合方式实现。纵向排烟时，气流方向与车行方向一致。以火源点为分界，火源点下游为烟区，上游为清洁区，司乘人员向气流上游疏散。纵向排烟示意图如图 4-39 所示。

假定通风区段内起火点下游车辆顺利离开隧道的情况下，纵向通风方式通过通风组织防止烟气回流，防止烟气逆流所需的最小纵向风速称为临界风速。临界风速值受火灾热释放速率、隧道断面尺寸以及坡度等影响，可按式（4-48）~式（4-50）计算：

$$V_{cr} = k_1 k_g \left(\frac{gHQ}{\rho_0 c_p A T_f} \right)^{\frac{1}{3}} \tag{4-48}$$

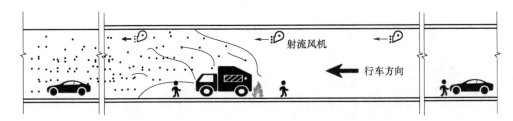

图 4-39 纵向排烟示意图

$$T_f = \frac{Q}{\rho_0 c_p A V_{cr}} + T_0 \tag{4-49}$$

$$k_g = 1 + 0.0374 i^{0.8} \tag{4-50}$$

式中　V_{cr}——临界风速（m/s）；

　　　k_1——系数（量纲为一），$k_1 = 0.606$；

　　　k_g——坡度修正系数（量纲为一）；

　　　i——隧道坡度（%）；

　　　g——重力加速度（m/s²）；

　　　H——隧道最大净宽高度（m）；

　　　Q——火灾规模（kW）；

　　　ρ_0——火场远区空气密度（kg/m³）；

　　　c_p——空气的定压比热容 [kJ/(kg·K)]；

　　　A——隧道横断面面积（m²）；

　　　T_f——热空气温度（K）；

　　　T_0——火场远区空气温度（K）。

对于采用纵向排烟的隧道，火灾时的排烟量 V_e 计算由下式表示：

$$V_e = A_r V_{cr} \tag{4-51}$$

式中　A_r——隧道净空断面面积（m²）；

　　　V_{cr}——隧道火灾临界风速（m²/s）。

（2）重点排烟

重点排烟在隧道内沿隧道长度方向设置排烟道，并间隔一定距离设排烟口；火灾时，远程控制火源附近的排烟口开启，将烟气快速有效地排出车行空间。重点排烟示意图如图 4-40 所示。

工程上常利用经典羽流模型计算烟气生成量 V_p 来设计机械排烟系统的排烟量 V_e，但该模型并未考虑烟气蔓延过程中空气卷吸对烟气生成量的贡献，故将烟气生成量理论值直接作为排烟量，存在设计排烟量过小的问题。因此，要将火灾烟气全部排出，所需的排烟量 V_e 应大于烟气生成量 V_p，即 $V_e > V_p$。排烟隧道内的烟气蔓延过程如图 4-41 所示。

依据《建筑防烟排烟系统技术标准》相关规定，基于 4.4 节中轴对称型烟羽流模型，烟气生成量 V_p 计算由以下公式表示：

$$M_{p\text{轴对称羽流}} = \begin{cases} 0.032 Q_c^{\frac{3}{5}} Z, & Z \leqslant Z_1 \\ 0.071\ Q_c^{\frac{1}{3}} Z^{\frac{5}{3}} + 0.0018 Q_c, & Z > Z_1 \end{cases} \tag{4-52}$$

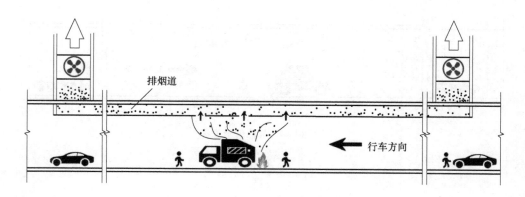

图 4-40　重点排烟示意图

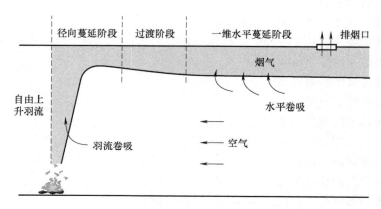

图 4-41　排烟隧道内的烟气蔓延过程

$$Z_1 = 0.166 Q_c^{\frac{2}{5}} \tag{4-53}$$

$$\begin{cases} V_p = \dfrac{m_p T}{T_0 \rho_0} \\[2mm] T = T_0 + \dfrac{Q_c}{m_p c_p} \end{cases} \tag{4-54}$$

式中　m_p——羽流质量流量（kg/s）；

　　　V_p——火灾烟气生成量（m³/s）；

　　　Q_c——火源的对流热释放速率（kW），一般取 0.7Q；

　　　Z_1——火焰极限高度（m）；

　　　Z——燃料面到烟气层底部的高度（m）；

　　　ρ_0——环境温度下气体密度（kg/m³），一般取 $\rho_0 = 1.2$kg/m³；

　　　T_0——环境温度（K），常取 $T_0 = 293$K；

　　　c_p——空气的定压比热容 [kJ/(kg·K)]，取 $c_p = 1.02$kJ/(kg·K)；

　　　T——烟气平均温度（K）。

复 习 题

1. 简述城市地下空间火灾烟气成分及其危害。
2. 简述城市地下空间火灾烟气流动的驱动力。
3. 烟羽流按火焰及烟气的流动情形可以分为哪几类？分别具有什么特点？
4. 简述城市地下空间烟气控制方式及其特点。

第 5 章
城市地下空间火灾人员疏散

本章学习目标：

　　理解人员疏散的四个阶段和火灾环境下人员行为特征及其影响因素。

　　掌握人员疏散时间的构成及 ASET 和 RSET 的概念。

　　掌握运用经验公式法计算人员疏散行动时间的一般方法。

　　了解典型人员疏散计算机模拟模型和常见人员疏散仿真软件的基本原理与仿真方法。

本章学习方法：

　　理论联系实际，在学习课本知识点的同时，结合实际案例，理解人员疏散过程各个阶段的划分及其特征；采用情景分析法，在分析影响人员疏散的各类因素的基础上，理解疏散人员在灾害环境下的行为特征；结合实际案例和对应的仿真结果，明确人员疏散时间的各个构成要素和疏散时间的计算方法，了解和学习相关计算机模拟模型与软件。

5.1 | 火灾环境下的人员疏散概述

5.1.1　人员疏散的四个阶段

　　火灾环境下的人员疏散过程是指从起火开始到人员疏散至安全区域的全过程，包括火灾探测报警阶段、火灾信息处理阶段、疏散决策阶段和疏散行动阶段，其中的时间线及各阶段的危险程度如图 5-1 所示。

　　火灾发生后，需要经过一段时间才能被探测到，并发出警报信号，这段时间称为火灾探测报警阶段。由大量事故统计可得，探测到火灾后，人员一般不会立即开始疏散，而是先处理火灾线索、做出疏散决策并采取保护性行动，再开始逃生。从人员发现火灾（自己发现火灾或听到报警）到开始疏散之间的时间段称为预动作阶段，相应的时间称为预动作时间。

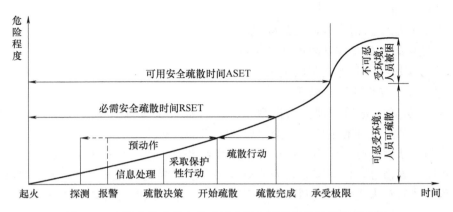

图 5-1　人员疏散过程中的时间线及各阶段的危险程度示意图

探测到火灾并发出报警后，疏散人员开始对接收到的火灾线索信息进行处理。在火灾信息处理过程中，疏散人员可能会根据察觉到的危险程度采取不同类型的行动，包括：①搜索更多线索；②采取保护人员生命及财产安全的动作；③继续进行正在从事的活动。处理火灾线索信息时，人员还可能会获取新的信息对火灾线索重新评估。

疏散决策阶段是指人员对信息的判断和评估过程，与人员自身属性有关。例如，听力受损者理解报警信息会有障碍，行动不便者在做决定时要考虑如何行走等。

人员确认火灾并做出疏散决策后，从开始疏散至到达安全区域之间的时段称为疏散行动阶段，对应的时间称为疏散行动时间。疏散行动时间可通过经验公式或计算机模拟获得。

根据以上分析，火灾中人员安全疏散判定的主要参数是时间，一般定义如下：

1）可用安全疏散时间 ASET（Available Safety Egress Time）：它是指火灾发生时温度上升或烟气浓度上升或能见度下降到能够对人体构成危害时所用的时间。

2）必需安全疏散时间 RSET（Required Safety Egress Time）：它是指从火灾发生到被困人员疏散至安全区域所需的时间，包括火灾探测报警时间、人员准备疏散时间（预动作时间）和人员疏散行动时间。

当 ASET > RSET 时，可判定人员能够在火场环境发展到对人体构成危害之前完成疏散。

1. 火灾探测报警

火灾探测与报警是两个独立的过程。对于火灾自动报警系统来说，其火灾探测报警时间取决于系统配置，可通过计算火灾探测器响应时间得到。对于手动火灾报警系统来说，其火灾探测报警时间取决于人员对火灾线索的感知与处理。人员可感知的火灾线索有：①火灾环境线索（如烟气、高温、声音等）；②建筑环境线索（如照明系统、防火系统、防排烟系统等，且建筑结构本身也会影响人员对火灾信息的判断）；③来自其他人员的线索，单个人员感知到火灾线索后，需要进行确认并对更多人发出报警。火灾探测报警过程所花费的时间是火灾中人员疏散时间计算的一个重要方面。

2. 火灾信息处理

1）疏散人员对信息的察觉和理解。疏散人员对火灾信息的处理主要涉及两个问题：人员是否注意到报警信息、人员能否正确理解报警信息。人员主要通过听觉、视觉等察觉报警信息。人员对报警信息的注意和理解程度存在个体差异，其影响因素包括：

① 行动或认知能力。

② 火灾或其他紧急情况的应对经验或经历。

③ 火灾发生时人员正在从事的活动类型。

④ 人员与该场所内其他人员的关系。

⑤ 个体特性，如性别、年龄等。

2）疏散人员对信息的处理。人员察觉并理解火灾报警信息后，会进一步评估火灾信息，以确认火灾的真实性和危险性。众多因素会影响人对信息的处理，如：火灾环境线索方面，人们对烟气浓度的感知能力不同；建筑物线索方面，地下空间建筑中通信信号较弱，不利于人们掌握火警信息，使大多数人需要更多的线索才能确认火灾发生；人员线索方面，人员独处时和共处时对火灾线索的判断表现大不相同，周边人的行为或提供的线索会影响人们对信息的处理。

3. 疏散决策

火灾中人的疏散决策行为与日常生活中的一般决策行为有两方面区别：决策结果关系到人员生命安全；必须在短时间内决策，否则可选方案会越来越少。由于火灾环境和时间的压力，人们必须在短时间内基于有限的信息做出疏散决策，因此火灾中人的疏散决策往往是在特定条件下的"自我满意"方案，而不是最安全和高效的方案。确认火灾后，人们可能会采取不同的行动。例如，有的人先救火再逃生，有的人先保护财物再逃生。但此时的人员行为都具有"保护性"，目标是保护生命或财产安全，因此叫作保护性行为决策，其决策过程如图 5-2 所示。保护性行为的类型主要有：

1）对财产的保护，如：拿走贵重物品和钱财、从火中寻找丢失或遗忘的物品、灭火等。

2）对他人的保护，如：出手帮助他人逃生、为他人提供指引、通知相关人员或消防部门等。

3）对自己的保护，如：逃出火场、寻找安全区域、采取预防烟气和高温伤害的自我保护措施等。

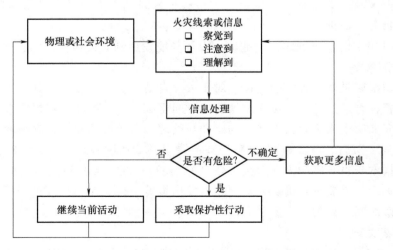

图 5-2　人员疏散过程中人员的保护性行为决策过程

4. 疏散行动

人员采取疏散行动后，需要根据环境条件、疏散指示、疏散人流、疏散通道等情况选择逃生路径并向安全出口移动。在该阶段中，人员移动行为决定了人员疏散结果，是人员疏散相关研究和计算的重点。

人员移动行为分为路径选择行为和行走行为。路径选择行为受人员对路径的熟悉程度、疏散指示标识、疏散广播、灾害场景、路径长度、路径单元属性（斜坡、楼梯、手扶电梯等）以及路径上的人员拥挤情况等因素影响。行走行为是人员根据周边环境特征判断每一步如何移动并以最高效率前往安全出口的行为。在行走阶段，最重要的是计算人员疏散移动时间，因此人员在各类条件下的移动速度和各类疏散通道的通行效率是疏散时间计算最关键的参数。

5.1.2　火灾环境下人员行为的影响因素

地下空间火灾环境中，人员疏散心理和行为十分复杂，火灾环境下人员行为的影响因素众多，主要包括人员特征、建筑特征及火灾环境特征三类，如图 5-3 所示。

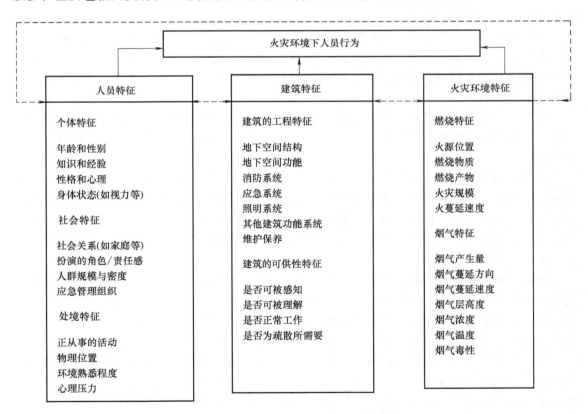

图 5-3　火灾环境下人员行为的影响因素

1. 人员特征因素

火灾发生时，人员面对同样的危险情况会有不同的行为反应与疏散决策，主要受疏散人员的个体特征、社会特征和处境特征三个方面因素影响。个体特征包括性别、年龄、知识、经验、性格、心理状态与身体状态等。例如，具有疏散救援知识或经验的人能够做出更佳的疏散决策。社会特征包括所处场所的人群规模与密度、应急管理组织、与周围人的关系以及在人群中扮演的角色等。处境特征是指人员的个体特征和社会特征发挥作用的具体环境，是造成应急疏散中"不确定性"因素的主要原因。其中，人员正在开展的活动对人员感知报警信息的能力影响较大，如：熟睡的人往往会忽略火灾警报而错过逃生时机；人员所处的位置和对环境的熟悉程度决定了寻找疏散路径的准确度。

在地下建筑中，人员的疏散方向与地面多层建筑相反，从地下空间到地面空间的疏散和避难都要有一个垂直上行的过程，这比下行疏散消耗更多的体力，从而减慢了疏散速度。并且人们对地下建筑的空间组织和疏散路线通常不熟悉，紧急疏散时容易产生堵塞而延长疏散时间。在封闭的地下空间环境中，人更容易产生压抑、闭塞、阴暗等感觉，以致产生方向不明、情绪不安、烦躁恐惧等不良反应。同时，有限的逃生出口、密集的人流，以及火灾的危险性等因素容易造成灾害恐惧叠加，导致人员心理上的惊恐程度比地面建筑严重得多。

2. 建筑特征因素

火灾中人员所处的建筑特征也是影响人员疏散行为的重要因素，包括建筑的工程特征和建筑的可供性特征两个方面。

建筑的工程特征是建筑结构和功能方面的因素，包括火灾自动报警系统、灭火系统、通风排烟系统、应急救援设备、应急疏散通道、应急供电和照明系统等。地下空间建筑还会涉及一些特殊功能的结构，如隧道内横向疏散通道、疏散平行导洞、垂向逃生楼梯或滑梯、疏散避难所等。

建筑的可供性特征是指建筑各方面功能在紧急时刻的可感知性、可理解性以及可靠性。例如，火灾自动报警系统的设计影响人员感知火警的速度，疏散指示系统的设计影响人员疏散效率。

与地面建筑相比，绝大多数地下空间建筑与外部空间相连的通道少且面积小。如果地下空间布局复杂，会导致疏散难度更大而增加危险性。由于地下空间大多没有窗，且当地下空间发生火灾后，由于电源失效等除少数应急灯光外，整个地下空间一片漆黑，因此紧急疏散时人们会因为视线不好而难以辨别方向，从而影响顺利疏散。

3. 火灾环境特征因素

火灾环境是构成疏散障碍的主要因素，对人员疏散行为能力、可用疏散路径、可用安全疏散时间都有重要影响。火灾环境对人员疏散的影响一般考虑火灾燃烧特征与火灾烟气特征两方面。火灾燃烧特征包括火灾发生位置、燃烧物质类型及产物、火灾规模及蔓延速度等。火灾的烟气特征包括烟气产生量、烟气蔓延方向与速度、烟气层高度等因素。

地下空间建筑人员疏散方向和热流与烟雾上升的方向相同，因此火灾环境中人员疏散更加困难。当地下空间发生火灾时，由于消防人员难以勘察被困人员和火源位置，也无法破开窗户和门进行通风或进入建筑物，唯一能进入的出入口处也是热量和烟雾大量排出之处，因此开展救援工作非常困难。

5.2 火灾环境下的人员行为特征

在人员特征、建筑特征和火灾环境等因素影响下，火灾环境下的人员行为特征具体表现为人员心理反应特征、行为反应特征和移动行为特征三个方面。心理反应是没有表现出来的人员心理活动。行为反应是表现并实施的具体行为。

5.2.1　人员心理反应特征

在应急疏散过程中，人员在有限时间内的每次判断和决策都关系到生死安危，且火灾产生的浓烟、毒气、高温等都对人的感官有刺激作用，人员会产生一些特定的心理反应。譬如，当刺激因素到达人的忍受极限时，人员为了能尽快离开火场，会产生一些冲动的想法，侥幸地认为某些过激的危险行为是可行的，采取冒险的疏散策略。表5-1给出了人员疏散心理反应特征及其对地下空间人员疏散的影响程度。

表5-1　人员疏散心理反应特征及其对地下空间人员疏散的影响程度

心理反应特征	特征说明	与人员疏散的关系	对地下空间人员疏散的影响程度
冲动侥幸	冲动心理是由于外界环境的刺激引起的，受情绪左右，需要激情推动；侥幸心理是人们在特殊环境下的一种趋利避害的投机心理。两者密切联系，相互影响	火灾环境的外在刺激使人们容易产生冲动的想法，可能在侥幸心理的支配下做出过激决策，应避免这种情况的出现	◎
躲避心理	当察觉火灾等异常现象时，为确认而接近，但感觉危险时由于反射性的本能，马上向远离危险的方向逃跑	起火车厢内人员因危险而往两侧疏散时，将造成人群移动的困难与混乱	◎
习惯心理	对于经常使用的空间如走廊、楼梯、出入口等，有较深切的了解及安全感，火灾时宁可选择较危险但熟悉的路径	应加强人员应急疏散培训和教育	—
鸵鸟心态	在危险接近且无法有效应对时，出现判断失误的概率增加且具有逃往狭窄角落方向的行动	发生于地下空间内火灾，人们躲进封闭空间企图逃避危险	○
服从本能	人员在遭遇紧急状况时，较容易服从指示行事，但指令的内容必须非常简洁	空间内的紧急事故安抚与引导广播，为避难疏散成功的重要因素	◎
寄托概念	对于事物过于沉迷，忽略紧急事故发生，即使事故发生也很难转移其注意力，一般发生在消费性场所	一般具有餐饮及床铺的长途旅行列车较易发生	○
角色概念	人们认为花钱消费应得到一定服务，即使发生事故状况，仍需由员工服务指导避难，多属于消费性角色依赖行为	在事故状态不明的情况下，期待工作人员主动告知应该如何做	◎

注：影响程度：◎大；○中；—小或无。

5.2.2　人员行为反应特征

人员行为反应特征主要是指疏散中人们表现出来的行为共性，有归巢行为、从众行为、向光行为、往开阔处移动行为以及潜能发挥行为等。例如，大多数人尤其是不熟悉地下空间结构和疏散路径的人，会在压力下做出选择跟随其他领导型人员或跟随大多数人的决策，而不是自己独立判断，这种行为称为从众行为。表5-2给出了人员疏散行为反应特征及其对地下空间人员疏散的影响程度。

表5-2 人员疏散行为反应特征及其对地下空间人员疏散的影响程度

行为特征	特征说明	与人员疏散的关系	对地下空间人员疏散的影响程度
归巢行为	当人遇到意外灾害时为求自保，会本能地折返原来的途径，或以日常生活惯用的途径以求逃脱	造成主出入口拥塞，避难时间增长	—
从众行为	人员在遭遇紧急状况时，思考能力下降，会追随先前疏散者（Leader）或多数人的倾向	若有熟悉环境的诱导人员，可减少避难时混乱及伤亡	◎
向光行为	由于火灾黑烟弥漫、视线不清，人们具有往稍亮方向移动的倾向（火焰亮光除外）	疏散路径上明亮的紧急出口、指引标识等设施，可安抚群众且加快疏散速度	◎
往开阔处移动行为	越开阔的地方其障碍可能越少，安全性也可能较高，生存的机会也可能较多	通道的入口处留设较开阔的空间	◎
潜能发挥行为	危险状态常能激发出人们的潜能，排除障碍而逃生	紧急情况下潜能的激发有助于顺利疏散	○

注：影响程度：◎大；○中；—小或无。

5.2.3 人员移动行为特征

人员疏散移动行为特征可以通过实地观察和调查人群现象了解，主要方法有：人工记录、视频记录和基于无线定位技术的行人轨迹提取等。对人员移动行为特征的表达依赖其量化特征参数。对于人员疏散通道来说，走廊结构和瓶颈结构是最重要的基本单元结构。因此，这里重点关注以下三个方面的人员移动行为基本特征：人员移动行为的量化特征参数、走廊结构中的单向或双向人员移动行为特征、瓶颈处的人员移动行为特征等。

1. 人员移动行为的量化特征参数

与颗粒或流体流动类似，人群移动可以用移动速度 $v(\mathrm{m/s})$、人群密度 $\rho(1/\mathrm{m}^2)$ 以及流量 $f(1/\mathrm{s})$ 或流率 $s[1/(\mathrm{m \cdot s})]$ 等定量参数描述：

$$s = \rho v = f/l \tag{5-1}$$

式中 l——计算区域（通道）的宽度（m）。

人员个体特征中最重要的参数之一是"自由行走速度"（Free Walking Speed，FWS），它是指在正常无阻碍条件下行人的预期行走速度。统计结果表明，行人个体速度服从正态分布，平均值为1.34m/s，标准偏差为0.37m/s。由于年龄、性别、数据采集地点等外部因素的不同，不同数据来源的FWS可能有明显差异。各类外部因素条件下行人自由移动速度见表5-3。表中不同研究发布的数据存在不一致，主要因为收集数据时外界条件的不同，表明文化背景、环境温度、旅行目的和设施类型都会影响FWS。

表 5-3　各类外部因素条件下行人自由移动速度　　（单位：m/s）

年　龄	地　点	性　别	温　度	旅行目的	设施类型
<12 岁：更小	欧洲： 1.41	数据 1 男性：1.41 女性：1.28	25℃： 92% v_f	商业： 1.45 ~ 1.61	坡道（向上）： 1.19 ~ 1.66
	美国： 1.35			上下班： 1.34 ~ 1.49	坡道（向下）： 1.41 ~ 1.51
16 ~ 60 岁： 1.06（0.6 ~ 1.2）	澳大利亚： 1.44	数据 2 男性：1.55 女性：1.45	15℃： v_f	购物： 1.04 ~ 1.16	楼梯（向上）： 0.61 ~ 0.9
>60 岁： 更小	亚洲： 1.24		0℃： 109% v_f	休闲： 0.99 ~ 1.10	楼梯（向下）： 0.7

注：用"~"连接的数据表示自由行走速度范围，单个数据表示平均自由行走速度。

2. 走廊结构中的单向或双向人员移动行为特征

走廊结构中人员移动行为需要重点关注的是人群运动速度和密度之间的动态关系，其也被称为基本图。基本图可用密度与速度的关系或密度和特定流速的关系表示，其中密度—速度关系图使用最为广泛，如图 5-4 所示。

从图 5-4 中可以看出，不同数据来源的密度—速度数据总体分布相似，但存在一定差异，如：密度接近零（自由移动状态）时，行人自由移动速度分布在 0.8 ~ 1.8m/s，这可能由文化背景、流向、波动、心理因素或交通特征引起。

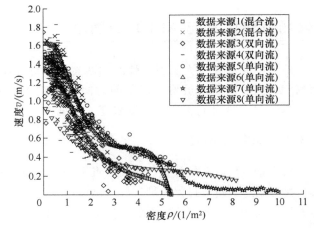

图 5-4　不同条件下采集的速度—密度行人流基本图（"单向流""双向流"各表示单向、双向行人流，"混合流"表示两种情况都有）

另外，双向行人流中当两组人在走廊中运动方向相反时，行人会自动形成队列，趋向于跟随在向同一方向移动的行人之后。此时，人群可以自行组织并自动分隔成行人动态通道，可以减少与相反人流的摩擦，提高通道使用效率，增大人群平均流速。

3. 瓶颈处的人员移动行为特征

瓶颈区域的通行能力可用其流量表示。与基本图类似，不同数据来源的瓶颈通行能力也存在差异性。据已有研究，瓶颈处单位宽度的流率分布范围为 1.33 人/（m·s）至 2.0 人/（m·s），且不同外部条件下相同宽度的瓶颈通行流率也会存在差异。

研究发现，瓶颈处人员移动行为有下列特征：①瓶颈单位宽度流率应考虑其宽度、出口的设计（即开启和关闭机制）和行人对其的响应行为；②瓶颈处易出现人群拥挤和堵塞现象，这时若在瓶颈前面适当地放置障碍物，反而可以增加通过瓶颈的流率；③瓶颈区域内行人可以有效地形成交错分层队列，层与层的间距约为 45cm，小于单个行人有效宽度（大约

55cm）。这种行人交错分层出现的重叠队列现象被称为拉链效应，会导致瓶颈处通道的通行能力以连续而非跳跃性的方式增加，如图 5-5 所示。

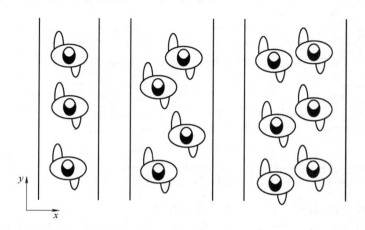

图 5-5　狭窄瓶颈通道行人员形成交错分层队列的拉链效应示意图

5.3 | 火场危险因素与 ASET 的确定

地下空间火灾时人员安全性的判断需要分析火灾发展到对人体构成危害所用的时间。从而判定火灾发展到人员耐受极限的时间。火灾环境影响人员疏散的主要因素有：烟气层高度、热辐射、热对流、毒性气体浓度、能见度。

5.3.1　烟气层高度

火灾烟气层有一定热量、胶质、毒性分解物等，影响人员疏散行动与救援行动。为了避免人员接触烟气，疏散过程中烟气层需保持在人群头部以上。不同地域或国家的人员平均身高存在差异，因此烟气层危险高度的取值也有所不同，常见的烟气层危险高度可取 1.5 ~ 2m 的值。

5.3.2　热辐射

人体对烟气层辐射热的耐受极限是 $2.5kW/m^2$，此时上部烟气层的温度为 $180 ~ 200℃$，人在该环境中几秒钟就会皮肤强烈疼痛。而对于较低的辐射热，人可以忍受 5min 以上。

5.3.3　热对流

呼吸过热空气会导致热冲击（中暑）和皮肤烧伤。空气中水分含量对这两种危害都有重要影响。一般情况下，人体可以短时间承受 100℃ 环境的对流热。

5.3.4　毒性气体浓度

烟气中毒性气体可分为窒息性气体和刺激性气体两类。窒息性气体主要有 CO、CO_2 和 HCN 等，刺激性气体主要有 HCl、HBr、HF、SO_2、NO_2 以及丙烯醛等。当烟气中毒性气体超出极限值后，人员可能严重丧失机能。

5.3.5　能见度

烟气浓度升高会降低能见度以及人员对疏散路径的判断能力，导致逃生移动时间延长。表 5-4 给出了建议采用的人员可以耐受的能见度限值。在小空间中，到达安全出口的距离短，人员对建筑物比较熟悉，最低能见度要求较低。在大空间内，人员对建筑物不熟悉，选择逃生方向和寻找安全出口需要看得更远，因此最低能见度要求更高。

表 5-4　建议采用的人员可以耐受的能见度界限值

参　　数	小空间	大空间
光密度 OD/m	0.2	0.08
能见度/m	5	10

5.3.6　ASET 的判定

人员安全疏散时间 ASET 由火灾环境中各类危害因素耐受极限到达时间确定。一般情况下，若烟气温度、毒性和能见度处于表 5-5 极限范围内，则认为人员能够安全疏散，否则其超过极限的最短时间即为 ASET。

表 5-5　人员安全判据指标

安　全　判　据	人体可耐受的极限
能见度	2m 以下空间内能见度不小于 10m
烟气的温度	2m 以上空间内的烟气平均温度不大于 180℃ 2m 以下空间内烟气临界温度为 60℃
烟气的毒性	2m 高度处，CO 浓度不超过 500ppm

目前，不同国家和地区使用的人员安全判据有所不同，其中部分国家的相关规范性文件中所采用的热对流、热辐射和烟气能见度人员生命安全判定标准见表 5-6。

表 5-6　人员生命安全判定标准

国别	对　流　热	辐　射　热	烟气能见度
中国	2.0m 以上空间内的烟气平均温度≤180℃；当热烟层降到 2.0m 下时，持续 30min 的临界温度为 60℃	2m 以上空间，< 2.5 kW/m² （温度 180℃）	当热烟层降到 2m 下时，对于大空间其能见度临界指标为 10m
新西兰	烟气层温度≤65℃ （30min）	< 2.5kW/m² （气层温度 200℃）	减光度 < 0.5m⁻¹ 能见度 2m
英国	饱和空气，暴露时间 > 30min，< 60℃	暴露时间 > 5min，< 2.5kW/m²	减光度 < 0.1m⁻¹ 能见度 10m
澳大利亚	饱和空气，暴露时间 > 30min，< 60℃	暴露时间 > 5min，< 2.5kW/m²	减光度 < 0.1m⁻¹ 能见度 10m
爱尔兰	80℃ （15min）	2 ~ 2.5kW/m²	7 ~ 15m

5.4 火灾人员疏散时间构成与 RSET 的计算

人员疏散时间由火灾探测与报警时间、预动作时间和疏散行动时间构成。由此，必需安全疏散时间 RSET 可用下式表示：

$$\text{RSET} = T_{\text{d}} + T_{\text{pre}} + T_{\text{t}} \tag{5-2}$$

式中　T_{d}——火灾探测与报警时间（s）；

　　　T_{pre}——人员预动作时间（s）；

　　　T_{t}——人员疏散行动时间（s）。

5.4.1 火灾探测报警时间

火灾探测报警时间取决于火灾探测装置类型及其布置、火灾规模及其发展速度、建筑内人员密度及清醒状态等因素。

火灾探测装置的响应时间可以用软件计算得到，如美国国家标准及技术研究院（NIST）的软件工具包 FPE Tool 中 DETECT-QS 工具可以计算自动喷水灭火系统的动作时间，此时间可以作为火灾探测报警时间。

5.4.2 预动作时间

人员预动作时间是人员接收到火灾线索信息后到疏散行动开始前的时间，可以划分为信息处理时间和决策时间。

1. 信息处理时间

信息处理时间是指报警信号发出后，人员接收到火灾线索还不能确定并形成决策的时间段。在信息处理期间内，人员会持续报警前的活动。由于建筑类型、人员性质、报警和管理系统等因素不同，信息处理时间存在较大差异。表 5-7 给出了不同类型建筑和报警系统条件下的人员信息处理时间统计结果，可作为人员信息处理时间计算的参考。

表 5-7　不同类型建筑和报警系统条件下的人员信息处理时间统计结果

项　　目	人员信息处理时间/min		
报警系统类型	W1	W2	W3
办公楼、商业建筑或工业厂房、学校（居民处于清醒状态，对建筑物、报警系统和疏散措施熟悉）	<1	3	>4
商店、展览馆、博物馆、休闲中心等（居民处于清醒状态，对建筑物、报警系统和疏散措施不熟悉）	<2	3	>6
旅馆或寄宿学校（居民可能处于睡眠状态，但对建筑物、报警系统和疏散措施熟悉）	<2	4	>5
旅馆、公寓（居民可能处于睡眠状态，对建筑物、报警系统和疏散措施不熟悉）	<2	4	>6
医院、疗养院及其他社会公共设施（有相当数量的人员需要帮助）	<3	5	>8

注：W1—实况转播指示，采用声音广播系统，例如从闭路电视设施的控制室；W2—非直播（预录）声音系统和/或视觉信息警告播放；W3—采用警铃、警笛或其他类似报警装置的报警系统。

应用表 5-7 时需要考虑火灾场景的影响，表中信息处理时间需要根据人员所处位置的火灾条件进行适当调整：

1）当人员处于较小着火房间/区域内，人员可以清楚地发现烟气及火焰或感受到灼热，这种情况下无论是否安装了 W2 或 W3 报警系统，均可采用表 5-7 中与 W1 报警系统相关的信息处理时间。

2）当人员处于较大着火房间/区域内，人员在一定距离外也可发现烟气及火焰时，如果没有安装 W1 报警系统，则无论是否安装了 W3 报警系统，均可采用表 5-7 中给出的与 W2 报警系统相关的信息处理时间。

3）当人员处于着火房间/区域之外时，采用表 5-7 中相关报警系统的信息处理时间。

如果人员非常熟悉 W3 系统，其信息处理可能会很迅速；如果人员不熟悉 W3 系统，理解不了报警信息，从而造成警报的误判。使用 W3 系统时，火源附近人员看到烟/火从而感到危险，也会如同采用 W1 系统一样迅速响应。

当识别报警与向出口运动之间没有延迟时（如办公室中），可以假设信息处理时间与预动时间相等（即反应时间是 0）。

2. 决策时间

决策时间是指人员识别报警信号并开始做出决策至开始朝出口方向行走之间的时间，也称为反应时间。决策时间内人员可能会采取的行动有：

1）确认行为，包括确定火源、实际情况或火灾报警或其他警告的重要性。

2）停止机器或生产过程，保护现金或其他风险区域。

3）寻找和聚集儿童及其他家庭成员。

4）扑救火灾。

5）寻找和决定合适的出口路径。

6）不完全对有效疏散有用的行为（如不准确或误解信息下的行动）。

7）警告其他人员。

5.4.3　疏散行动时间

疏散行动时间可分为三部分：①疏散通道内行走时间；②疏散路径上瓶颈处堵塞排队等待时间或人群通过瓶颈处的通行时间；③疏散中可能开展的其他与疏散行动无关的活动所占用的时间（如停下帮助他人等）。第三部分时间因具体场景和人员而异，无法进行精确计算，因此工程上仅计算前两部分疏散行动时间。

疏散行动时间计算方法有两类：①采用经验公式法进行手工或半程序化的计算；②采用微观人员疏散计算机模拟模型进行仿真计算。前者需要将疏散行动过程进行假设简化，将人群看作整体，不考虑个体差异性和行为交互，并将建筑结构单元化划分和网络化抽象，将人群疏散行动简化为类似流体在管道中流动或简单的网络排队系统。后者需构建微观人员疏散计算机模拟模型，考虑人员个体的行为交互，详细模拟每个人每一步的移动过程，动态计算和预测整个疏散行动过程。

显然，经验公式法计算原理简单，容易操作，但由于采用了较强的假设且依赖经验数据，计算精度受限，在工程上适用于要求快速得出结论而对精度要求不高的场合；计算机仿真计算法精度高，计算结果能够动态反映整个疏散行动过程，可输出更详细的参数结果，但对计算机模型的构建及应用要求较高。目前,随着人员疏散计算机软件的大量出现,计算机仿真计算方法越来越受欢迎。

无论是经验公式计算法,还是计算机仿真模拟法,在计算模型的构建过程中都需要考虑人员疏散行动过程中的关键参数,包括疏散通道有效宽度、人员密度、人员移动速度、流率及流量。

1. 疏散通道有效宽度

人员在通道内疏散时,要与侧壁保持一定距离,而不是紧贴着侧壁或扶手行走,从而在疏散通道或疏散出口的边界产生一个边界层,这部分宽度不能被人员疏散利用。所以,疏散计算时应扣除边界层宽度。疏散通道或出口净宽度减去边界层宽度后的宽度称为有效疏散宽度。表 5-8 是各类通道的边界层宽度。

表 5-8　边界层宽度

疏散通道单元类型	边界层宽度/cm
楼梯—梯级的墙壁或面	15
栏杆、扶手	9
剧场椅子、运动场长凳	0
走道、斜坡墙	20
障碍物	10
宽阔的场所、过道	46
门、拱门	15

各部分疏散通道的净宽为:

1)走廊或过道为两侧墙的距离。

2)楼梯间为台阶踏步宽度。

3)门为开启时实际通道宽度。

4)两边有座位的走道为沿走道布置的座位之间的距离。

5)两排座位之间的走道为两排座位间最狭窄位置处之间的距离。

当疏散通道内有扶手时,有效宽度采用按无扶手时计算的有效宽度和按有扶手时计算的有效宽度两者中的较小值。当扶手凸出大于 6.25cm 时,需要考虑采用表 5-8 中的数值。

2. 人员密度

人员密度表示方法有:①单位面积上分布人员数目(人/m^2);②用其倒数表示,即每个人占有的地板面积(m^2/人);③单位面积地板上人员水平投影面积所占百分比。

确定人员密度需考虑的因素有:建筑使用功能、建筑所处地域、时间范围、经营性质。人员安全疏散评估要确定建筑各个区域内的人员密度,其数值以区域内可预见的最大人员密度为准,可以根据当地相应类型建筑内人员密度的统计数据确定。当缺乏此类数据时,可以依据《建筑设计防火规范》等标准规范确定人员密度。在人员疏散计算过程中,一定区域内初始人员容量可以由人员密度乘以该区域面积确定。

3. 人员移动速度

人员移动速度与人员本身、所处环境和人群密度有关。总趋势为人员疏散速度随人员密度的增加而减小，当密度达到 4 人/m² 时，疏散速度接近于零；在低密度情况下，人员移动几乎不受周围人员阻碍，此时主要影响因素是人员个体特征和行为。

《SFPE 消防工程手册》（第 5 版）给出了人员移动速度 S 的经验公式：

$$S = \begin{cases} k - 0.266kD & (0.54 \leqslant D \leqslant 3.8) \\ 0.85k & (D < 0.54) \end{cases} \tag{5-3}$$

式中　k——速度系数，取常数，见表 5-9；

　　　D——人员密度（人/m²）。

表 5-9　公式中的速度系数 k 的取值

疏散通道单元类型		k
走廊、走道、斜坡、门		1.40
楼梯		
踏步高度/mm	踏步宽度/mm	
190.5	254.0	1.00
177.8	279.4	1.08
165.1	304.8	1.16
165.1	330.2	1.23

上式中假定人员密度小于 0.54 人/m² 时，人员移动不受周围人阻碍，基本处于自由流状态，此时人员最大通行速度见表 5-10。当人员密度大于 3.8 人/m² 时，人群达到临界状态，不能继续移动。虽然该假设与实际密集人群运动情况不完全相符，但在明确假设条件下，可作为一种近似计算人员疏散时间的方式。

表 5-10　疏散通道最大通行速度（自由流速度）

疏散通道单元类型		行走方向上的自由流速度/(m/s)
走廊、走道、斜坡、门		1.19
楼梯		
踏步高度/mm	踏步宽度/mm	
190.5	254.0	0.85
177.8	279.4	0.95
165.1	304.8	1.00
165.1	330.2	1.05

4. 疏散通道的流率

疏散通道的流率是指疏散路径上某位置单位时间内单位宽度的疏散通道能够通过的人数，单位为人/(m·s)，可表示为速度和密度的乘积，即：

$$F_s = SD \tag{5-4}$$

式中　F_s——疏散通道流率 [人/(m·s)]；

　　　S——人员行走速度（m/s）；

　　　D——人员密度（人/m²）。

结合式（5-3），流率可用人员密度表示为：$F_s = (1 - 0.266)kD$。对于某疏散通道单元，若已知其进入流率 F_s，则可由此式推出对应的人员密度，进而得到人员移动速度。

表 5-11 给出了常见类型疏散通道最大流率。疏散通道人员密度较小时，虽然人员自由移动，但人数少，流率也较小；流率一开始会随着人员密度增大变大；当人员密度超过临界值后，流率随着人员密度增大而减小。因此，疏散通道的流率存在一个最大值。人员疏散时间计算时，若由式（5-4）计算得到的流率大于该通道的最大流率，意味着该疏散通道单元出现排队，则需要将其真实流率修正为最大流率。

表 5-11　疏散通道最大流率

疏散通道单元类型		疏散通道最大流率/[人/(m·s)]
走廊、走道、斜坡、门		1.30
楼梯		
踏步高度/mm	踏步宽度/mm	
190.5	254.0	0.94
177.8	279.4	1.01
165.1	304.8	1.09
165.1	330.2	1.16

5. 疏散通道的流量

疏散通道的流量是单位时间内通过疏散通道某处的人数，单位为人/s，表征了疏散通道的实际通行能力，可用下式计算：

$$F_c = F_s W_e = (1 - 0.266D)kDW_e \tag{5-5}$$

式中　F_c——流量（人/s）；

$\quad\quad W_e$——疏散通道有效宽度（m）。

5.5 火灾人员疏散行动时间的经验公式计算

计算疏散行动时间的经验公式有很多种，如 Pauls 经验公式、Melinek-Booth 经验公式、Togawa 经验公式以及各类消防工程规范或手册中的计算方法等。每种计算方法各有特点，但基本原理相似。本书以美国《SFPE 消防工程手册》（第 5 版）为例，说明疏散行动时间经验公式计算方法的一般步骤。

疏散行动时间经验公式计算有如下假设：

1）同一类型建筑结构单元的人员疏散行动参数相同，且可以通过实地观测或实验数据测定。

2）人员在疏散过程中不进行任何其他与疏散移动无直接关系的活动。

3）人员疏散行动过程可以简化为流体在管道内流动或简单的网络排队系统，其中人群被看作一个整体，无个体差异性和个体行为，建筑结构被划分成若干单元（如一个房间、一个走廊、一个楼梯或一个门等），在划定的单元（疏散单元）内结构是规则一致的。

基于以上假设，采用"流体"模型，将建筑结构简化为网络结构，将人群看作整体，并在该网络中进行简单的类似流体的流动。按照流体模型进行计算，可采用如图5-6所示的一阶简化计算方法或二阶全过程计算方法来计算疏散行动时间。

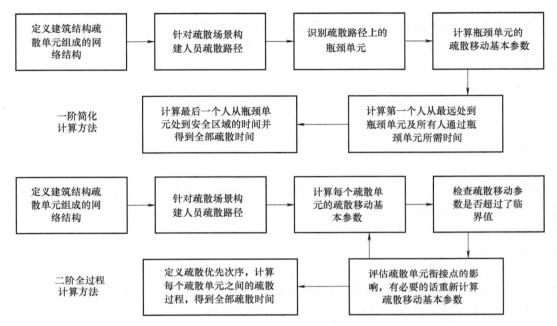

图5-6　采用流体模型计算疏散行动时间的简化和全过程方法的步骤

一阶简化计算方法的核心是要识别整个疏散路径上的瓶颈单元，可通过对比各个疏散单元的最大流量（通行能力）来实现。人员总体移动时间 T 计算公式如下：

$$T = t_1 + t_2 + t_3 \tag{5-6}$$

式中　t_1——第一个人移动至瓶颈单元的时间（s）；

　　　t_2——所有人通过瓶颈单元所需的时间（s）；

　　　t_3——最后一个人从瓶颈单元到最终安全区域的移动时间（s）。

二阶全过程计算方法需要每个疏散单元的疏散移动基本参数值，然后对超过该类型疏散单元最大流率的单元进行反馈，修正流率计算值为最大流率后重新计算，直至得到所有疏散单元参数，再按照疏散过程中人员在各个单元间移动的先后顺序计算在每两个单元之间移动所需的疏散时间，在考虑相邻单元的疏散时间重叠的前提下，计算得到整个疏散场景人员疏散移动时间。

一阶和二阶计算方法中，都需要计算两类基本疏散时间：

1）在疏散通道内行走的时间 $t_{travel} = L/S$，其中 L 为疏散通道的长度，S 为通过该通道的平均人员移动速度。

2）在疏散路径瓶颈处因堵塞产生的人群通过时间 $t_{transition} = P/F_c$，其中 P 为总人数，F_c 为瓶颈的实际流量。

使用流体模型计算疏散行动时间，需要对所有疏散单元间的衔接转换位置（简称转换位置）的疏散移动特征进行计算。转换位置类型有：

1）疏散路径上任何路径宽度有变化的位置。

2）疏散路径上任何地形或疏散通道类型发生变化的位置，如走廊进入楼梯的位置、走廊进入防火门的位置等。

3）合流或分流的区域。

对转换位置进行参数计算和分析需借用转换位置的如下流量守恒原理：

$$F_{s,in}^1 W_{e,in}^1 + \cdots + F_{s,in}^n W_{e,in}^n = F_{s,in}^1 W_{e,out}^1 + \cdots + F_{s,in}^n W_{e,out}^n \tag{5-7}$$

式中　F_s——转换位置的流率（人/m·s）；

　　　W_e——转换位置的宽度（m）；

　　$1-n$——上标，表示转换位置上下游各单元的编号；

　　　in——下标，表示转换位置的上游；

　　　out——下标，表示转换位置的下游。

该式表达了转换位置上下游人流量守恒的原理。

通过式（5-7）可以由转换位置上游的基本参数求出其下游疏散单元的相应参数值。因此，对于给定的疏散场景，划分好疏散单元后，若已知人员初始位置所在单元的人员数量、人员密度以及所有疏散单元的类型、尺寸，便可以根据上述公式，计算得到所有疏散单元的基本移动参数。

举例：如图 5-7 所示，某疏散路径由一段楼梯、一个走廊和一个门组成。楼梯为 1.8m 宽，包含 178mm 踏步高度和 280mm 踏步宽度的台阶 10 个（箭头所指方向为下楼梯方向）；走廊为 1.8m 宽，10m 长；门为 1.3m 宽。疏散开始时有 50 个人在楼梯上面的空间，人员密度为 1.5 人/m²。那么，如何采用流体模型计算这 50 人疏散至门外的时间？

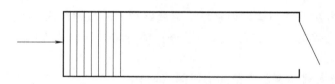

图 5-7　流体模型人员疏散时间计算示例的疏散场景

首先，查表可得该尺寸楼梯速度系数 $k = 1.08$，有效宽度折减数为 0.3m，最大流率为 1.01 人/（m·s）；该走廊速度系数 $k = 1.4$，有效宽度折减数为 0.4m；门的最大流率为 1.3 人/（m·s），有效宽度折减数为 0.3m。

人员初始密度 $D = 1.5$ 人/m²，则人员移动速度 $S_1 = 0.65$m/s。假设人员进入楼梯时保持该速度，那么第一个人走完楼梯需要的时间为 5.1s，其中 $L_1 = 3.31$m 为楼梯行走方向上（斜面）长度。由楼梯有效宽度，得到人员进入楼梯时流量为 1.46 人/s。所以，50 人通过楼梯入口所需时间 t_1 为 34.2s。

人员通过走廊的流量认为等于楼梯的 F_c，由此得走廊人员密度 $D = 1.03$ 人/m² 或 2.72 人/m²。此时有两个解，需根据实际情况取舍，本例应取 $D = 1.03$ 人/m²。由此，计算得走廊内移动速度 $S = 1.02$m/s，第一个人通过走廊所需时间 t_2 为 9.8s。

若门处流量也是 F_c，其流率 1.46 人/（m·s），超过门最大流率 1.3 人/（m·s）。因此，修正门流率为 1.3 人/（m·s）。50 人通过门所需时间 t_3 为 38.5s。

综上，该案例中瓶颈位置为门；第一个人到达门的位置所需时间为 $t_1 + t_2 = 14.9$s；所有人通过瓶颈的时间 t_3 为 38.5s；因此，所有人完成疏散的时间 T 为 53.4s。

5.6 ┃ 人员疏散计算机模拟模型

5.6.1　元胞自动机模型

元胞自动机是在均匀一致网格上由有限状态的变量（或称元胞）构成的离散动力系统。元胞自动机可以看成无穷维动力系统中的一类，其特点是空间、时间和状态都离散，同一时刻每一个变量只取有限多个状态。

1. 元胞自动机的基本运行规则

所有元胞的状态同时发生变化。若时刻 t 所有元胞的状态集（构形）为 a^t，那么时刻 $t+1$ 的构形 a^{t+1} 完全由 a^t 决定。一维完全元胞自动机中时刻 $t+1$ 的第 i 个元胞的状态是由时刻 t 的第 i 个元胞以及相邻距离不超过 r 的 $2r$ 个元胞的状态决定，与系统内其他元胞均无关。这是元胞自动机最基本形式，称为初等元胞自动机。

2. 基于元胞自动机的人员疏散模型

人员疏散模拟一般采用二维元胞自动机，其标准邻域划分方法有纽曼冯（Neumann Von）邻域（四邻域）和摩尔（Moore）邻域（八邻域）两种，如图 5-8 所示。二维空间内人员运动元胞自动机规则为：

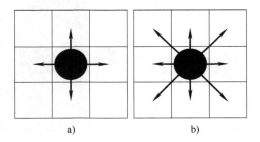

图 5-8　元胞自动机模型常用的两种
标准邻域划分方法

a）纽曼冯邻域，人员可以向四个方向行走
b）摩尔邻域，人员可以向八个方向行走

1）建筑空间划分为规整的元胞网络，通常是 0.4m×0.4m 的正方形网格系统，少数模型也可能采用更精细的网格划分。

2）给出每个元胞 r 在 t 时刻（初始时刻 $t=0$）的状态，包括该元胞代表的建筑结构、人员和环境等信息。每个元胞同一时间内只能被一个人占据或为空（墙壁、障碍物等格点不能有人员进入）。

3）元胞 r 在 $t+1$ 时刻的状态完全由其邻居 Ω 内所有元胞在 t 时刻的状态根据局部演化规则 R 决定，所有元胞的状态同步更新。

人员疏散模拟的元胞自动机模型中最受关注的是"场域"（Floor field）元胞自动机模型。该模型将每个格点都分配一个场域值（用一个数字表示），值越大，人员进入该格点的可能性就越大。人员进入某格点的概率由动态场域和静态场域共同决定。图 5-9 给出了针对一个矩形房间（65×44 个元胞，出口在右侧墙壁中间），采用四邻域和八邻域元胞自动机模型分别计算得到的静态场域分布梯度图。

静态场域表示与出口空间距离的影响，由建筑结构而定；动态场域表示其他动态信息的影响（声音信息等），在模拟计算中动态更新。元胞场域值越大，表示该元胞对人员的吸引力越大。

模拟中人员在每个时间步选择周围某一元胞作为目标元胞，在下一时间步移动到目标元胞。人员选择该元胞作为目标元胞的概率与该元胞吸引力值（场域值）成正比。在场域的控制下，便可实现人员一步步向出口的疏散过程的模拟。

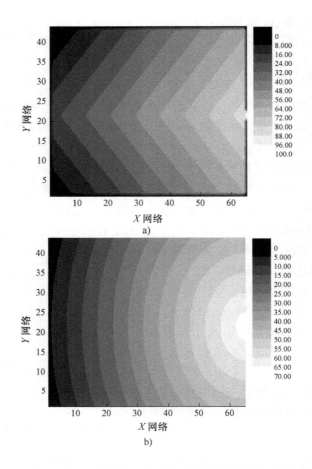

图 5-9　单一出口 65×44 元胞的房间人员疏散模拟中的静态场域分布梯度

a）四邻域模型计算的静态场域分布梯度　　b）八邻域模型计算的静态场域分布梯度

5.6.2　社会力模型

社会力模型是连续微观行为模型的代表模型，是 20 世纪 90 年代德国物理学家 Helbing 在 Lewin 等人的研究基础上，同时参考 Bolzmann 运动方程提出来的基于社会心理学的经典模型。经典社会力模型的基本理论主要考虑行人个体运动过程中由其自身为保持期望速度而产生的期望力、行人在局部环境中受到交互作用而产生的吸引和排斥效应，以及行人个体在运动过程中的随机扰动等因素决定。

其后，Helbing、Farkas、Vicsek 等人研究了行人应急疏散过程中的群体行为，对初始社会力模型进行了修正和改进。此后的社会力模型一般假设行人个体运动行为受三种社会力驱使，分别为行人为保持期望速度向目标点移动而产生的驱动力，行人与其他行人之间产生的作用力 f_{ij}，行人与障碍物之间（比如障碍物、边界等）产生的作用力 f_{iw}。

社会力模型应用广泛，目前一些成熟的人员疏散仿真软件已经直接使用其作为底层计算模型。

5.6.3　基于自主体的模型

1. 自主体模型概述

基于自主体的模型（Agent-based Model，ABM）中个体一般被表达为具有一定水平的自我感知和推理能力的智能体。元胞自动机模型和社会力模型从某种程度上都可以归类为ABM 的范畴，因为这些模型中个体表示方法与 Agent 的定义非常相似。但总体而言，基于自主体的模型更强调模型中个体的自治、异构和智能特征。

2. Agent-based 人员疏散模型实例

本节介绍基于效用最大化思想的 Agent-based 人员疏散模拟模型，用以说明这类模型的构建思路。

图 5-10 为该模型的总体架构。首先，模型需要的输入信息包括环境信息、Agent 属性和行人系统需求。一个完整的人员疏散模拟模型一般分宏观模块和微观模块两个层次实现。宏观模块层面对应战略层、决策层行为，微观模块层面对应执行层行为。宏观模块层面主要处理全局路线选择和地图导航任务，以确定路线和设定区域可感知目标；微观模块层面决定 Agent 在每个时间步的局部运动。宏观模块和微观模块层面分别由各自独立的模块执行，且相互之间通过路径导航模块和 ABM 运动模块通信。路径导航模块设定临时期望区域移动目标，然后 ABM 使用该信息作为每个时间步实际运动目标，即路径导航模块生成的临时目标用于计算下一时间步 Agent 的实际移动方向和移动距离。当 Agent 达到目标时，ABM 将此消息传送回路径导航模块并请求下一个目标，直至到达区域终点。然后 Agent 将移动到下一个区域并分配下一个临时目标，依此类推。

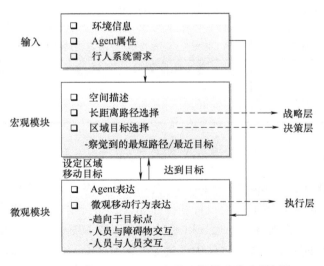

图 5-10　某 Agent-based 人员疏散模型的总体架构

ABM 执行微观层面的个体 Agent 运动模拟计算。Agent 从路径导航模块接收到区域目标位置后，便向 Agent 发出指令，使其逐步朝目标移动，同时根据周边环境调整移动速度和方向以避免与其他行人和障碍物碰撞。模型中 Agent 一般用圆形表示，其直径可根据人体典型尺寸设定为 $d = 0.4\text{m}$。Agent 具有一定视野范围且移动主要受视野范围内状态的影响。实际计算中可将 Agent 的视野范围内可选的移动方向离散化为有限个。Agent 可在每个时刻根据当前情况，包括目标点位置、周围障碍物、其他行人及其状态等信息，计算可选移动方向的效用和移动速度。效用表征了 Agent 选择该方向的可能性大小。最终 Agent 会选择效用较大的方向按计算的移动速度移动。

5.7 常用的人员疏散模拟软件

5.7.1 人员疏散软件概述

目前发布的人员疏散模拟软件已有几十种。这里介绍其中几个在消防工程领域常用的模拟火灾情况下人员疏散的专业软件，包括 Pathfinder、Building EXODUS、Simulex 和 STEPS 等。这些疏散软件具有不同的理论基础、假设条件、输入输出参数，虽然总体建模思路类似，但分别通过不同的方法模拟人员在建筑物内的疏散行为，其应用特征各有特色，疏散模拟软件对比见表 5-12。

表 5-12　疏散模拟软件对比

软件名称	设计开发者	应用特征
Pathfinder	Thunderhead Engineering 公司	有两种模式可供选择，分别是 SFPE 和 steering 模式；支持 FDS 数据导入、支持 3D 可视化及同步编辑；可以逐房间或者逐层跟踪疏散过程
Building EXODUS	英国 Greenwich 大学消防安全工程系	采用的元胞自动机模型，元胞边长 0.5m，元胞间有连接弧；支持丰富的火灾场景数据导入、支持 3D 可视化；可输出较为丰富的模拟结果
Simulex	Integrated Environmental Solutions Ltd	采用元胞自动机模型计算"等距图"，元胞边长 0.2m；支持更精细的人体投影尺寸设置，支持第三方 3D 可视化；看重个体空间、碰撞角度及疏散时间等生理行为，同时考虑个人在其他避难者、环境影响下的心理反应
STEPS	Mott MacDonald 集团公司	采用元胞自动机模型的三维建模环境；支持烟气数据导入、支持 BIM 模型导入、支持动态场景模拟；考虑人员基于所需时间的路径选择行为、考虑人员对出口的熟悉程度和人员的耐性等因素

5.7.2 Pathfinder

Pathfinder 是美国 Thunderhead Engineering 公司开发的基于智能体的人员疏散模拟和评估软件。它提供了良好的用户图形界面设计和操作模式，支持丰富的三维可视化展示与结果分析，支持 CAD 和 FDS 文件的导入，也可以通过软件自带的场景建模工具直接建模，且支持二维和三维场景模型的同步修改。软件中通过定义区域人员分布、人员的属性参数等实现建筑人员疏散全过程的微观模拟与评估分析。

Pathfinder 的人员疏散模型有 SFPE 模式和 Steering 模式。SFPE 模式采用了美国《SFPE 消防工程手册》（第 5 版）所描述的流体模型，其人员移动速度由每个房间的人员密度决定，通过门的流率由门的有效宽度控制。人的运动仅是从它当前位置到当前路径终点的直线移动，且模型假设人在运动和形成队列时可以空间重叠，但模型考虑了在瓶颈位置的排队过程。Steering 模式采用了基于 Agent 的建模思路，属于微观模拟模型，考虑人员个体间的碰撞冲突和环境对人员疏散行为的影响，比 SFPE 模式更接近于实际人员疏散情况。

Pathfinder 由图形用户界面、仿真器和 3D 结果显示器三个模块构成。系统几何模型建立完成后，用户根据需要添加逃生人员，编辑其属性。添加人员前应设定人员类型，通过人员的外形特点和参数等确定。系统由默认的人员组成，也可根据需要自行设定。

Pathfinder 可以导入 FDS 模型，进行火灾和人员疏散的同步模拟，通过直观数据对比分析，得到人员疏散时间、路径分布以及流量分布等结果。

5.7.3 Building EXODUS

Building EXODUS 是一款由英国格林尼治（Greenwich）大学消防安全工程系开发的基于元胞自动机模型的专业人员疏散模拟软件。它考虑人与人、人与火灾场景、人与建筑环境的交互影响，可从微观层面模拟重现人员个体克服火灾高温、烟气等火灾环境的疏散过程。软件采用 C++ 面向对象编程技术及规则库概念，因此模拟中个体行为和行动均可通过一系列精心设定的模型规则实现。这些规则被分为五种相互作用的子模块，即疏散人员、行动、行为、毒性及风险。

Building EXODUS 通过构建基于元胞自动机模拟思想的离散化网格系统来表达建筑物封闭几何空间区域。元胞以 0.5m 间距分布并由连接弧系统连接起来。每个元胞代表一名疏散人员占据的空间区域。该软件的一个优点是在模型中考虑了疏散人员与火灾环境的相互作用，能更真实地模拟火灾场景属性和疏散人员行为，给出较准确的预测结果。Building EXO-DUS 的模拟结果包括各个区域的疏散时间、移动速度、个体疏散的起始时间、疏散轨迹、疏散流量、密度分布等，也可以分析瓶颈位置。

5.7.4 Simulex

Simulex 软件由苏格兰 Integrated Environmental Solutions Ltd 开发，可用来模拟多层建筑物中的人员疏散。该软件允许用户利用建筑物 DXF 格式的平面图（各层之间以楼梯相连）来创建建筑物的平面及三维环境。多层建筑被定义为一系列通过楼梯连接的二维楼层平面。当用户定义了安全出口后，软件将自动计算整个建筑物空间内所有的疏散距离与路径。

Simulex 中每一个楼层平面和楼梯被分割成规则排列的 0.2m × 0.2m 的网格系统，其网格大小比一般元胞自动机模型中的网格更小。然后，软件计算建筑物中任意网格到最近出口的距离，按照距离由近及远的规则，生成控制人员路径选择和疏散行为的"等距图"。同一个建筑结构可根据考虑的不同因素生成多个等距图，可更好地模拟某些情况下的人员疏散行为，例如选择自己熟悉的出口，或者采用进入建筑物时所用过的入口进行疏散。

疏散人员在建筑空间内的初始位置可以单个布置，也可以成组布置。Simulex 用三个部分叠加的圆来代表每一个人的垂直投影，一个大圆代表躯干，两个小圆代表肩膀。软件允许设定不同的人体尺寸、行走速度、预动作时间等人员属性参数。

人员疏散模拟完成后，Simulex 可以输出模拟截图以及可重复播放的模拟动画，另外可以以文本文件的形式保存总体流量数据和每个人每 0.1s 的移动记录等更详细的模拟结果。模拟结果也可以配合第三方三维可视化软件生成三维模拟动画。

5.7.5 STEPS

STEPS 是由 Mott MacDonald 集团公司设计的三维疏散仿真软件，已经被应用于一些世界级大项目，如：加拿大埃得蒙顿国际机场、印度德里地铁、美国明尼阿波利斯 LRT 和伦敦希思罗机场第五出口铁路/地铁。

STEPS 支持常态下的行人流模式和紧急情况下的人员疏散模式，可分别对两种条件下的人员微观移动过程进行模拟。软件可导入 BIM 建筑三维模型，直接构建三维建筑环境，因此仿真环境的描述方面 STEPS 具有一定的优势，使其模拟各种建筑结构具有很大灵活性。建筑物内的各类疏散通道和设施，如走廊、楼梯、门、座位、零售店、电话亭、分隔墙、文件柜、桌子等可以很方便地进行设定和模拟，扶梯和直梯也可以按照需要改变它们的速度、方向和通行能力。

STEPS 采用精细网格元胞自动机模型进行建模。当使用者在模型的元胞系统中定义了出口位置时，STEPS 会计算出一个可能性表格，用以控制人员的路径选择和移动行为。该可能性表格的计算不仅考虑了与出口的距离因素，也考虑了每条路径上可能需要花费的时间，包括人员行走时间、在瓶颈位置可能的排队时间以及人员的耐性等。STEPS 可以分配具有不同属性的人员，设置各自的耐心等级、适应性、年龄、几何尺寸和性别等属性参数。由于采用了基于 Agent 的建模框架，模型中的人员都可以具有他们自己的行程和活动安排，例如停下来打电话和等公共汽车的动作。STEPS 的模型可以考虑人员对环境的熟悉程度对结果的影响，例如熟悉建筑物出口的人与不熟悉的人相比可能会选择不同的行走方向。另外，STEPS 也考虑了人员路径选择过程中的耐心等级，例如当出口附近人群拥挤时，人会移向下一个最近出口，而不是排队等候。

STEPS 软件支持导入多种格式的火灾烟气模拟数据，用来逼真地模拟人员疏散过程中烟气的影响，具有在疏散过程中改变模拟条件的能力。例如，软件可以模拟疏散过程中某个时刻烟气封闭了特定的出口，紧急设施向人群服务开放，并且可以设定人员在不同的时间从不同的区域开始疏散等。

STEPS 除了提供正常和紧急状态下可视化的人员移动，还输出详细的流速和每个区域疏散完毕的时间，同时可显示疏散区域的人数统计、路径和场所内指定位置的流率图及用户所标记人员的路径等。

复 习 题

1. 火灾环境下人员疏散的四个阶段如何理解？各自有何特征？请结合示意图说明。
2. 简述并举例说明火灾中人员疏散的心理反应特征和行为反应特征。针对这些特征，应采取哪些措施才能更有助于人员疏散？
3. 简述人员疏散时间的构成及影响疏散时间的因素。
4. 简述美国《SFPE 消防工程手册》给出的一阶疏散行动时间计算方法。
5. 简述场域人员疏散元胞自动机模拟模型的基本原理。

第6章

道路隧道火灾预防与控制

本章学习目标:

  了解城市道路隧道的建筑特点及火灾危险性。

  掌握城市道路隧道内防火设计与防火措施、火灾报警及监控系统、消防灭火系统、通风排烟系统。

  理解城市道路隧道各类消防系统的设计原理及布置方法。

本章学习方法:

  在理解道路隧道火灾发展特点的基础上,对道路隧道内各类消防系统的设计原则、适用范围、布置要求进行归纳和总结,并注重理论联系实际,进行道路隧道消防系统设计。

6.1 道路隧道分类及安全设施

6.1.1 隧道分类

  隧道可根据其位置、用途、埋深、长度、横断面面积、施工方法等进行分类。

1. 位置

  按照隧道所在的位置可分为山岭隧道、水底隧道和城市隧道,如图6-1所示。山岭隧道是指穿越山体的隧道。水底隧道是指下穿河流、湖泊、海湾或海峡等水域的隧道。城市隧道是在城市地面下的隧道。

2. 用途

  按照隧道的用途可分为交通隧道、水工隧道、市政隧道和矿山隧道,如图6-2所示。

  1)交通隧道是指修筑在地层内,有出入口,供各种交通线路(如铁路、道路、水路、邮路等)通行的地下通道。按用途又分为铁路隧道、道路隧道、运河隧道、地铁隧道、人行

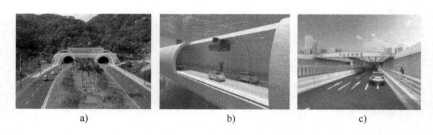

图 6-1 隧道按照所在位置分类

a）山岭隧道 b）水底隧道 c）城市隧道

隧道、自行车隧道、邮件隧道等。

2）水工隧道是指在山体中或地下开凿的过水洞，可用于灌溉、发电、供水、泄水、输水、施工导流及通航。

3）市政隧道是指为敷设各种市政设施用的管线（如自来水、热水、污水、供暖、煤气、电缆等）而修筑的隧道。按其用途有排污隧道及排洪（暴雨）隧道、供水隧道、煤气管路隧道、供暖热水管隧道、电线和电缆隧道以及混合用综合管廊等。

4）矿山隧道是指在矿山开采中，常设一些隧道（也称为巷道），从山体以外通向地下矿体。按其用途有运输巷道、通风巷道、专用设备材料巷道、其他巷道。

图 6-2 隧道按照用途分类

a）交通隧道 b）水工隧道 c）市政隧道 d）矿山隧道

3. 埋深

按照隧道埋深可分为浅埋隧道和深埋隧道。

1）浅埋隧道是指底面位于地面以下的深度小于 20m 的隧道。道路隧道、市政隧道大都属于这种隧道。

2）深埋隧道是指底面位于地面以下的深度在 20m 以上、50m 以下的隧道。绝大部分穿山隧道以及城市中用盾构法开挖的水底隧道都属于这种隧道。

4. 长度

《建筑设计防火规范》和《城市地下道路工程设计规范》（CJJ 221—2015）规定，隧道应按其封闭段长度和交通情况分为一、二、三、四类。单孔和双孔隧道分类见表6-1。

表6-1 单孔和双孔隧道分类

用　　途	一类	二类	三类	四类
	隧道封闭段长度 L/m			
可通行危险化学品等机动车	$L > 1500$	$500 < L \leqslant 1500$	$L \leqslant 500$	—
仅限通行非危险化学品等机动车	$L > 3000$	$1500 < L \leqslant 3000$	$500 < L \leqslant 1500$	$L \leqslant 500$
仅限人行或通行非机动车	—	—	$L > 1500$	$L \leqslant 1500$

注：封闭段长度是指隧道两端洞口之间暗埋段的长度。

《道路隧道设计规范》（DG/TJ 08—2033）将隧道按封闭段长度分为五类，见表6-2。

表6-2 隧道分类

隧道封闭段长度 L/m				
超长隧道	特长隧道	长隧道	中隧道	短隧道
$L > 5000$	$5000 \geqslant L > 3000$	$3000 \geqslant L > 1000$	$1000 \geqslant L > 500$	$L \leqslant 500$

注：封闭段长度是指隧道两端洞口之间暗埋段的长度。

5. 横断面面积

国际隧道协会（ITA）根据隧道的横断面面积的大小将隧道划分如下五类：极小断面隧道（2～3m²）、小断面隧道（3～10m²）、中等断面隧道（10～50m²）、大断面隧道（50～100m²）和特大断面隧道（大于100m²）。

6. 施工方法

按照隧道施工方法可分为盖挖法、明挖法、暗挖法、沉管法等。

（1）盖挖法

盖挖法是指由地面向下开挖至一定深度后，将顶部封闭，其余的下部工程在封闭的顶盖下进行施工的一种施工方法，常用于城市中修建隧道，如图6-3所示。

（2）明挖法

明挖法是指一种先将地面挖开，在露天情况下修筑隧道结构，然后再回填覆盖的地下工程施工方法，常用于修建浅埋隧道，如图6-4所示。

图6-3 盖挖法

图6-4 明挖法

（3）暗挖法

暗挖法是指不挖开地面，采用在地下掘进的方式施工。暗挖法常用于在交通繁忙的市区修建隧道，主要有矿山法（传统矿山法和现代矿山法）、顶管法、盾构法、岩石掘进机法（TBM）等。

1）传统矿山法是采用人工开挖或钻爆开挖，采用木构件或钢构件作为临时支撑，抵抗围岩变形，承受围岩压力，获得坑道的临时稳定，待隧道开挖成形后，再逐步地将临时支撑撤换下来，而代之以整体式单层衬砌作为永久性支护的施工方法（图6-5），其施工安全性差，对围岩扰动大，难以施做大断面隧道。

图6-5　传统矿山法

现代矿山法是以新奥法原理和"围岩—支护"共同作用原理为设计理论，采用钻爆法或小型机械开挖法为主，采用锚杆、喷射混凝土为主要支护手段，特殊情况下辅以各种围岩加固与止水措施的隧道施工方法，其示意图如图6-6所示。现代矿山法的突出优势在于不影响城市交通，无污染，无噪声，适合于各种尺寸与断面形式的隧道洞室。

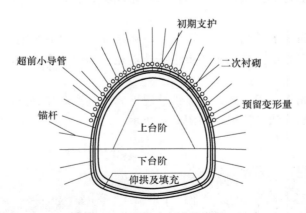

图6-6　现代矿山法示意图

2）顶管法是指隧道穿越铁路、道路、河流或建筑物等各种障碍物时采用的一种暗挖式施工方法，其示意图如图6-7所示。顶管法特别适于修建穿过已建成建筑物、交通线下面的涵管或穿过河流、湖泊。

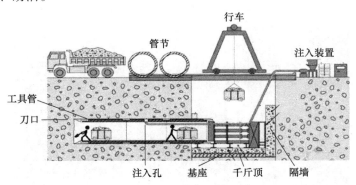

图 6-7 顶管法示意图

3）盾构法是利用盾构机在地层中推进和用切削装置进行地层开挖，通过出土机械或泥水循环系统将渣土运至洞外，并逐环拼装预制管片，支撑四周围岩进而形成隧道衬砌结构的机械化施工方法，其示意图如图 6-8 所示。盾构法适用于松软、松散等不稳定地层中修建隧道，具有机械化和自动化程度高、掘进速度快、施工安全、利于环保等优点。

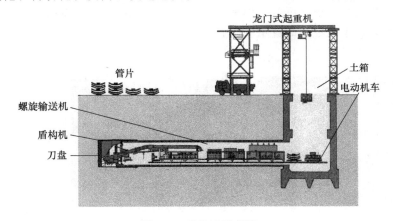

图 6-8 盾构法示意图

4）岩石掘进机法（TBM）是指用特制的大型切削设备将岩石剪切挤压破碎，然后通过配套的运输设备将碎石运出，同时采用喷锚支护或管片衬砌稳定围岩进而形成隧道结构的施工方法（图 6-9）。TBM 法适合在岩体中开挖隧道。国际上常将盾构法与岩石掘进法合称为掘进机法。

顶管法、盾构法和岩石掘进机法（TBM）的相同点：均属暗挖法，对地表的影响较小；均采用机械推进的方式；管段均为预制。三者有以下不同点：①应用不同，盾构法适合在软土地区开挖隧道；TBM 法适合在岩体中开挖隧道；顶管法适合短距离穿越铁路、道路、河流或建筑物等各种障碍物时采用；②掘进方式不同，盾构法和 TBM 法均使用掘进机挖掘，而顶管法使用千斤顶在初始位置的基坑顶进管道；③管道结构不同，顶管法的管道是由一段段完整的管段连接构成的，而盾构法和 TBM 法的管道是由若干预制管片拼装成一环管，环管之间再相互连接而成的。

图 6-9　掘进机法（TBM）示意图

1—支撑鞋　2—钢支架举升器　3—锚杆安装机构　4—钢筋网举升

（4）沉管法

沉管法是水底隧道的一种施工方法，即在水底预先挖好沟槽，将在陆地或其他地点预制的管段浮运至沉放现场，依次沉放在沟槽中并连接起来，再回填覆盖成隧道（图 6-10）。沉管法适用于宽度大、车道数多的隧道施工。

图 6-10　沉管法示意图

6.1.2　隧道工程安全、运营管理设施

国内现行的与隧道工程安全、运营管理设施相关的规范及其适用范围见表 6-3，主要包括国家标准、行业标准以及地方标准。

表 6-3　国内现行的与隧道工程安全、运营管理设施相关的规范及其适用范围

序号	现行隧道相关规范	适用范围
1	《建筑设计防火规范》（GB 50016）	国标：适用于新建、扩建和改建的建筑，包括城市交通隧道
2	《城市地下道路工程设计规范》（CJJ 221）	行标：适用于新建的城市地下道路工程，不适用与人行及非机动车的专用地下道路
3	《公路隧道设计规范 第一册 土建工程》（JTG 3370.1）	行标：适用于以钻爆法为主开挖手段的各级公路双车道隧道以及其他形式的公路隧道

（续）

序号	现行隧道相关规范	适 用 范 围
4	《公路隧道设计规范 第二分册 交通工程与附属设施》（JTG D70/2）	行标：适用于各等级公路的新建和改建山岭隧道
5	《公路隧道通风设计细则》（JTG/T D70/2-02）	行标：适用于高速公路、一、二、三、四级公路的新建和改建山岭隧道
6	《公路隧道交通工程设计规范》（JTG/T D71）	行标：适用于高速公路、一、二级公路的新建隧道和改建隧道，三、四级公路的新建隧道和改建隧道可参考使用
7	《公路隧道火灾报警系统技术条件》（JT/T 610）	行标：规定了公路隧道火灾报警系统的设备配置、技术要求和试验方法，适用于公路火灾报警系统
8	《道路隧道设计标准》（DG/TJ 08—2033）	地标：适用于上海地区采用盾构法、沉管法、明挖法建造的城市和公路机动车专用道路隧道，其他同类工程设计在技术条件相同下也可参照执行
9	《城市地下交通联系隧道施工技术规程》（DB11/T 1341）	地标：适用于北京市行政区域内城市地下交通联系隧道明挖法施工
10	《公路隧道消防技术规范》（DB 43/729）	地标：适用于湖南省公路隧道，包括高速公路隧道、一级隧道、城市交通隧道以及水下交通隧道的设计、施工和验收
11	《公路隧道消防设计施工管理技术规程》（DBJ 53）	地标：适用于云南省高速公路和一级公路隧道，以及长度超过1000m的二级公路隧道，不适用于城市隧道、水底隧道等

《建筑设计防火规范》（GB 50016—2018）规定了通风排烟系统、消防给水和灭火设施、结构防火、疏散设施、火灾自动报警系统等防火设计要求。

《道路隧道设计标准》（GD/TJ 08-2033—2017）规定在工程总体设计时，宜按封闭段长度 L 和预测单洞年平均日交通量 q 将道路隧道工程分为一、二、三、四、五 5 个等级，如图 6-11 所示。根据隧道分级配置相应的工程安全、运营管理设施，见表 6-4。

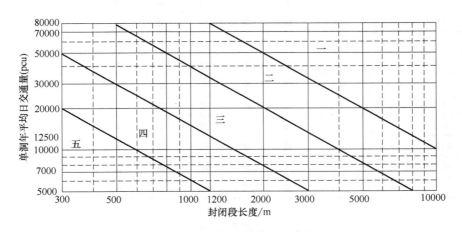

图 6-11 道路隧道工程分级

表 6-4　隧道工程安全、运营管理设施配置

设施名称		一	二	三	四	五	备　注
通风	通风	■	■	■	■	▲	短隧道可不设
	排烟设施	■	■	■	▲	▲	
	降温冷却	▲	▲	/	/	/	
	VI 传感器	■	■	■	■	/	
	CO 传感器	■	■	■	■	/	
	风速风向传感器	■	■	■	■	/	
	温度传感器	▲	▲	/	/	/	
照明	正常照明	■	■	■	■	■	
	应急照明	■	■	■	■	▲	
	出入口亮度检测器	■	■	■	■	▲	洞口不设加强照明的可不考虑
消防	消防水源	■	■	■	■	■	
	灭火器	■	■	■	■	■	
	消火栓	■	■	■	■	▲	短隧道可不设
	泡沫消火栓	/	▲	▲	▲	/	
	水喷雾系统	/	⟋	▲	▲	/	
	泡沫-水喷雾联用灭火系统	■	⟋	/	/	/	
	火灾探测器	■	■	■	■	▲	
	手动报警按钮	■	■	■	■	▲	
	火灾声光警报器	■	■	■	■	▲	
综合监控与通信	应急电话	■	■	■	■	▲	短隧道可不设
	有线广播	■	■	■	■	▲	
	视频监控	■	■	■	■	▲	
	可变信息标志	■	■	■	■	▲	
	可变限速标志	■	■	■	■	▲	
	车辆检测器	■	■	■	■	▲	
	车道指示器	■	■	■	■	▲	
	计算机设备	■	■	■	■	▲	
	显示设备	■	■	■	■	▲	
	控制台	■	■	■	■	▲	
疏散救援	疏散救援设施	■	■	■	■	▲	
	疏散指示系统	■	■	■	■	▲	

注：1. ■—应选，▲—可选，/—不做要求，⟋—表示两者应取其一。

2. 除一级隧道外，不通货车的隧道可不设泡沫-水喷雾联用灭火系统，但对单洞双层隧道、有特殊通行要求及特殊不利环境条件的隧道应根据具体情况做专题研究后确定。

3. 疏散救援设施含疏散通道、楼梯、滑梯。

图 6-12 为隧道内的安全设施示意图。

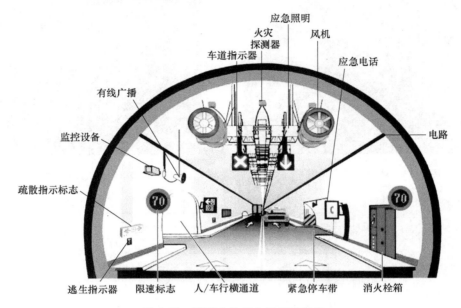

图 6-12 隧道内的安全设施示意图

6.2 道路隧道结构防火

火灾时产生的大量热量，通过对流、辐射传递到隧道衬砌结构表面，再通过热传导方式，向衬砌内部传递。混凝土结构受热后会由于内部产生高压水蒸气而导致表层受压，使混凝土发生爆裂。结构荷载压力和混凝土含水率越高，发生爆裂的可能性也越大。当混凝土的质量含水率大于 3% 时，受高温作用后会发生爆裂现象。当充分干燥的混凝土长时间暴露在高温下时，混凝土内各种材料的结合水将会蒸发，从而使混凝土失去结合力而发生爆裂，最终会一层一层地穿透整个隧道的混凝土拱顶结构。这种爆裂破坏会影响人员逃生，使增强钢筋因暴露于高温中失去强度而致结构破坏，甚至导致结构垮塌。

通过对 153 起公路隧道火灾案例调查分析，发现对隧道结构及设施造成损害的事故共 38 起，占总数的 24.8%。例如，1999 年 3 月 24 日，欧洲勃朗峰隧道火灾现场温度超过 1000℃，使隧道混凝土穹隆全部沙化，造成部分隧道拱顶坍塌；而沥青路面则被烧成泡沫状的黏稠浆体（图 6-13）。2008 年 5 月 4 日，京珠高速公路南行大宝山隧道发生火灾，导致隧道 50m 范围的衬砌、拱顶和边墙产生了严重的破坏，混凝土大面积剥落或掉块，纵向、环向开裂，剥落深度达 0.18m（图 6-14）。

6.2.1 隧道火灾升温曲线

隧道火灾升温曲线是隧道结构防火保护的重要依据。隧道内的标准火灾升温曲线主要有 ISO 834 曲线、RWS 曲线、HC 曲线、HCinc 曲线、Runehamer 曲线、RABT 曲线等，如图 6-15 所示。不同的火灾升温曲线的早期温升速度、火灾最高温度与持续时间均有所差异，反映了不同类型火灾的严重程度。

图 6-13　勃朗峰隧道火灾

图 6-14　大宝山隧道火灾

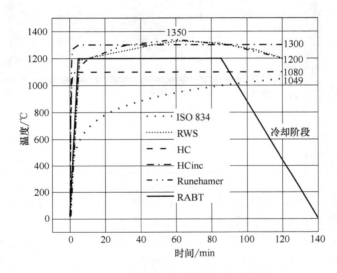

图 6-15　隧道内的标准火灾升温曲线

1. ISO834 曲线

ISO834 曲线为标准建筑火灾升温曲线，曲线由普通建筑火灾试验得到。火灾的燃料主要为纤维质材料（木材、纸、织物等），该火灾曲线被广泛地用于建筑结构火灾场景分析中，不适用于常见隧道火灾。

2. RWS 曲线

RWS 曲线由荷兰 RWS 及 TNO 火灾研究中心于 1979 年共同建立，主要用于模拟油罐车在隧道中燃烧的情况。油罐车火灾具有热释放率大，升温速度快的特点，该曲线可以较好地模拟油罐车火灾的这些特点，同时曲线考虑了当油料减少最高温度逐渐下降的降温过程。

3. HC 曲线

HC 曲线起初用于石化工程和海洋工程，后被广泛应用到隧道工程中。HC 标准升温曲线的特点是所模拟的火灾在发展初期带有爆燃—热冲击现象，温度在最初 5min 之内可达到 930℃ 左右，20min 后稳定在 1080℃ 左右。HC 标准升温曲线模拟了火灾在特定环境或高潜热值燃料燃烧的发展过程，常用来描述发生小型石油火灾（如汽油箱、汽油罐以及某些化学品运输罐）的燃烧特征。

4. HC_{inc} 曲线

HC_{inc} 曲线用于模拟比较严重的火灾情况，在 HC 曲线的基础上，乘以放大系数得到。

5. Runehamer 曲线

Runehamer 曲线是在挪威 Runehamer 隧道中进行了 4 次重型卡车火灾试验得到的，该曲线可以认为是将 HC 曲线和 RWS 曲线组合而成的一种标准曲线。

6. RABT 曲线

RABT 曲线是德国通过一系列试验的研究结果发展而来。该曲线假设火场温度在 5min 内快速升高到 1200℃，在 1200℃处持续 90min，随后的 30min 内温度快速下降。这种升温曲线能比较真实地模拟隧道内大型车辆火灾的发展过程：在相对封闭的隧道空间内因热量难以扩散而导致火灾初期升温快、有较强的热冲击，随后由于缺氧状态和灭火作用而快速降温。

隧道火灾是以碳氢火灾为主的混合火灾。我国在城市道路隧道结构防火设计中主要采用 RABT 标准升温曲线或 HC 标准升温曲线。

6.2.2　隧道结构防火设计

隧道顶部的结构是承受外土体及地面附加荷载的主要部位，隧道建设中需对此区域的承重结构进行特殊保护。隧道应根据需要配备结构被动防火设施：在隧道顶部设置抗热冲击、耐高温的防火内衬，在结构迎火侧增设防火板或喷涂防火涂料等隔热保护措施及防火分隔、防护冷却等措施。

1. 耐火极限

耐火极限是指在标准耐火试验条件下，建筑构件、配件或结构从受到火灾作用时起，至失去承载能力（承重或非承重建筑构件在一定时间内抵抗垮塌的能力）、完整性（建筑分隔构件某一面受火时，能在一定时间内防止火焰和热气穿透或在背火面出现火焰的能力）或隔热性（建筑分隔构件某一面受火时，能在一定时间内其背火面温不超过规定值的能力）时止所用时间，用 h 表示。达到耐火极限的判定标准为：①采用 RABT 标准升温曲线测试：受火后，距离混凝土底表面 25mm 处钢筋的温度超过 300℃时，或混凝土表面的温度超过 380℃时，则判定为达到耐火极限；②采用 HC 标准升温曲线测试：受火后，距离混凝土底表面 25mm 处钢筋的温度超过 250℃时，或混凝土表面的温度超过 380℃时，则判定为达到耐火极限。

不同类型隧道的承重结构的耐火极限相应测定方法及承受时间见表 6-5。

表 6-5　不同类型隧道的承重结构的耐火极限相应测定方法及承受时间

隧道类型	耐火极限测试方法	承受时间
一类隧道	RABT 标准升温曲线	不应低于 2.0h
二类隧道	RABT 标准升温曲线	不应低于 1.5h
通行机动车三类隧道	HC 标准升温曲线	不应低于 2.0h
四类隧道	不限	

注：《建筑设计防火规范》（GB 50016—2018）和《道路隧道设计标准》（DG/T J08-2033—2017）中分别规定隧道内排烟管道结构的耐火极限不应低于 1.0h 和 0.5h。

2. 防火内衬

防火内衬是指隧道衬砌表面的防火材料层，如图6-16所示。防火内衬的设置、保护范围应包括隧道内的以下部位：①圆隧道拱顶（相当于矩形隧道侧墙顶以上的圆拱部分）；②矩形隧道顶板以及顶板下1.0m范围内的侧墙部分（含转角）；③沉管法隧道管节、节段接头部分；④安装隧道顶风机、应急照明灯具的预埋件；⑤重要的照明、供电、通信、信号电缆。

6.2.3 隧道结构防火措施

隧道结构一旦受到破坏，特别是发生坍塌时，其修复难度非常大，花费也大。同时，隧道结构安全是保证火灾时灭火救援和火灾后隧道尽快修复使用的重要条件。《道路隧道设计标准》（DGTJ 08-2033—2017）中规定，隧道结构的防火设计目标为：当遭受低于设防标准的火灾时，主体结构一般不受损坏或不需要修理可继续使用；当遭受相当于设防标准的火灾时，主体结构可能有一定损坏，经修理可继续使用。

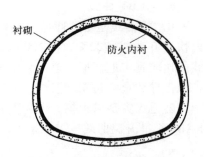

图6-16 隧道防火内衬示意图

隧道结构防火措施主要分为两大类：增加衬砌表面隔热防护性能和改善混凝土防火性能。

1. 增加衬砌表面隔热防护性能

增加衬砌表面隔热防护性能是指在衬砌表面粘贴防火板、喷涂防火涂料、喷射无机纤维、增加混凝土牺牲层、增设钢筋网等，隔断或减弱隧道衬砌上的热荷载，以阻止热量向衬砌内部传递，从而达到衬砌表面隔热防护效果。

1）粘贴防火板（图6-17）。其利用防火板自身热导率低、隔热性好、耐久性强，高温时脱去一部分结晶水，减缓了隧道的升温，提高了隧道的耐火极限，使其可达1.0~4.0h。该类板材种类很多，有玻镁板、硅酸钙板、硅酸铝棉板、硅酸铝陶瓷板、玻镁陶粒板、无机纤维复合板、蛭石板等，但基本以硅酸钙板及玻镁板为主。由于材料轻，强度较低，粘贴施工工程烦琐，紧固螺栓稍有不慎，板材就会产生裂纹，板材的耐水性较差，工程造价较高。隧道开挖形状一般多为曲线形，安装在衬砌上的板材要适应不同的曲率，不易统一产品尺寸标准，所以该方法的施工难度较大，对施工工艺要求较高。

图6-17 隧道防火板

2）喷涂防火涂料（图6-18）。防火涂料自身耐火不燃，在高温下形成封闭基材，隔绝空气，阻隔火焰和热量，从而达到防火阻燃的目的。隧道防火涂料主要由胶粘剂、无机耐火填料、阻燃剂和助剂组成。涂料本身具有良好的隔热性能，它可以有效地降低混凝土的升温速率，从而避免混凝土爆裂。隧道防火涂料涂层厚度为 7 ~ 10mm，耐火极限可达 1.0 ~ 1.5h。喷涂防火涂料造价低、施工方便，但也存在使用过程中因振动或施工质量等原因导致脱落的风险。

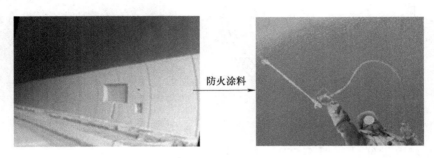

图 6-18 隧道防火涂料

3）喷射无机纤维（图 6-19）。使粒状无机纤维（硅酸铝棉、矿棉、岩棉和玻璃棉等）附着衬砌表面上，在粒状棉与粒状棉相互聚集形成附着在隧道表面的有一定厚度的纤维层材料。无机纤维厚度为 10 ~ 50mm，耐火极限可达 1.0 ~ 4.0h。无机纤维不含有机成分，不会出现盐析、分解、降解反应，故不存在与之相关的开裂、脱落等老化失效问题；无机纤维本身能起隔热保温的作用，具备隔声、吸声性能。

图 6-19 隧道无机纤维

4）增加混凝土牺牲层（图 6-20）。在衬砌表面增加额外的混凝土作为防火牺牲层，以维持隧道结构的整体性，从而防止其在火灾中坍塌。当混凝土牺牲层厚度在 50mm 以上时，其耐火极限可达 2.0h。混凝土牺牲层的厚度较大，但耐火极限增加有限，同时由于混凝土牺牲层的设置会引起隧道内部空间的减少，从而将增加施工开挖的面积，造成投资增加。

5）增设钢筋网（图 6-21）。在衬砌受火侧增设钢筋网，从而限制爆裂的发展，减轻爆裂损伤。为避免钢筋网与混凝土之间热膨胀不协调而导致混凝土爆裂，可选用较细的钢丝网，当靠近受火侧布设细钢丝网后，可有效地抑制混凝土爆裂，但受火侧附近由于增设了钢丝网温度会显著上升。

2. 改善混凝土防火性能

改善混凝土防火性能是指是在混凝土中添加聚丙烯纤维或在制备混凝土过程中多采用石灰石骨料和轻骨料，以减弱或消除火灾高温对隧道衬砌影响。

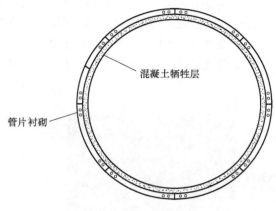

图 6-20 隧道混凝土牺牲层

图 6-21 隧道钢筋网

1）添加聚丙烯纤维（图 6-22）。这是目前较有效改善混凝土材料性能的方法，可以增强混凝土的耐火性能，其原理是在火灾高温的情况下，聚丙烯纤维熔化，形成连通的微小孔洞，增加水分传输路径，使混凝土内的水蒸气顺着这些小孔排出，减小了混凝土内的压力，从而在一定程度上避免混凝土爆裂。添加聚丙烯纤维既能满足一定的耐火要求，减少防火板涂料的厚度，又能够缩短隧道建造工期。添加

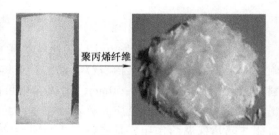

图 6-22 隧道聚丙烯纤维

聚丙烯纤维的混凝土造价比普通混凝土略高，根据材料不同，超出 5%~10%。聚丙烯纤维燃烧后会产生有毒的气体，对人员疏散不利。

2）采用石灰石骨料和轻骨料（图 6-23）。由于煅烧温度的要求，石灰石骨料制成的混凝土具有更好的隔热性能；避免采用石英骨料，因为石英质骨料在温度升高至 600℃后，骨料中的石英等成分开始分解，体积显著膨胀，部分骨料内部出现裂缝，且随着温度继续升高，混凝土强度劣化。轻骨料混凝土具有高强特征，即在相同强度等级下，轻骨料混凝土比普通混凝土具有较高的强度；同时具有高耐久性、保温、隔热功能。

a)

b)

图 6-23 隧道石灰石骨料和轻骨料
a）石灰石骨料　b）轻骨料

6.3 道路隧道建筑防火

6.3.1 隧道建筑防火的相关概念

隧道建筑是指隧道内及地面保障隧道日常运行的各类设备用房（通风与排烟机房、变电站、消防设备房等）、管理用房等基础设施以及消防救援专用口、临时避难间等。这些建筑在火灾情况下担负着灭火救援的重要作用，需确保这些建筑的防火安全。隧道结构构造包括主体构造物和附属构造物，主体构造物（又称永久性人工建筑物）包括衬砌和洞门，附属构造物（又称辅助设施）包括通风、照明、排水、消防、通信设施等。

1. 耐火等级与耐火极限

耐火等级是指衡量建筑物耐火能力的分级标度。它由组成建筑物的构件的燃烧性能和耐火极限来确定。规定建筑物的耐火等级是防火技术措施中的最基本措施之一。耐火等级可分为一、二、三、四级。

耐火等级与耐火极限区别：耐火等级是根据建筑构件的燃烧性能和耐火极限来划分，耐火极限决定了它的耐火等级，耐火等级又限定了其建筑构件的耐火极限。

2. 防火隔墙与防火墙

防火隔墙是指建筑内防止火灾蔓延至相邻区域且耐火极限不低于规定要求的不燃性墙体。防火墙是指防止火灾蔓延至相邻建筑或相邻水平防火分区且耐火极限不低于 3.0h 的不燃性墙体。

两者区别：①耐火极限不同：防火隔墙的耐火极限要比防火墙的耐火极限更长；②防火墙不包括防火隔墙。

3. 防火卷帘

防火卷帘是指在一定时间内，连同框架能满足耐火完整性、隔热性等要求的卷帘，如图 6-24 所示。

4. 防火分区

防火分区是指在建筑内部采用防火墙、楼板及其他防火分隔设施分隔而成，能在一定时间内防止火灾向同一建筑的其余部分蔓延的局部空间，如图 6-25 所示。

图 6-24　防火卷帘示意图

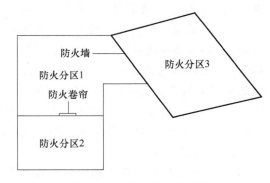

图 6-25　防火分区示意图

5. 安全出口

安全出口是指供人员安全疏散用的楼梯间和室外楼梯的出入口或直通室内外安全区域的出口，如图 6-26 所示。

安全出口 ——

图 6-26　安全出口

6. 防火门

防火门是建筑物防火分隔的措施之一，通常用在防火墙上、楼梯间出入口，要求能隔烟、火。《防火门》（GB 12955）中将防火门分为隔热防火门（A 类）、部分隔热防火门（B 类）、非隔热防火门（C 类）三类。

1）隔热防火门（A 类）：在规定时间内，能同时满足耐火完整性和隔热性要求的防火门。

2）部分隔热防火门（B 类）：在规定时间（不小于 0.5h）内，满足耐火完整性和隔热性要求的防火门。

3）非隔热防火门（C 类）：在规定时间内，能满足耐火完整性要求的防火门。

6.3.2　隧道建筑防火设计规定

1. 耐火等级

隧道内的地下设备用房、风井、消防出入口的耐火等级应为一级，地面的重要设备用房、运营管理中心及其他地面附属用房的耐火等级不应低于二级。

2. 防火分隔

1）隧道与车行横通道或车行疏散通道的连通处应采取防火分隔措施。《道路隧道设计标准》规定，车行横通道内应设置耐火极限不低于 3.0h 的防火卷帘。

2）隧道与人行横通道或人行疏散通道的连通处应采取防火分隔措施。《建筑设计防火规范》（GB 50016—2018）规定，连通处的门应采用乙级防火门，其最低耐火极限应为 1.0h；《道路隧道设计标准》规定，人行横通道两端及通向人行疏散通道的安全门应采用甲级防火门，其最低耐火极限应为 1.5h。

3）隧道内的变电站、管廊、专用疏散通道、通风机房及其他辅助用房等，应采取耐火极限不低于 2.0h 的防火隔墙和乙级防火门等分隔措施与车行隧道分隔。

3. 防火分区

1）隧道的每孔车道空间为一个防火分区。

2）隧道内疏散通道、设备管廊、附属设备用房应与车道孔分为不同的防火分区。两个防火分区之间应采用耐火极限不低于 3.0h 的防火墙和甲级防火门分隔。

3）隧道内地下设备用房，每个防火分区的面积不应大于 1500m²。

4. 安全出口

1）隧道内每个防火分区的安全出口数量不应少于 2 个，与车道或其他防火分区相通的出口可作为第二安全出口，但至少设有一个直通室外的安全出口。

2）建筑面积不大于 500m² 且无人值守的设备用房可设置一个直通室外的安全出口。

6.4 道路隧道火灾报警与监控

6.4.1 隧道火灾报警系统

1. 隧道火灾报警系统介绍

隧道火灾自动报警系统主要由火灾探测器、手动报警按钮、声光警报器、消防应急广播、火灾报警控制器、消防联动控制器等组成，如图 6-27 所示。

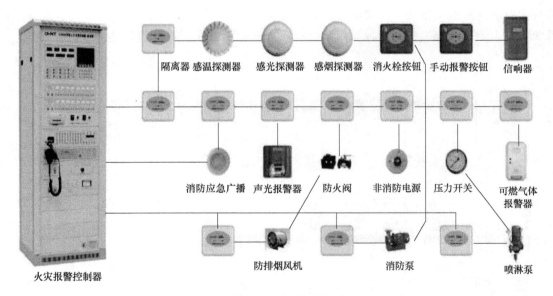

图 6-27　隧道火灾自动报警系统组成

考虑到隧道环境的特殊性，目前在城市道路隧道中应用范围较广的火灾探测器主要有点式双波长火焰探测器、分布式光纤感温探测器及光纤光栅感温探测器。为了避免对某种类型火灾漏报，尽量排除隧道内干扰因素而准确及时报警，可采用探测两种及以上火灾参数的探测器。根据《火灾自动报警系统设计规范》（GB 50116—2013），需要同时采用线型光纤感温火灾探测器和点型红外火焰探测器（或图像型火灾探测器）。

2. 隧道火灾报警系统设计规定

隧道火灾报警系统能够实时探测并输出火灾报警信号，实时联动相关消防设备进行灭火。一、二类隧道应设置火灾自动报警系统，通行机动车的三类隧道宜设置火灾自动报警系统。其系统设计应符合下列规定：

1) 火灾自动报警装置应设置在隧道内的行车区域、运营管理中心的各类设备机房、电缆通道、电缆竖井、电缆夹层、走廊及其他管理用房。

2) 道路隧道的报警区域（将火灾自动报警系统的警戒范围按防火分区或楼层等划分的单元）应根据排烟系统或灭火系统的联动需要确定，且不宜超过150m。

3) 在设置隧道内外的警报装置和报警装置时应注意：①隧道入口以外100~150m处应设置隧道内发生火灾时能提示车辆禁入隧道的警报信号装置；②隧道出入口和隧道内每隔100~150m处应设置报警电话和报警按钮；③隧道内应设置火灾应急广播或应每隔100~150m处设置发光警报装置。

4) 对于可能产生屏蔽的隧道，应设置无线通信等保证灭火时通信联络畅通的设施。

6.4.2 隧道综合监控系统

1. 隧道综合监控系统介绍

隧道综合监控系统是以确保隧道正常运营、人身安全，提高隧道防灾、消防以及车辆通过能力为目的，对隧道两侧出入口、隧道区间、管理中心等区域实行统一监控、集中管理计算机实时的动态监控系统。隧道综合监控系统主要由中央计算机、交通监控系统、设备监控系统、电力监控系统、视频监控系统和有线广播系统等组成，如图6-28所示。

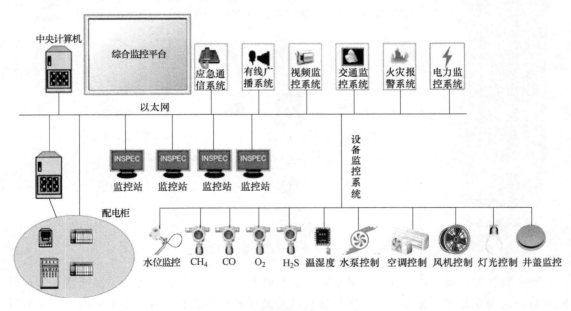

图 6-28　隧道综合监控系统

2. 隧道综合监控系统设计要求

隧道综合监控系统由多个子系统构成，在其设计时，各子系统应符合下列规定：

1) 中央计算机系统应采用冗余、自诊断等技术以提高系统可用性，系统服务器宜采用容错技术。系统应用软件应符合：①便于实现功能扩展；②应采用主流商用数据库平台，可提供标准数据接口以便软件集成和开发；③应具备跨子系统联动功能且联动方案应易于编辑。此外，系统宜设置专家预案库。

2）交通监控系统应包括交通参数检测与统计、事件报警、车道控制、交通信息发布等功能，系统应执行中央计算机系统的控制指令，实现与相关系统的联动。

3）设备监控系统设计应符合：①能够对隧道机电设备进行遥信、遥测、遥控，生成统计报表并可按时间、设备类别查询、打印；②具有现场通信网络，可实现设备级、区域控制级和中央级的三级控制，并能实时监视区域控制器的工作状态；③具有降级处理功能，当网络通信中断时，可通过区域控制器实现对现场设备的自动控制。

4）电力监控系统独立设置时应包括主站、子站及传输通道，主站应设在隧道运营管理中心内，并对电力设备实现遥控、遥信、遥测和遥调，子站宜设置在各变电所内。电力监控系统应符合现行国家标准《地区电网调度自动化系统》（GB/T 13730—2002）的相关规定。

5）视频监控系统设计应满足以下要求：①系统性能应符合国家有关标准规定、满足隧道环境下的监视要求并须进行数字化存储；②数字摄像机有效像素不应低于 200 万像素，在事故照明条件下应能获取清晰图像；③行车通道摄像机设置间隔不应大于 100m，摄像机安装位置应根据隧道线形变化调整，确保监控区域连续覆盖、监控目标清晰可辨；④主要设备用房及运营管理中心等重要场所宜设置摄像机；⑤应与上级主管部门视频监控系统实现互联，并应符合现行国家标准《公共安全视频监控联网系统信息传输、交换、控制技术要求》（GB/T 28181—2016）的相关规定。

6）广播系统应具备日常运营管理广播和应急联动广播以及在线监听、故障自诊断和报警的功能。此外，还应具备分音区广播功能，车行隧道音区设置间距为 150~200m，各音区宜采用正常声道和延时声道播音。

6.5 道路隧道消防灭火系统

6.5.1 隧道消防灭火系统概述

隧道消防灭火系统对初期火灾进行扑灭和控制，主要有消火栓系统与灭火器、水喷雾灭火系统、泡沫-水喷雾联用灭火系统、水成膜泡沫灭火系统、气体灭火系统等。

1. 消火栓系统与灭火器

消火栓系统是道路隧道内成熟可靠、切实有效的消防系统，可扑灭多种类型火灾，也是目前长度大于 500m 的城市道路隧道必备的消防设施，其附带的自救式灭火喉是适合普通人群使用的快捷方便的灭火设施。此外，道路隧道内配置的灭火器使用方便、性能可靠，能及时扑灭隧道内各类火灾。

2. 水喷雾灭火系统

水喷雾灭火系统由于受到设备安装空间小、供水量小、排水困难等因素的制约，主要按防护冷却控火的标准设计。

3. 泡沫-水喷雾联用灭火系统

泡沫-水喷雾联用灭火系统可对隧道火源区域先期喷泡沫混合液灭火，后期喷水雾进行冷却防护，对于隧道内易发生的油类火灾，能在极短的时间内扑灭，灭火效果大大优于水喷雾系统。泡沫-水喷雾系统保护区间一般为 25m，每组系统由一只雨淋阀控制，并与火灾报警系统一一对应，发生火灾时可根据火源点位置启动任意相邻两组进行灭火。

4. 水成膜泡沫灭火系统

水成膜泡沫灭火系统作为泡沫灭火系统一种，对隧道汽车燃油火灾具有较好的灭火效果；同时具有泡沫和水膜双重灭火作用，这是它与其他泡沫灭火系统的根本区别，也是它灭火效率高的重要原因。

5. 气体灭火系统

气体灭火系统主要用在不适于设置水灭火系统等其他灭火系统的环境中，如隧道附属用房中的变配电室、发电机室等。

国内部分隧道采用的消防灭火系统见表 6-6。隧道常用的消防灭火系统主要有消火栓、水喷雾、泡沫-水喷雾系统联用、细水雾、气体和灭火器等。

表 6-6 国内部分隧道采用的消防灭火系统

序号	名　称	长度/km	竣工年份	消防灭火系统	备　注
1	汕头苏埃通道	6.8	2020 年	交通层：消火栓、灭火器、泡沫-水喷雾联用灭火系统 下层电缆通道：灭火器、高压细水雾灭火系统 下层疏散通道：灭火器 敞口段：室外消火栓、水泵接合器	汕头，水底隧道
2	珠海十字门隧道	2.738	在建	消火栓、泡沫-水喷雾灭火系统、灭火器	珠海，水底隧道
3	济南玉函路隧道	2.755	2017 年	消火栓、灭火器	济南，城市隧道
4	港珠澳海底隧道	6.2	2017 年	消火栓、泡沫-水喷雾系统联用、灭火器	广东，水底隧道
5	武汉东湖隧道	10.6	2015 年	消火栓、水喷雾、灭火器	武汉，水底隧道
6	杭州钱江隧道	4.45	2014 年	消火栓、泡沫-水喷雾系统联用、灭火器	杭州，水底隧道
7	虹梅南路越江隧道	5.26	2014 年	消火栓、水喷雾、灭火器	上海，水底隧道
8	上海长江西路隧道	2.658	2013 年	消火栓、泡沫-水喷雾系统联用、灭火器	上海，水底隧道
9	上海军工路隧道	3.05	2011 年	消火栓、泡沫-水喷雾系统联用、灭火器	上海，城市隧道
10	青岛胶州湾隧道	7.8	2011 年	消火栓、泡沫、灭火器	青岛，水底隧道
11	厦门翔安隧道	6.1	2010 年	消火栓、泡沫-水喷雾系统联用、灭火器	厦门，水底隧道
12	南京长江隧道	6.042	2010 年	消火栓、泡沫-水喷雾系统联用、灭火器	南京，水底隧道
13	上海外滩隧道	3.475	2010 年	消火栓、泡沫-水喷雾系统联用、灭火器	上海，城市隧道
14	上海长江隧道	8.125	2009 年	泡沫消火栓、水喷雾、灭火器	上海，水底隧道
15	武汉长江隧道	3.6	2008 年	消火栓、泡沫、灭火器	武汉，水底隧道

6.5.2　隧道消防灭火设计规定

1. 消火栓和灭火器

在消防灭火设施方面，消火栓和灭火器是世界各国公路隧道标准规范中均要求设置的灭火设施，系统的设计参数也基本一致，国内外公路隧道标准、规范对设置消火栓和灭火器的要求见表6-7。

表6-7　国内外公路隧道标准、规范对设置消火栓和灭火器的要求

国家/地区	规范标准名称	是否设置	设置参数和要求
国外	《公路隧道、桥梁和其他限制性高速公路标准》（NFPA 502）等	是	国外规范普遍要求隧道内消火栓用水量为1000～2000L/min，出水口压力不大于0.5～1.0MPa；灭火器采用ABC干粉灭火器，设置最小距离为50m
中国	《建筑设计防火规范》（GB 50016）	是	隧道内消火栓用水量不应小于20L/s，长度小于1km的隧道可为10L/s；灭火器采用ABC干粉灭火器，设置间距不应大于100m
中国	《公路隧道设计规范　第一册　土建工程》（JTG 3370.1）	是	隧道内消火栓用水量不小于15L/s，出水口压力大于0.5MPa时应设置减压措施；灭火器宜选用磷酸铵盐干粉灭火器，单侧设置间距不应大于50m

此外，在消防灭火系统设计时还应当注意：

《道路隧道设计标准》规定，消防用水量应按隧道的火灾延续时间和隧道全线同一时间发生一次火灾计算确定，一、二类隧道的火灾延续时间不应小于3.0h，三类隧道不应小于2.0h；另外，消防用水量应按需要同时开启所有灭火设施的用水量之和计算。

2. 水喷雾灭火系统

《道路隧道设计标准》规定，水喷雾系统在隧道内一般用于防护冷却，在设计时应注意：①喷雾强度大于等于6.0L/（min·m²），最不利点处喷头的工作压力不小于0.2MPa，持续喷雾时间不应小于4.0h；②系统的作用面积不宜大于600m²，系统的设计流量应按式（6-1）计算；③每个水喷雾系统保护区应与火灾报警系统探测报警区一一对应，消防时应开启任意相邻的2～3个保护区；④喷头宜采用侧式安装的隧道专用远近射程喷头；⑤水喷雾系统用于防护冷却时，响应时间不应大于300s。水喷雾灭火系统的设计流量按下式计算：

$$Q_s = KQ_j \tag{6-1}$$

式中　Q_s——系统的设计流量（L/s）；

　　　K——安全系数，应取1.05～1.10；

　　　Q_j——计算流量（L/s）。

3. 泡沫—水喷雾联用灭火系统

《道路隧道设计标准》规定，泡沫—水喷雾联用灭火系统应符合以下要求：①喷雾强度不应小于6.5L/（min·m²），最不利点处喷头的工作压力不应小于0.35MPa，泡沫混合液持续喷射时间不应小于20min，喷雾持续时间不应小于60min；②泡沫—水喷雾系统联用灭火系统用于灭火时，响应时间不应大于45s。

4. 水成膜泡沫灭火系统

《公路隧道消防设计施工管理技术规程》（DBJ 53—14）对水成膜泡沫灭火系统的设置有如下规定：①水成膜泡沫混合液供给强度不应小于 $5.0L/(min \cdot m^2)$，连续供水时间不应小于 30min；②水成膜泡沫灭火装置应安装在隧道侧壁的箱体内，其箱体尺寸和安装高度应与消火栓箱协调；③水成膜泡沫灭火装置的设置间距不应大于 50m，并应设置明显的反光指示标志；宜具有箱门启闭信号反馈功能。

5. 气体灭火系统

《气体灭火系统设计规范》（GB 50370）对气体灭火系统中的喷头有下列规定：①最大保护高度不宜大于 6.5m；②最小保护高度不应小于 0.3m；③喷头安装高度小于 1.5m 时，保护半径不宜大于 4.5m；④喷头安装高度不小于 1.5m 时，保护半径不应大于 7.5m；⑤喷头宜贴近防护区顶面安装，距顶面最大距离不宜大于 0.5m。

6.6 道路隧道通风排烟

6.6.1 隧道通风排烟方式

道路隧道通风排烟方式主要有自然通风排烟方式、纵向通风排烟方式、重点通风排烟方式。

1. 自然通风排烟方式

（1）防灾通风控制原理

自然排烟利用行驶车辆产生的交通风与自然风共同作用，即利用火灾产生的热烟气流的浮力和外部风力作用，通过隧道顶部的开口把隧道烟气排出。在实际火灾过程中，仅依靠自然补风以及活塞风引起的对流相较于烟气水平驱动力过小，无法实现排烟作用。因此，自然排烟模式中经常在隧道中增设竖井以增加排烟量，以竖井内部与外界环境温度差形成的烟囱效应作为驱动力将烟气排出隧道。自然排烟模式如图 6-29 所示。

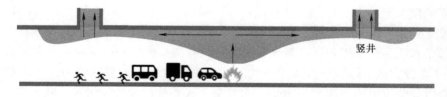

图 6-29　自然排烟模式

根据竖井的位置、组别将自然排烟竖井分为三类，如图 6-30 所示。

（2）防灾特点

随着竖井烟气层厚度的升高，竖井内会出现烟气层吸穿现象。为减少因烟气层吸穿导致排烟效率的降低，江苏省工程建设标准《城市隧道竖井型自然通风设计与验收规范》（征求意见稿）规定竖井高宽比宜取在 0.174～0.6。

自然排烟模式具备优越的经济性、实用性，后期管理成本大大降低，并且隧道在设计时无须为轴流风机预留安装位置，隧道可获得更大空间。自然排烟模式在城市浅埋隧道中逐渐得到应用。国内部分采用自然排烟方式的道路隧道见表 6-8。

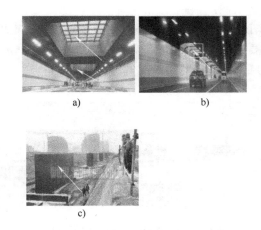

图 6-30　自然排烟竖井分类

a）竖井组在中心线正上方中部　b）竖井在中心线侧上方　c）单个竖井

表 6-8　国内部分采用自然排烟方式的道路隧道

序　　号	隧道名称	自然排烟方式
1	武汉东湖隧道	竖井（组）自然排烟
2	成都市红星路下穿市政隧道	竖井自然排烟
3	上海新建路越江隧道	竖井自然排烟
4	昆明东外环中路隧道	竖井自然排烟
5	成都南部新区 A2 线区间隧道	竖井自然排烟
6	湖北龙潭隧道	竖井 + 斜井自然排烟
7	湖北乌池坝隧道	竖井 + 斜井自然排烟

2. 纵向通风排烟方式

（1）防灾通风控制原理

在纵向通风排烟方式下，火灾过程中假定通风区段内起火点下游车辆顺利离开隧道的情况下，纵向通风方式通过通风组织防止烟气回流，即通过射流风机的推力将烟气吹向某个方向。纵向通风排烟方式示意图如图 6-31 所示。

射流风机

图 6-31　纵向通风排烟方式示意图

（2）防灾特点

纵向通风排烟方式具有以下优点：①车道作为风道，隧道工程量较小，风压损失小；②在单向隧道中可有效利用行车的活塞风作用，节约能源；③若使用射流风机，价格较低，设备费用小；④可根据交通量的增长情况分期安装风机，从而减少工程前期投入。

纵向通风排烟方式缺点如下：

1）仅适用于单向行车隧道。在双向行车隧道（图 6-32），起火点的上下游方向均有停滞车辆。由于车辆和人员要从火场向隧道两端疏散，应用纵向排烟模式将很难确定烟气流向。在此情况下，纵向通风不能起到延缓烟气蔓延的作用。

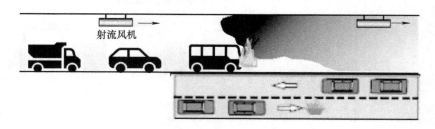

图 6-32 双向行车隧道内的示意图

2）纵向通风区段不宜太长。在纵向通风排烟过程中，使烟气吹向火源下游，造成隧道较长范围内都成为受灾区。若发生堵塞或二次事故，火场下游的车辆无法自由离开隧道，同时人员难以步行穿过受灾通风区段。隧道二次事故火灾示意图如图 6-33 所示。因此，纵向通风排烟方式在车流拥堵发生概率高的长隧道不宜采用，如城市过江隧道。同时对于特长隧道，需要缩短通风区段来保证区段的通风安全，将会较大地提高土建费用。

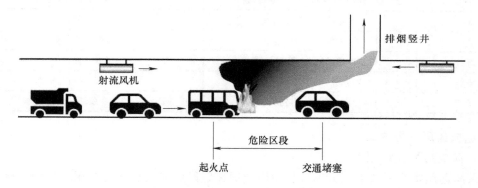

图 6-33 隧道二次事故火灾示意图

3）火灾救援灭火路径单一。在纵向通风排烟方式下，灭火人员只能通过起火点上游进入灭火，如图 6-34 所示。火灾上游处可能有部分车辆不能通过车辆横通道疏散，致使消防车辆无法接近。

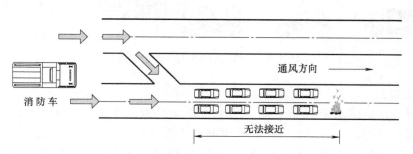

图 6-34 纵向通风排烟方式下的消防救援路线

3. 重点通风排烟方式

（1）防灾通风控制原理

重点通风排烟方式的工作原理为：在正常运营时，排烟口阀门关闭、排烟道不使用，利用纵向通风方式进行通风（图6-35a）；火灾时只需开启火源附近或火源所在设计排烟区的排烟口，同时通过隧道两端射流风机向洞内补充新风，将烟气控制在火源附近排烟口区域，就近将烟气迅速经由烟道排出行车空间（图6-35b），从而将火灾烟气与维持人员呼吸的清洁空气进行分离，最大限度地保障火源两侧人员疏散安全。

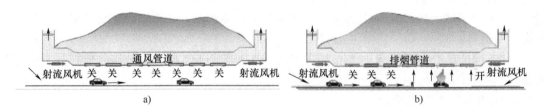

图6-35　重点通风排烟方式

a）正常运营　b）火灾

（2）防灾特点

1）主要用于双向交通隧道或经常出现交通堵塞的单向交通隧道。

2）受隧道特征因素影响少。隧道内的风速、坡度、断面形状对排烟效果的影响小，容易实现烟气控制。同时，通过射流风机将烟气积聚在火源附近排烟口区域，将烟气就近排出。

3）风道吊顶安全保障要求高。火灾过程中，风道顶隔板直接受火，隧道火灾温度可能达到1000℃以上。因此，若顶隔板防护不当，极易被烧毁，一旦被烧毁通风系统容易被破坏，救援及恢复运营都比较困难。

4）火灾救援途径多。消防救援力量可以从起火点上下游同时进行灭火行动，消防救援策略可供选择性多。

5）应急排烟时效性强。突发火灾时，重点排烟模式下由正常通风工况向火灾通风工况转换时所耗费的时间短，提高了应急排烟的时效性。

6.6.2　隧道通风排烟相关规定

1. 通风排烟方式选择

隧道通风排烟方式的选择应综合考虑各种通风排烟方式的特点、效果、工程造价、技术难度和运营维护等因素，可采用自然通风排烟、纵向通风排烟及重点通风排烟方式。隧道通风排烟系统的设计应遵循以下原则：

1）通行机动车的一、二、三类隧道应设置排烟设施。

2）排烟方式的确定：长度不大于3000m的隧道宜采用纵向排烟方式，长度大于3000m时宜采用纵向分段排烟方式或重点排烟方式；当隧道发生日常阻滞交通工况时，宜采用重点排烟方式；对于单洞双向交通隧道，宜采用重点排烟方式。

其中，对于交通阻滞，不同国家和国际组织的定义有所不同。日本道路协会《道路隧道技术标准（通风换气篇）及其解说》提出拥堵时的行车速度基本不到20km/h。世界道路协会（PIARC）报告提出，通风设计过程中用阻塞交通速度 10km/h 为停滞段定义设计工况。

3）机械排烟系统与隧道的通风系统宜分开设置。合用时，合用的通风系统应具备在火灾时快速转换的功能，并应符合机械排烟系统的要求：排烟风机和烟气流经的风阀、消声器、软接等辅助设备，应能承受设计的隧道火灾烟气排放温度，并应能在 250℃ 下连续正常运行不小于 1.0h。

4）隧道的避难设施内应设置独立的机械加压送风系统，其送风的余压值应为 30～50Pa。

5）隧道内用于火灾排烟的射流风机，应至少备用一组。

6）火灾时运转的风机从静止到达全速运转的时间不应大于 60s，可逆式风机应能在 90s 内完成反向运转。

7）隧道内应结合匝道、风井等布局进行必要的排烟分区，并分别对各区域进行烟气控制设计。

2. 自然通风排烟系统设计

1）自然通风排烟系统应按照交通量、车辆情况、气象、环境、地形、地物等合理设计。

2）自然通风排烟口间距和开孔率应符合下列要求：①间距不应大于 240m；②开孔率应满足表 6-9 的要求。

表 6-9 开孔率

隧道长度/m	500～1500	1500～3000
开孔率（%）	≥3.25	≥4

3）在自然通风排烟口间断设置时，排烟口宜等距布置。

4）自然通风排烟口宜沿隧道长度方向设置在隧道顶部中央处，也可设置在隧道顶部两侧。

5）相邻隧道自然通风排烟口宜交错设置。

3. 纵向通风排烟系统设计

采用纵向通风排烟方式时，应能迅速组织气流、有效排烟，其排烟风速应根据隧道内的最不利火灾热释放速率确定，且纵向气流的速度不应小于 2m/s，并应大于临界风速。

4. 重点通风排烟系统设计

1）排烟量应按照设计火灾热释放速率计算确定，并考虑土建排烟风道和排烟口的漏风量等因素。

2）排烟口应设置在隧道上部或侧壁上部，并采用常闭型，排烟口纵向间距不宜大于 60m。

3）火灾时应联动开启着火区域的排烟口，连续打开的排烟口数量不宜少于 3 组。

4）排烟道是排烟系统的重要组成部分，排烟量过大时，将导致排烟风道内烟气流速过大，而流速过大不仅使排烟道通风阻力增大，也容易引起风颤，引发结构的振动疲劳，会带来一定的安全隐患。

5）隧道通风排烟系统设计时应注意排烟道内风速不宜大于 15m/s，排烟口风速不宜大于 10m/s。

6.7 | 道路隧道火灾人员疏散

道路隧道内疏散设施主要有人行/车行横通道、人行/车行疏散通道、逃生滑梯和楼梯等，当隧道内发生火灾且无法及时扑救时，司乘人员可通过逃生设施进入避难所等区域进行疏散。

6.7.1 隧道疏散救援设施设计规定

1. 横通道

横通道是指两座并行隧道之间或隧道与平行导坑之间，每隔一定间距设置的互为连通、可供人员或车辆应急疏散的通道，又称联络通道。横通道包括车行横通道和人行横通道两类，车行横通道主要疏散隧道内的车辆，人行横通道主要疏散隧道内的人员。

平行导坑是指修建在隧道一侧与隧道走向平行起辅助隧道施工或运营的导坑，平行导坑通过横通道与正洞连接，如图 6-36 所示。

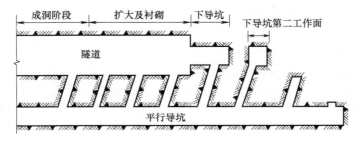

图 6-36　平行导坑示意图

（1）人行横通道/人行疏散通道

人行横通道是指垂直于两孔隧道长度方向设置、连接相邻两孔隧道的通道，当两孔隧道中某一条隧道发生火灾时，该隧道内的人员可以通过人行横通道疏散至相邻隧道，如图 6-37a 所示。人行疏散通道是指设在两孔隧道中间或隧道路面下方、直通隧道外的通道，当隧道发生火灾时，隧道内的人员进入该通道进行逃生，如图 6-37b 所示。人行横通道与人行疏散通道相比，造价相对较低，且可以利用非事故隧道实现快速离开隧道。

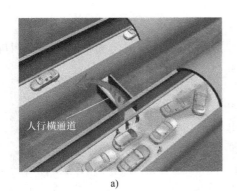

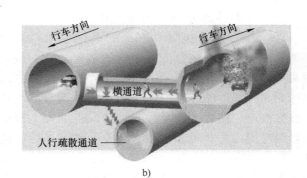

图 6-37　人行横通道/人行疏散通道示意图

a）人行横通道　b）人行疏散通道

人行横通道和人行疏散通道的设置应符合：

1）人行横通道的间隔和隧道通向人行疏散通道的入口间隔要能有效保证隧道内的人员在较短时间内进入人行横通道或人行疏散通道。根据荷兰及欧洲的一系列模拟实验，250m为隧道内的人员在初期火灾烟雾浓度未造成更大影响情况下的最大逃生距离。相关规范对隧道内人行横通道或人行疏散通道的设置间距及其他规定见表6-10。由表6-10可知：隧道人行横通道间距的取值主要集中在250~500m。

表6-10　相关规范对隧道人行横通道或人行疏散通道的设置间距及其他规定

国家	出版物	通道间距/m	备注
美国	《公路隧道、桥梁和其他限制性高速公路标准》（NFPA 502）	≤200	隧道应有应急出口，且间距不应大于300m；当隧道采用耐火极限为2.00h以上的结构分隔或隧道为双孔时，两孔间的横通道可以替代应急出口，且间距不应大于200m
中国	《建筑设计防火规范》（GB 50016）	250~300	净宽度不应小于1.2m，净高度不应小于2.1m
	《城市地下道路工程设计规范》（CJJ 221）	250~300	疏散净宽度不应小于2.0m，净高度不应小于2.2m
	《公路隧道设计规范 第一册 土建工程》（JTG 3370.1）	250~500	山岭公路人行隧道横通道的净宽度不应小于2m，净高度不应小于2.5m
	《道路隧道设计标准》（DG/TJ 08—2033）	250	净宽度不应小于1.2m，净高度不应小于2.1m

2）人行横通道应沿垂直双孔隧道长度方向布置，并应通向相邻隧道；人行疏散通道应沿隧道长度方向布置在双孔中间或隧道底部，并应直通隧道外。此外，车行横通道也可以用作人行横通道。

3）隧道与人行横通道或人行疏散通道的连通处所进行的防火分隔应能防止火灾和烟气影响人员安全疏散。目前较为普遍的做法是在隧道与人行横通道或人行疏散通道的连通处设置防火门。

（2）车行横通道/车行疏散通道

当隧道发生火灾时，下风向的车辆可以继续向前方出口行驶，上风向的车辆则需要利用隧道辅助设施进行疏散。隧道内的车辆疏散一般可采用两种方式，一是在双孔隧道之间设置车行横通道，如图6-38所示，另一种是在双孔隧道中间设置专用车行疏散通道。前者工程量小、造价较低，在工程中得到普遍应用；后者可靠性更好、安全性高，但因造价高，在工程中应用不多。双孔隧道之间的车行横通道、专用车行疏散通道不仅可用于隧道内车辆疏散，还可用于巡查、维修、救援及车辆转换行驶方向，也可用于人员疏散。

图6-38　车行横通道

典型隧道疏散救援设施示意图如图 6-39 所示。

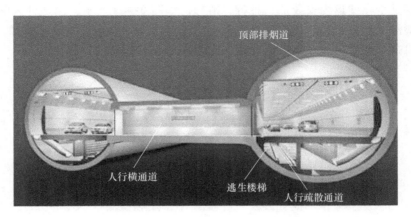

图 6-39　典型隧道疏散救援设施示意图

相关规范中道路隧道车行横通道/车行疏散通道间距及其他规定见表 6-11。

表 6-11　规范中道路隧道车行横通道/车行疏散通道间距及其他规定

规范名称	通道间距/m	隧道类型	备注
《建筑设计防火规范》	1000 ~ 1500	水底隧道	净宽度不应小于 4.0m，净高度不应小于 4.5m
	≤1000	非水底隧道	
《道路隧道设计标准》	1500	当满足时：①单孔车道数不少于 3 条；②设有泡沫—水喷雾联用灭火系统；③设有重点排烟系统，其间距不限	净宽度不应小于 4.0m，净高度与车道标准一致
《城市地下道路工程设计规范》	500 ~ 1500	水底隧道	净宽度不应小于 4.0m，净高度不应小于地下道路的建筑限界高度
	200 ~ 500	非水底隧道	
《公路隧道消防技术规范》	750 ~ 1000	高速公路隧道、一级隧道、城市交通隧道以及水下交通隧道	/
《公路隧道设计规范　第一册 土建工程》	750 ~ 1000	山岭隧道	长 1000 ~ 1500m 的隧道宜设置 1 处，中、短隧道可不设

设置车行横通道/车行疏散通道应注意以下几个方面：

1）车行横通道应沿隧道长度方向布置，并应通向相邻隧道；车行疏散通道一般应沿隧道长度方向布置在双孔中间，并应直通隧道外。

2）隧道与车行横通道或车行疏散通道的连通处采取防火分隔措施，是为防止火灾向相邻隧道或车行疏散通道蔓延。防火分隔措施可采用耐火极限与相应结构耐火极限一致的防火门或防火卷帘，防火门或防火卷帘还要具有良好的密闭防烟性能。

2. 逃生滑梯和楼梯

逃生滑梯是指在隧道内安装的一种特殊滑梯，如图 6-40a 所示，当遇到火灾等突发情况时，人员顺势滑下，便可逃生。双层隧道上下层车道之间一般会设置逃生楼梯，如图 6-40b 所示，火灾时通过疏散楼梯至另一层隧道，间距在 100m 左右。

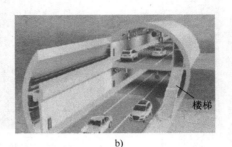

图 6-40　逃生滑梯和楼梯

a）逃生滑梯　b）逃生楼梯

（1）逃生滑梯和楼梯的设置

《道路隧道设计标准》规定，下滑辅助逃生口疏散至上（下）通道的楼梯可作为辅助疏散设施，辅助疏散设施的设置应符合下列要求：①下滑辅助逃生口的设置间距不宜大于 120m；②疏散至上（下）通道的楼梯，其设置间距不宜大于 250m，楼梯坡度不大于 60°，宽度不小于 0.8m；③下滑辅助逃生口及出入口采用盖板形式的楼梯，其盖板应能承受行车荷载并便于开启。

（2）横通道与逃生滑梯和楼梯之间的设置要求

《道路隧道设计标准》规定，对于双层隧道：①当上、下层车道之间设置封闭楼梯间，楼梯间距不大于 120m，宽度不小于 0.8m，楼梯坡度不大于 60°；②设有泡沫-水喷雾联用灭火系统的，可不设置人行疏散通道或人行横通道。对于单孔隧道，设有水喷雾系统或泡沫-水喷雾联用灭火系统且距隧道出口小于 250m 的匝道段，可不设人行疏散通道。

隧道内各个部位的最大通过能力见表 6-12。

表 6-12　隧道内各个部位的最大通过能力

部　位　名　称	每秒通过人数/人	宽　　度
人行横通道	3.0	门宽度不小于 1.2m
下滑辅助逃生口	0.3	滑梯宽度不小于 0.6m
疏散至上（下）通道的楼梯	1.0	楼梯宽度不小于 0.8m

3. 避难所

避难所是隧道内专门设置的，在隧道内发生火灾事故的情况下，能够为人员提供临时避难并等待外界救援，且有一定逃生条件的处所。《建筑设计防火规范》（GB 50016）规定单孔隧道宜设置直通室外的人员疏散出口或独立避难所等避难设施。

隧道内的独立避难所主要是用于不能及时疏散到隧道外的人员提供暂时避难和等待救援的临时性安全场所。在以往的隧道火灾中，由于避难所设置存在问题，曾出现过避难所内人员在隧道火灾中伤亡的情况。为此，避难所是在设置其他疏散避难通道有困难的情况下，不得已设置的避难场所，其耐火性能、防烟性能、密闭性和通风、供水能力等有较高的要求。隧道的避难设施内应设置独立的机械加压送风系统，其送风的余压值应为 30 ~ 50Pa。

　　避难设施不仅可为逃生人员提供保护，还可用作消防员暂时躲避烟雾和热气的场所。在中、长隧道设计中，设置人员的安全避难场所是一项重要内容。避难场所的设置要充分考虑通道的设置、隔间及空间的分配以及相应的辅助设施的要求。对于较长的单孔隧道和水底隧道，采用人行疏散通道或人行横通道存在一定难度时，可以考虑其他形式的人员疏散或避难，如设置直通室外的疏散出口、独立的避难场所、路面下的专用疏散通道等。典型隧道疏散救援设施示意图如图 6-41 所示。

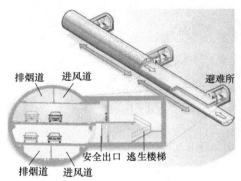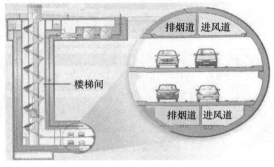

图 6-41　典型隧道疏散救援设施示意图

6.7.2　隧道疏散照明与指示标志设计规定

1. 疏散照明与指示标志

　　隧道内的疏散指示标志包括横向联络通道（横洞）指示标志、紧急停车带标志、疏散指示标志等，如图 6-42 所示。

　　1）横向联络通道（横洞）指示标志用于指示隧道行人横洞和车行横洞的位置，是在隧道发生紧急状况时，引导车辆、司乘人员安全疏散的标志。

　　2）隧道紧急停车带标志用于指示隧道内紧急停车带的位置，供事故车辆在险情发生后驻停，以保证行车道安全畅通。

　　3）疏散标志用于指示安全出口、安全通道入口的位置，指示通往隧道出（入）口、横洞、专用避难疏散通道前室入口的方向。当隧道发生紧急状况时，疏散标志是指示车辆及司乘人员迅速、安全撤离事故现场的重要指示标志，分为安全出口标志和疏散指示标志两类。

2. 设置要求

　　隧道疏散照明与指示标志的设置应当符合以下规定：

　　1）在隧道两侧、人行横通道和人行疏散通道上应设置疏散照明和疏散指示标志，其设置高度不宜大于 1.5m。一、二类隧道内疏散照明和疏散指示标志的连续供电时间不应小于 1.5h；其他隧道不应小于 1.0h。

　　2）隧道入口处宜设置表示隧道名称和长度的标志，且应根据隧道管理的要求对限制通行的车辆设置禁止通行的三级预告标志。

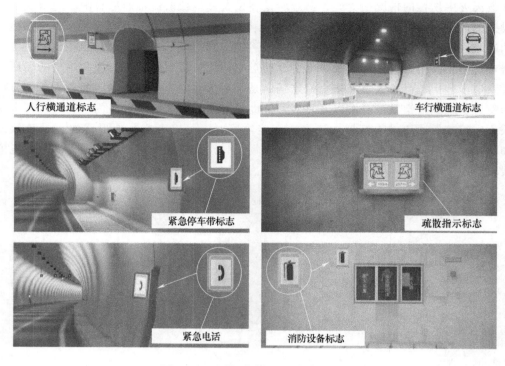

图 6-42　疏散照明与指示标志示意图

3）人行横通道指示标志可设置于人行横通道顶部及两侧，安装净高不应大于 2.5m；车行横通道指示标志应设置于行车方向左侧车行横通道处，应双面显示，安装净高不应小于 2.5m。

4）隧道内的电光型疏散指示标志安装标准应符合表 6-13 中的规定。

表 6-13　隧道内的电光型疏散指示标志安装标准

安 装 位 置	设 置 间 距	安装部位距离地面高度
隧道内车道两侧墙上	不应大于 50m	不宜大于 1.5m
疏散通道、疏散走道及转角处的墙、柱上	不应大于 20m	不应大于 1.0m
安全出口、人行横通道、楼梯口	/	不应低于 2.0m

5）其他指示标志如紧急电话指示标志应双面显示，安装净高不应大于 2.5m；消防设备指示标志应设置于消火栓上方，安装净高不应大于 2.5m。

复　习　题

1. 简述道路隧道结构设计与建筑防火，并简要说明道路隧道结构防火措施。
2. 简述道路隧道火灾报警系统的组成及其设计要求。
3. 简述道路隧道常用的消防灭火系统。
4. 简述隧道常用的通风排烟方式及其特点。
5. 结合道路隧道内疏散救援设施的设计规定，简述道路隧道内疏散设施分类。

7

第7章
地铁火灾预防与控制

本章学习目标：

了解地铁系统的基本设施组成。

掌握地铁火灾自动报警系统、消防灭火系统、通风排烟系统基本组成和分类，以及地铁火灾人员疏散的设计要求。

了解地铁各消防系统的功能和设计要求。

本章学习方法：

在掌握地铁基本设施和布局的基础上，将地铁消防系统的基本组成、系统功能和设计要求进行梳理和总结，并注重理论联系实际，明确系统中各类方法的适用范围。

7.1 地铁系统概况

7.1.1 国内外地铁发展概况

地铁是指在城市中修建的快速、大运量、电力牵引的轨道交通。列车在全封闭的线路上运行，位于中心城区的线路基本设在地下隧道内，中心城区以外的线路一般设在高架桥或地面上。

世界地铁发展时间轴如图 7-1 所示。截至 2018 年 10 月，我国已开通地铁的城市有 36 个，建设中的路线共计 242 条，规划中的线路数共计 76 条，运营总里程超过 5700km。

7.1.2 地铁系统的基本设施组成

地铁是狭长的、相对封闭的建筑物，其消防体系相对于地面城市轨道更为特殊和复杂。本节的讨论是针对地下车站、隧道等地下部分。

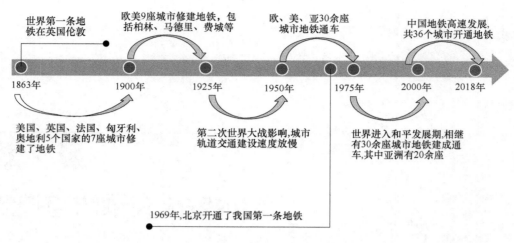

图 7-1　世界地铁发展时间轴

1. 地下车站

车站按线路敷设方式可分为地下车站、地面车站和高架车站，其中地下车站由站厅、站台、设备及管理用房、地面出入口、风道、地面风亭等组成。地下车站是接送乘客，直接为乘客服务的场所，如图 7-2 所示。车站形式主要取决于车站所处的建筑环境、工程规划条件、车站布局和服务功能要求、线路敷设方式、地质条件、结构形式、施工方法等。典型车站站厅层和站台层的平面示意图分别如图 7-3 和图 7-4 所示。

图 7-2　地下车站

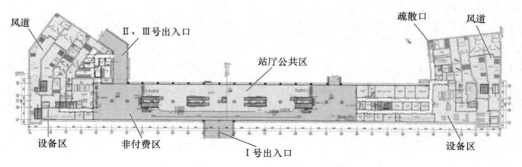

图 7-3　站厅层平面示意图

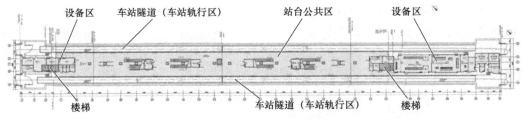

图 7-4　站台层平面示意图

车站站台按布置形式一般可分为岛式、侧式和其他混合式。岛式和侧式站台平面示意图及横断面结构分别如图 7-5 和图 7-6 所示。

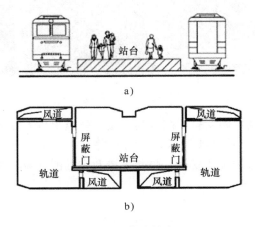

图 7-5　岛式站台

a）平面示意图　b）横断面结构

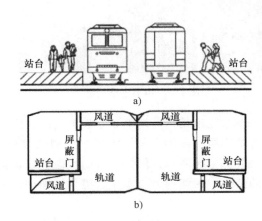

图 7-6　侧式站台

a）平面示意图　b）横断面结构

2. 隧道

地铁隧道包括区间隧道和车站隧道。区间隧道是指相邻两个地下车站之间列车运行的空间，一般包括上行线和下行线两条相对独立的行车隧道，两条隧道之间仅在局部通过行车配线或联络通道连通。根据工程和水文地质、地面建筑和周边环境、地下管线和隧道埋深等条件，区间隧道可采用明挖法、矿山法或盾构法等施工，不同的施工方法采用不同的隧道断面结构。明挖法施工的隧道多采用矩形断面；矿山法施工的隧道一般采用带仰拱的马蹄形断面；盾构法施工的隧道通常采用圆形断面。各类隧道断面示意图如图 7-7 所示。

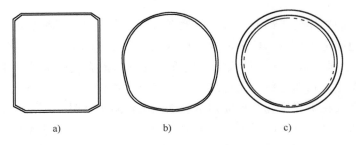

图 7-7　隧道断面示意图

a）明挖断面　b）马蹄形断面　c）圆形断面

地下车站内通常安装站台门以将行车的轨道区与站台候车区隔开，站台门有半高和全高安全门两种形式，如图7-8和图7-9所示。由于半高安全门并未将隧道与站台公共区完全分割，会影响站台公共区舒适性且增加空调系统运行能耗，而设置全高安全门的车站可以将车站隧道与站台公共区完全分割，因此全高安全门形式为目前最常见的设置形式。

图7-8　半高安全门

图7-9　全高安全门

车站隧道是指由地下车站设置的站台门与车站有限站台范围内的外墙、轨道上方及站台下方结构所形成的空间，该部分空间通过站台门的开启满足列车停站与乘客上、下车的需求。大部分时间站台门处于关闭状态，以保证候车乘客的安全、隔断隧道和车站的气流与热量的交换。区间隧道与车站隧道示意图如图7-10所示。

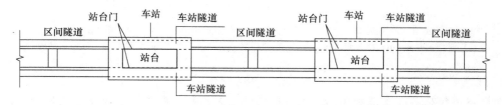

图7-10　区间隧道与车站隧道示意图

7.2 地铁建筑防火

7.2.1　地铁车站总平面布局

地铁地下车站的主体建筑部分一般位于地下，仅有出入口、风亭、电梯、消防专用通道等附属建筑位于地面上。地铁车站地面通风出入口如图7-11所示。上述附属建筑与周围建筑物、储罐（区）、地下油管等的防火间距应符合现行国家有关标准的规定。地铁车站有采光窗井时，采光窗井与相邻地面建筑之间的防火间距应符合表7-1的规定，当相邻地面建筑物的外墙为防火墙或在采光窗井与地面建筑物之间设置防火墙时，防火间距可不限。

地下车站的风亭是其重要的通风口，根据功能可分为新风亭、排风亭、活塞风亭；根据形式可分为高风亭（风口底部距离地面为2m）和低风亭（高度为1.2～2m）。有条件时应尽量采用高风亭侧面开设风口进行通风和排烟。无论风亭是与其他建筑合建，还是单独分散

图 7-11　地铁车站地面通风出入口

式设置，高风亭的排风口和活塞风口均应该位于新风口的上面，防止产生倒灌现象，并且进风口、排风口、活塞风口两两之间的最小水平距离不应小于 5m，且不宜位于同一方向。

表 7-1　地下车站采光窗井与相邻地面建筑之间的防火间距　（单位：m）

建筑类别	单层、多层民用建筑			高层民用建筑	丙、丁、戊类厂房、库房			甲、乙类厂房、库房
建筑耐火等级	一、二级	三级	四级	一、二级	一、二级	三级	四级	一、二级
地下车站的采光窗井	6	7	9	13	10	12	14	25

当受到周边特殊环境条件限制时，也可采用敞口低风井。发生火灾时，如果不能有效防止烟气流倒灌，应尽量加大风井之间或风井与出入口之间的距离。一般需要满足以下条件：送风井与排风井、活塞井之间不应小于 10m，活塞风井之间或活塞风井与排风井之间不应小于 5m；排风井、活塞井与车站出入口之间不应小于 10m；排风井、活塞风井与消防专用通道出入口之间不应小于 5m。当用地受限不能加大距离或者工艺上较难实施时，可以通过在两风井之间或风井与出入口之间种植高低错落的绿化以形成绿化屏障来阻挡、减弱火灾时的烟气倒灌，如图 7-12 所示。

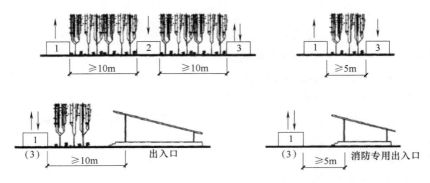

图 7-12　各敞口低风井之间最小水平距离
1—排风井　2—进风井　3—活塞井

7.2.2 防火分区与防火分隔

1. 一般规定

地铁车站面积通常大于10000m²，一旦发生火灾，如果无严格的防火分隔设施势必蔓延成大面积火灾，因此应采用防火墙、防火卷帘加水幕或复合防火卷帘等防火分隔物划分防火分区。两个防火分区之间应采用耐火极限不低于3.0h的防火墙和耐火极限大于等于1.5h的甲级防火门分隔。

车站控制室、重要电气设备用房以及火灾时仍需运作的房间，对确保地铁安全正常运行和保证故障或火灾时的应急救援行动顺利展开至关重要。因此，地铁车站控制室、变电所、配电室、通信及信号机房、固定灭火装置设备室、消防水泵房、废水泵房、通风机房、环控电控室、站台门控制室等火灾时需要运作的房间，均独立设置并采用耐火极限不低于2.0h的防火隔墙和耐火极限不低于1.5h的楼板与其他部分分隔。

为了充分利用城市地下空间，方便市民的出行和生活，在地下车站、站厅和出入口通道内设置商业场所等非地铁功能场所的情形越来越普遍。但是地铁、商业或地下交通换乘场所都是人员聚集的地方，无论什么区域发生火灾都会造成巨大的混乱，加剧人员疏散的困难，因此必须采取以下的措施严格进行控制：

1）站台层、站厅付费区、站厅非付费区的乘客疏散区以及用于乘客疏散的通道内，严禁设置商铺和非地铁运营用房。

2）站厅其他区域设置的商铺不得经营和存储甲、乙类火灾危险性商品，不得储存可燃性液体商品。商业设施尽量分开布置，而不要集中连续布置，每间分隔的商业设施的建筑面积不大于30m²，所有商业设施的总建筑面积不大于100m²。站厅公共区内设置商铺的防火分隔示意图如图7-13所示。

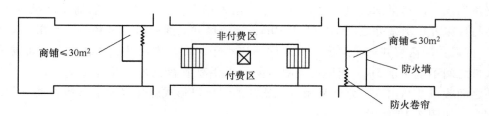

图7-13 站厅公共区内设置商铺的防火分隔示意图

3）在站厅的上层和下层设置商业等非地铁功能的场所时，站厅不允许采用中庭与商业区域连通；站厅与商业区连通的楼梯或扶梯开口部位应设置耐火极限不低于3.0h的防火卷帘，楼梯或扶梯周围其他临界面应设置防火墙。站厅公共区同层布置的商业开发场所应采用防火墙与站厅公共区进行分隔，相互之间可以采用宽度不小于13m的下沉式广场，或者长度大于10m、宽度大于8m的连接通道等方式进行连通，不能直接连通，如图7-14所示。

2. 车站公共区

地铁地下车站的站台和站厅公共区一般划分为一个防火分区（图7-15）。站厅公共区域建筑面积不宜超过5000m²，当站厅公共面积超过5000m²时需要采取防火分隔措施。

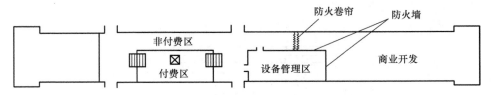

图 7-14 站厅公共区与同层商业开发防火分隔示意图

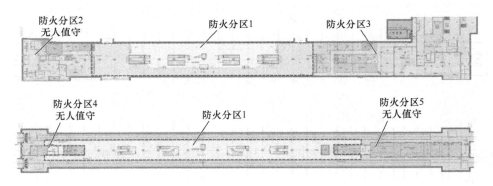

图 7-15 地下两层岛式车站站台防火分区示意图

对于换乘车站，根据换乘形式的不同，防火分隔的要求有所区别，具体如下：

（1）上、下重叠平行换乘车站

对于上、下重叠平行设置的岛式站台或侧式站台的两条地铁线换乘车站，当楼梯或扶梯从下层站台穿越上层站台到达站厅层时，在上层站台的楼梯或扶梯周围的开口处全部采用防火墙进行分隔。为了不影响人员的正常通行，可在下层站台的人员上下楼梯或扶梯开口处设置火灾时能够自行关闭的 3.0h 耐火极限防火卷帘，火灾时该连通口不允许作为上、下层站台的安全出口（图 7-16）。

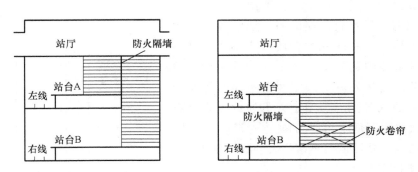

图 7-16 上、下重叠平行换乘防火分隔示意图

（2）点式换乘车站

点式换乘车站是站台与站台之间以点式换乘的车站，其换乘通道和换乘梯在火灾时不能相互作为安全出口。为避免两站台的火灾相互影响，要将两站台之间的连通开口进行防火分隔，保证人员正常通行的楼梯或扶梯开口处使用耐火极限 3.0h 的防火卷帘进行分隔，其他部位均应设置耐火极限不低于 2.0h 的防火隔墙（图 7-17）。

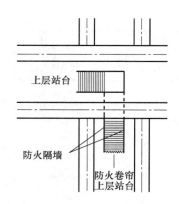

图 7-17　点式换乘车站站台之间防火分隔示意图

（3）多线同层站台平行换乘车站

多线同层站台平行换乘车站的站台之间应设置耐火极限不低于 2.0h 的纵向防火隔墙，该防火隔墙应延伸至站台有效长度外不小于 10m。图 7-18 为两线同层站台平行换乘车站防火分隔示意图。

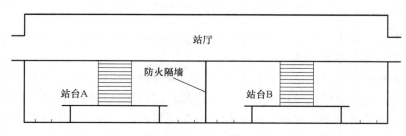

图 7-18　两线同层站台平行换乘车站防火分隔示意图

（4）侧式站台与同层站厅换乘车站

对于利用与本线站台同层的另一地铁线的站厅进行换乘的车站，为使 A 线站台的火灾不影响到 B 线站厅公共区乘客的疏散安全，在 A 线的站台与 B 线的站厅公共区连接处需要按照两个不同的防火分区的要求进行防火分隔。为便于人员通行，此分隔一般采用耐火极限不低于 3.0h 的防火卷帘。图 7-19 为侧式站台与同层站厅换乘车站防火分隔示意图。

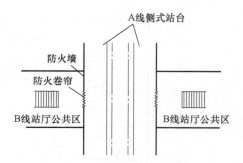

图 7-19　侧式站台与同层站厅
换乘车站防火分隔示意图

（5）通道换乘车站

站厅与站厅之间或站台与站厅之间采用通道换乘时，需要在通道内分别设置火灾时能自动关闭的防火卷帘进行分隔，并且能分别由两线各自控制其升降和关闭，防火卷帘的耐火极限不应低于 3.0h。

3. 设备管理区

车站设备管理区与公共区具有不同的使用用途，火灾危险性相差较大，因此应与站厅、站台公共区划分为不同的防火分区。设备管理区一般相对集中，包括车站控制室、站长室、交班室等，且设置直通地面的安全出口往往比较困难，但是其使用人员对环境均较为熟悉，故单个防火分区的建筑面积不大于 1500m²。消防泵房、污水和废水泵房、厕所、盥洗室、茶水间、清扫间等房间的建筑面积可不计入所在防火分区的建筑面积。

7.2.3　建筑内部装修

地铁车站发生火灾时排烟、人员疏散和灭火救援难度非常大，因此需要严格控制和减少车站内可燃材料的使用。我国国家标准《建筑材料及制品燃烧性能分级》（GB 8624）将建筑材料的燃烧性能分为以下几种等级：A 级：不燃材料；B1 级：难燃材料；B2 级：可燃材料；B3 级：易燃材料。表 7-2 为地铁车站不同场所装修材料的燃烧性能等级。

表 7-2　地铁车站不同场所装修材料的燃烧性能等级

具体场所	装修材料	燃烧性能等级
站厅、站台、疏散通道及消防专用通道	墙面、地面、顶棚及隔断	A 级
地上车站公共区	墙面、顶棚	A 级
	地面	不低于 B1 级
休息室、更衣室、卫生间	顶棚	A 级
	墙面、地面	不低于 B1 级
设备管理用房（控制室、通信室、信号房等）	架空地板	B1 级
	顶棚、墙面、地面	A 级
控制中心（中央控制室、应急指挥室等）	顶棚、墙面	A 级
	地面、隔断、调度台椅、窗帘及其他装饰材料	不低于 B1 级

7.2.4　电缆（电线）选择及敷设方式

地铁车站内消防用电设备的配电线路应满足在外部火势作用下保持线路完整性、维持通电的要求。根据地铁发生火灾的危险性、疏散和扑救难度，其电线电缆的选择和敷设方式应满足下述要求：

1）铜材与铝材相比，具有耐腐蚀、性能稳定、熔点高、机械强度高等特点，为确保消防用电设备在火灾时的持续供电，消防用电设备的电线电缆应采用铜导体。

2）为防止电缆燃烧时危及其他系统线路的正常工作，车站及区间电缆应采用阻燃材质。地下车站及区间采用低烟无卤材质电缆，可以最大限度防止电缆燃烧时产生的有害气体危及人身健康和妨碍火灾时人员疏散逃生。地上车站及区间由于所处环境特点，可采用低烟、低卤型电缆。

3）消防用电设备的配电线路应采用耐火电线电缆，由变电所引至消防水泵、防排烟风机等重要消防用电设备的电源主干线及分支干线，宜采用矿物绝缘类不燃性电缆。

4）当电缆成束敷设时，应采用阻燃电缆，阻燃级别应根据敷设条件及电缆的非金属含量进行选择。考虑到在地铁工程中敷设电缆的狭小空间以及电缆的整体延续性，要求敷设在同一建筑物内的电缆的阻燃级别尽量相同，且阻燃级别不应低于 B 级。

7.3 | 地铁火灾报警与监控

7.3.1 地铁火灾自动报警系统的组成

地铁工程中的车站、地下区间、区间变电所及系统设备用房、主变电所、控制中心、车辆基地等场所均应设置火灾自动报警系统（Fire Alarm System，FAS）。

FAS 主要由中央级设备、车站级设备、现场各类探测器、输入输出模块、手动火灾报警按钮、消防专用电话系统、全线报警信息传输网络等组成。

一般一条地铁线的 FAS 设有两级（中心、车站）管理、三级（中心、车站、就地）控制模式。各个车站级通过火灾自动报警控制器接入全线综合监控系统（ISCS）光纤环网，通过综合监控系统光纤环网将信息上传至控制中心 FAS 网络型报警控制器。

1. 车站 FAS

车站 FAS 由设在车站控制室的火灾报警控制器（联动型）通过环形、总线方式与现场的火灾探测器、手动火灾报警按钮、声光警报器、输入输出模块等设备组成火灾自动报警监控网络，负责监视车站和与车站相邻各个区间的火灾设备的运行状态、接收火灾报警信息。由设置在车站控制室的消防电话主机与电话插孔、消防电话分机组成消防电话网络。图 7-20 为车站火灾报警系统构成示意图。

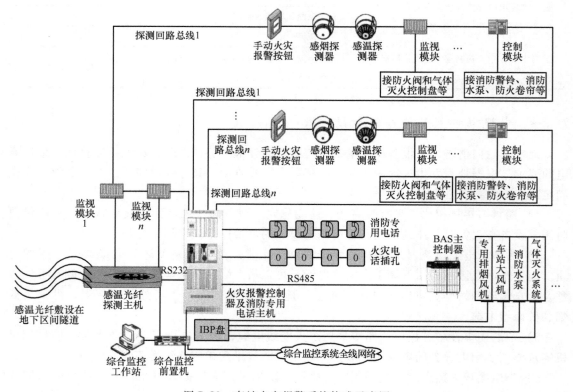

图 7-20 车站火灾报警系统构成示意图

地下车站区间一般采用分布式感温光纤测温系统进行区间的保护。分布式感温光纤测温系统主要由测温主机、测温光纤组成，系统通过两路独立的以太网接口接入 ISCS 交换机，通过车站 ISCS 将区间火灾信息发送至控制中心。

2. 车辆段基地 FAS

车辆段基地火灾报警控制器设置在基地综合楼消防控制室内，在各个重要库房、办公区域等处设区域报警控制器，并与现场的火灾探测器、手动火灾报警按钮、电话插孔、输入输出模块等设备组成停车场 FAS 监控网络，负责监视停车场内的 FAS 设备运行状态、接收火灾报警信息。

车辆段基地火灾报警控制器作为全线 FAS 网络的一个节点，纳入地铁全线系统，由控制中心统一管理；车辆段基地各区域报警控制器通过光纤组成火灾自动报警控制网络，负责监视基地内的 FAS 运行状态、接收火灾报警信息。

7.3.2　地铁火灾自动报警系统的功能

1. 中央级系统功能

1）中央级是全线 FAS 的调度中心，对地铁全线报警系统信息及消防设施有监视、控制及管理权，对分控级的防救灾工作有指挥权。中央级 FAS 集成于综合监控系统 ISCS 中，其功能由 ISCS 负责实现，ISCS 可接受 FAS 的报警信息命令，将正常工况转入火灾工况，FAS 具有优先权。

2）控制中心主要负责监视全线各个车站、停车场的火灾报警、消防设备故障报警、网络的故障报警等，并显示报警部位、防灾设备的运行状态及气体自动灭火系统的有关信号，系统接纳和处理信息的能力及配置应满足远期纳入系统的需要。

3）接收并储存全线消防报警设备主要的运行状态，接收全线各个车站、车辆段/停车场、主变电站的报警信息并显示报警部位，协调指挥全线防救灾工作。接收各个分控级报送的火灾信息和防救灾设备的运行状态，并记录存档，按信息类别进行历史资料档案管理。操作人员可根据要求随时进行信息的查看和打印输出。

4）编制、下达全线 FAS 运行模式。火灾时确定全线 FAS 的运行模式，监视运行工况。通过分控级接收区间报警设备信息，向火灾区间相邻车站下达模式控制指令，相关车站执行救灾模式，启动相应的防救灾设备。

5）接收自动列车监控系统（ATS）和列车无线电话报警，当列车在区间发生火灾事故时，中央级能够直接发布救灾模式指令给相邻车站级，车站级接收到指令后，发布实施救灾的相应工况指令，将相关救灾设施转换为按预定的灾害模式运行。

6）火灾时，工作站自动弹出相应报警区域的平面图，火灾自动报警具有最高优先级，当同时存在火灾及其他报警时，优先报火警。

7）中央级 FAS 应满足高可靠性，扩展灵活，接口方便，线路之间实现互联互通，信息共享，确保运营安全。

8）与市防洪指挥部门、地震检测中心、消防局 119 火警通信，负责地铁全线防灾救灾工作对外界的联络。

9）通过全线消防（专用）通信系统（闭路电视系统切换装置和显示终端、有线电话、无线调度电话等），组织、指挥、管理全线防救灾工作。

10）接收主时钟信息，统一系统全线系统时钟。

2．车站级功能

在各个车站、停车场等处的控制室设置分控级系统。车站分控级作为二级管理和三级控制，是 FAS 关键的环节，也是 FAS 基本组成单元。

1）车站分控级实现火灾的预期报警功能，监视管辖范围内的火情，自动监控管理重要消防设备，实现自动化管理，并对重要设备手动控制。

2）接受中央级指令或独立组织、管理、指挥管辖区内防救灾工作。

3）系统实时自动监视车站管辖范围内的火灾灾情和专用消防救灾设施（包括专用防烟排烟设备、消防水泵、喷淋泵、防火卷帘门、消防电源等）的工作状态，采集、确认火警信号，并将火灾信息和专用消防救灾设施的状态信号报送控制中心。控制车站管辖范围内防救灾设施启/停，显示运行状态。

4）火灾时，FAS 向本站 ISCS、建筑设备自动化系统（BAS）发布火灾模式指令，由 BAS 控制现场相关设备转入灾害模式运行；可由 ISCS 控制屏蔽门、自动检票闸机开启，门禁系统释放，乘客信息系统（PIS）显示终端显示着火区域的火灾信息、联动管道闭路电视系统（CCTV）和广播执行消防动作等。

5）FAS 接收气体自动灭火系统的反馈信号：火灾预报警、火灾确认、系统故障、气体释放、手动/自动状态信号等。

6）火灾时，FAS 在各车站/停车场利用车站/停车场广播、闭路电视监控系统作为消防辅助通信设施，能在车站控制室/停车场消防值班室将广播、闭路电视监控系统转入消防状态。

7.3.3　地铁火灾自动报警系统的设计要求

1．设置场所

地铁火灾自动报警系统设置于地铁控制中心、车站、车辆设施与综合基地、停车场、主变电所、区间隧道等场所。

2．设置标准

系统设置应按照《火灾自动报警系统设计规范》（GB 50116）的规定执行。地下车站及区间隧道按火灾报警一级保护对象设计；设有集中空调系统或每层封闭的建筑面积超过 2000m² 但不超过 3000m² 的地面车站、高架车站按火灾报警二级保护对象设计；车辆设施与综合基地、停车场的办公大楼、大型停车库、检修库、重要材料库及其他重要用房按火灾报警一级保护对象设计，车辆设施与综合基地、停车场内的一般生产及办公用房按火灾报警二级保护对象设计。

3．火灾探测器设置要求

线型感温探测器是一种响应连续线路周围的火灾参数的探测器，主要有两种：光纤式和电缆式。对于地铁区间隧道这种典型的狭长形结构，宜采用线型光纤感温火灾探测器，其具有高可靠性、高安全性、抗电磁干扰能力强、绝缘性能高等优点，可以在大电流、潮湿及爆炸环境中工作。探测器维护简单，可免清洗，一根光纤可探测数千米范围，因此适用于比较长的区域同时发热或起火初期燃烧面比较大的场所。

站台下的电缆通道、变电所电缆夹层平时无人进入，着火后很难及时发现，因此需要设置火灾探测器，目前该场所的电缆桥架上设置线型感温火灾探测器为最合适的选择，如图 7-21 所示。

图 7-21　线型感温火灾探测器在电缆桥架中的应用

对于车站公共区、车站的设备管理区内的房间、地下车站设备管理区内大于 20m 的走道、长度大于 60m 的地下联通道和出入口通道、主变电间的设备间、车辆变电间的综合楼、信号楼、防火卷帘两侧等区域应该设置感烟探测器，如图 7-22 所示。

图 7-22　感烟探测器

对于车辆段基地的停车库、列检库等大空间场所应该选用吸气式空气采样探测器、红外光束感烟火灾探测器、可视烟雾图像探测器等特殊探测器。

4. 报警及警报装置

下列部位应设置带地址的手动报警按钮：①车站公共区、设备管理区、车辆基地内的设备区和办公区、主变电所；②地下区间纵向疏散平台的侧壁上；③其他长度大于 30m 的封闭疏散通道；④车站内的消火栓箱旁。

火灾报警警铃应设置在走道靠近楼梯出口处和经常有人工作的部位。车站公共区和设备管理区内应设置火灾报警警铃。

7.3.4　地铁消防通信系统

地铁消防通信系统应包括消防专用电话、防灾调度电话、消防无线通信、视频监视以及消防应急广播。其中消防专用电话的设计一般由火灾自动报警专业实施，防灾调度电话、消防无线通信、视频监视以及消防应急广播的设计一般由通信专业实施。火灾自动报警系统的中央级集中监控中心设置于控制中心，因此控制中心是全线消防救援、调度指挥的中心，应具有全线消防救援、调度指挥和上一级防灾指挥中心联网的功能。控制中心要求设置 119 专业直拨电话或 119 专线电话，确保全线某处发生火灾时，控制中心能够按期便捷地向辖区消防部门报警。

1. 消防专用电话

消防专用电话专供专业消防队救火时使用，地铁全线应设置独立的消防专用电话系统，并且满足以下规定：①控制中心的消防值班室、车站控制室、车辆基地的消防控制（值班）室，应设置消防专用电话总机；②消防泵房、配变电室、主要通风、排烟机房及其他与消防联动控制有关的机房、自动灭火系统手动操作装置及区域报警控制器或显示器处，应设置消防专用电话分机；③手动火灾报警按钮和消火栓按钮等的设置部位应设置电话插孔，电话插孔应按区域采用共线方式接入消防专用电话总机。

2. 防灾调度电话

防灾调度电话系统和防灾无线通信系统是地铁内部全线防灾通信工具，以方便专业消防队伍进入地铁前地铁内部人员组织救援联络。控制中心应设置防灾调度电话、无线通信总机，各车站、主变电所、车辆段基地防灾值班室应设置防灾调度分机和无线手持台，并且防灾无线通信系统的无线信号需要覆盖地铁全线范围。

3. 消防无线通信

为便于消防救灾时专业消防人员之间及其与地面消防部门的通信联络，有必要将地区消防无线通信网延伸至地铁全线，实现地面、站厅层、站台层和地下区间内等处消防人员之间及地面消防部门的无线通信联络。消防无线引入系统的制式应与地面消防无线通信系统保持一致，至少提供 3 个信道，其中 1 个信道供消防指挥员用，2 个信道供消防队员使用。

4. 消防应急广播

地铁防灾广播与正线运营广播系统、车辆基地广播系统统一设置，火灾时防灾广播优先，以利于指挥和引导人员有序疏散。地铁工程中一般不单独设置防灾应急广播，而是与运营广播合用，且需满足以下条件：①广播系统应具有优先级处理，且防灾广播具有最高优先级；②控制中心防灾调度台可对全线各个车站进行遥控开关机、选站、选区广播或全线统一广播，并应具有接收各车站工作状态的反馈信息和同步录音功能；③车站防灾值班员可同时对本车站进行广播或进行分区、分路广播，并应设有自动、手动和紧急三种广播模式；④广播系统的功率放大器应每台对应一路负载，并应进行 $n+1$ 配置，备机可自动或手动切换。

7.4 地铁消防灭火系统

地铁工程的消防灭火系统的设置应贯彻"以防为主、防消结合"的消防设计原则，尽量利用市政既有设施，一般包括室外消火栓系统、室内消火栓系统、自动喷水灭火系统、高压细水雾灭火系统等。部分重要的电气设备用房不宜用水进行扑救，一般采用气体自动灭火系统，灭火介质采用惰性气体，一般包括七氟丙烷（FM-200）和混合气体（IG541）。

7.4.1 消火栓灭火系统

室外消火栓系统主要担负建筑的外立面火灾扑救，以及供消防车取水，给室内消火栓系统加压的作用。室内消火栓主要负担地铁车站室内各个区域的灭火设置，要求任何时候消火栓均可出水，且有两股水柱可以到达室内需要保护的地点。图 7-23a 为室外消火栓，图 7-23b 为室内消火栓箱。图 7-24 为车站消火栓环网示意图。图 7-25 为区间消火栓给水系统管网示意图。

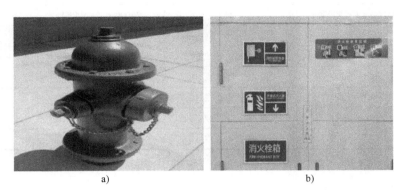

图 7-23　消火栓

a）室外消火栓　b）室内消火栓箱

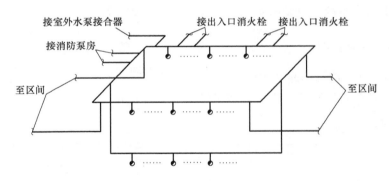

图 7-24　车站消火栓环网示意图

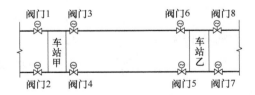

图 7-25　区间消火栓给水系统管网示意图

地铁消火栓的用水量需要满足持续时间不小于 2.0h，同时不能小于表 7-3 中的规定。消火栓布置中，室外消火栓间隔不大于 120m；室内消火栓按照每个防火分区同层有两支水枪的充实水柱同时到达来计算确定，水枪的充实水柱不应小于 10m。同时，单口单阀消火栓不超过 30m，两只单口单阀消火栓间距不超过 50m；地下区间隧道及配线内消火栓的间距不超过 50m；人行通道内消火栓的间距不超过 30m。

表 7-3　地铁消火栓用水量

位　　置	室外消火栓		室内消火栓	
	体积/m³	用水量/(L/s)	体积/m³	用水量/(L/s)
地下车站	$5000 < V \leqslant 25000$	20	$5000 < V \leqslant 25000$	10
	$25000 < V \leqslant 50000$	25	$25000 < V \leqslant 50000$	15
	$V > 50000$	30	$V > 50000$	20
主变电站	$\leqslant 1500$	丙 10；丁、戊 10	高度 $\leqslant 24\,m$ 体积 $\leqslant 10000\,m^3$	5
	$1501 \sim 3000$	丙 10；丁、戊 10		
	$3001 \sim 5000$	丙 10；丁、戊 10	高度 $\leqslant 24\,m$ 体积 $> 10000\,m^3$	10
	$5001 \sim 20000$	丙 10；丁、戊 10		
	$20001 \sim 50000$	丙 10；丁、戊 10	高度 $24 \sim 50\,m$	25

注：丙、丁、戊为建筑物火灾危险性类别。

7.4.2　自动喷水灭火系统

在地铁工程中，部分地铁车站的站厅和站台层公共区设置有自动喷水灭火系统，且多采用湿式自动喷水灭火系统。自动喷水系统示意图如图 7-26 所示。

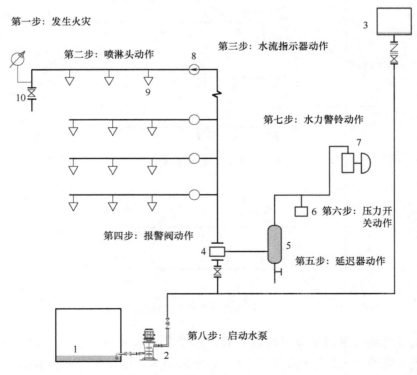

图 7-26　自动喷水系统示意图

1—水池　2—消防水泵　3—水箱　4—报警阀　5—延迟器　6—压力开关
7—水力警铃　8—水流指示器　9—喷头　10—试验装置

7.4.3 其他自动灭火系统

变电所、通信信号设备房等重要的设备用房，因长期无人值守且不宜用水进行扑救，一般采用气体自动灭火系统和高压细水雾灭火系统。国内外地铁中气体自动灭火系统使用较多的灭火剂为七氟丙烷（FM-200）和混合气体（IG541）。

七氟丙烷（FM-200）气体灭火系统如图 7-27 所示。FM-200 在灭火过程中会因发生化学反应而产生容易对精密仪器造成损害的 HF。HF 的产生量与喷射时间和设计浓度有关，因此要求 FM-200 喷射时间短，一般为 10s。

图 7-27 七氟丙烷气体灭火系统

混合气体（IG541）灭火系统是通过物理窒息灭火，在与火焰接触时无伴随物产生，如图 7-28 所示。

图 7-28 IG541 气体灭火系统

高压细水雾系统在高效冷却和缺氧窒息的双重作用下体现出了其优越的灭火效果。其原理图如图 7-29 所示。

7.4.4 灭火器

灭火器是地铁车站内重要的配置之一，其操作简单、投资低，能有效地抑制或扑灭初期火灾，防止火灾蔓延。除区间外，地铁车站内均配置建筑灭火器。

根据地铁不同地点的功能和重要性，按国家现行《建筑灭火器配置设计规范》的规定装备不同种类的中小型灭火器，一般按严重危险级配置磷酸铵盐干粉灭火器。

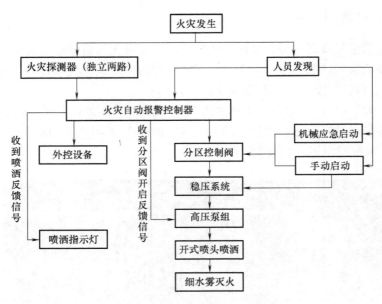

图 7-29 高压细水雾系统原理图

7.5 | 地铁通风排烟

7.5.1 地铁通风排烟系统的组成及分类

地铁通风排烟系统根据使用场所的不同，可分为隧道通风排烟系统和车站通风排烟系统。当车站站台设置全高安全门时，隧道通风排烟系统根据其服务区域可分为区间隧道通风排烟系统和车站隧道通风排烟系统两部分，通过不同模式对区间隧道火灾和车站隧道火灾进行环境控制。车站通风排烟系统分为车站公共区通风排烟系统、车站设备及管理用房区通风排烟系统，如图 7-30 所示。

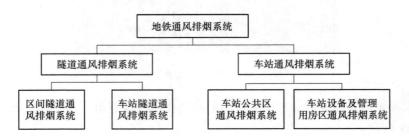

图 7-30 地铁通风排烟系统的组成

区间隧道通风排烟系统主要负责两个车站之间隧道的通风与排烟，包括自然通风和机械通风，机械通风下一般采用纵向的送排风系统，其同时具备排烟功能。

车站隧道通风排烟系统位于站台门外侧的轨行区范围内，平时负责排出列车停站时的制动散热及列车空调冷凝器的散热，火灾工况下，负责排除轨行区的烟气，引导列车上的乘客疏散。

车站公共区通风排烟系统简称为大系统，其根据地铁运营环境要求，在车站站厅站台的公共区部分设置通风空调和防排烟系统，正常运行时为乘客提供过渡性舒适环境，事故状态时迅速组织排除烟气。

车站设备管理用房通风排烟系统简称为小系统。地铁车站的设备管理用房是车站正常运行的心脏部位，一旦火灾时不能迅速有效地排烟，将危及其他房间的安全，造成设备区混乱和人员恐慌。根据地铁设备管理用房的工艺要求和运营管理要求，必须在设备管理用房设置通风空调和防排烟系统，正常运行时为运营管理人员提供舒适的工作环境和为设备正常工作提供必需的运行环境，事故状态时迅速组织排除烟气。

7.5.2　隧道通风排烟系统

1. 隧道通风排烟系统的组成

隧道通风排烟系统根据其服务区域可分为区间隧道通风排烟系统和车站隧道通风排烟系统两部分，其示意图如图 7-31 所示。

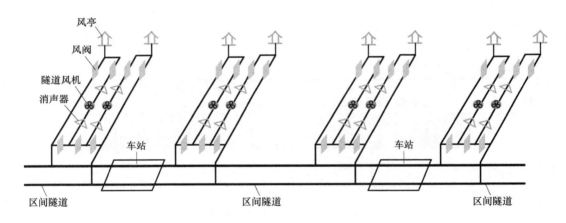

图 7-31　隧道通风排烟系统示意图

区间隧道通风系统主要由隧道风机、射流风机、消声器、风阀等设备及相应的管路系统、动力配电和控制单元组成，通常在车站两端各设置两台隧道风机及相应的风道、风阀、消声器等附属设备。

车站隧道通风系统主要由车站隧道排风机、消声器、风阀、防火阀等设备及相应的管路系统、动力配电和控制单元组成。

2. 隧道通风排烟系统运行模式

区间和车站隧道火灾以列车火灾为主，国内地铁常用的列车形式为 A 型车和 B 型车两种，A、B 型车火灾规模通常取为 7 MW、5 MW，火灾通风设计时一般按照 1.5 倍的富裕系数考虑，即 A 型车、B 型车火灾规模分别取 10.5 MW、7.5 MW。

在火灾排烟及乘客疏散的过程中，隧道通风系统应按照以下原则组织气流方向：保证事故隧道内的烟气按与多数乘客疏散的相反方向排除；尽量保证烟气排除的路径最短。

一般而言，隧道通风系统需要处理的火灾情况有如下三种：

1）列车停靠在车站隧道时，发生火灾。

2）列车在区间行驶时发生火灾，进站停靠站台疏散乘客。

3）列车在区间行驶时发生火灾，失去动力停靠在区间隧道内，乘客下车迎新风方向疏散。

当发生上述第1）、2）种火灾情况（即车站隧道火灾工况）时，火灾发生侧的站台门开启，列车内人员疏散至公共区，运行车站两端配置的隧道通风系统设备，包括隧道风机、轨道排风机，对车站隧道排烟，新风由车站出入口通道和两端区间自然补充，将烟气控制在车站两端的风井之间，同时在车站站厅到站台的楼扶梯口处形成不小于 1.5m/s 的向下风速，保证乘客经车站站台、站厅安全疏散到地面。

当发生火灾情况3）时，即区间隧道火灾工况。区间通风系统主要负责两个车站之间隧道的通风排烟。目前常用的隧道火灾排烟主要是纵向通风排烟，其示意图如图 7-32 所示，火灾时烟气在行车空间沿隧道轴线方向（纵向）排出，此时的隧道通风运行方式应以乘客疏散模式为依据，通风方向应迎着乘客疏散方向送入新风。

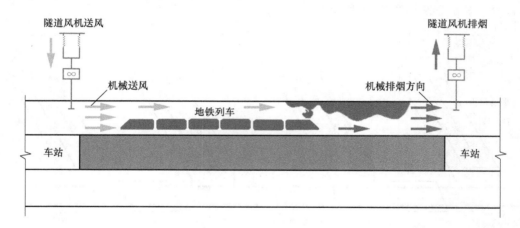

图 7-32　纵向通风排烟示意图

区间隧道火灾工况执行排烟模式，需要通过两端车站的隧道通风设备的组合运行，保证火灾隧道的断面风速大于临界通风断面流速，有效控制烟气的流向，防止烟气蔓延。

（1）区间隧道火灾工况防排烟运作模式

隧道内排烟的原则是沿乘客安全疏散方向相反的方向送风，这样既可以阻止烟气与人同向流动，又给疏散逃生人员送去新鲜的空气。地铁隧道内起火部位与列车的位置关系决定了乘客的疏散方式，而乘客的疏散方式又决定了隧道内的排烟方向。因此，隧道内发生火灾时，起火部位与列车的位置关系既决定了乘客的疏散方向，又决定了区间两端站台风机和区间风机，以及隧道内的射流风机（当需要时）的送风排烟方向。

在火灾情况下，由列车驾驶员报告列车内的火灾位置。发生火灾时，起火部位与列车大致有两种位置关系，即起火部位于车头或车尾。当车头发生火灾时，乘客经过疏散平台向后方车站或通过最近的联络通道向相邻隧道疏散。隧道内车头火灾气流组织示意如图 7-33 所示。车尾发生火灾时乘客经过疏散平台向前方车站或通过最近的联络通道向相邻隧道疏散。隧道内车尾火灾气流组织示意如图 7-34 所示。

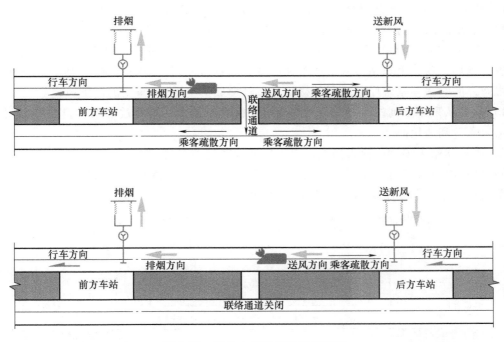

图 7-33 车头火灾气流组织示意图

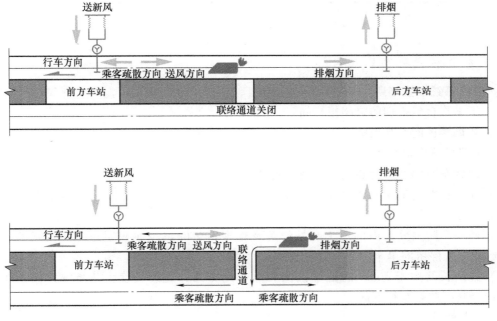

图 7-34 车尾火灾气流组织示意图

（2）车站隧道火灾工况防排烟运作模式

车站隧道火灾又指车站轨行区火灾。当车站轨行区发生火灾时，往往是着火列车滞留在车站内。此工况下人员疏散及防排烟的运作模式为：

1）当站台层设有安全门时，停车侧安全门应自动打开（如果有故障，可开启应急门）。

2）启动车站站台层相关排烟系统，尽所能排除烟气。

3）启动车站排热系统和两端的隧道通风设备，包括隧道风机、轨道排风机，对车站轨行区进行排烟，新风由车站出入口通道和两端区间自然补充，将烟气控制在车站两端的活塞风道之间，同时在车站站厅到站台的楼扶梯口处形成不小于 1.5m/s 的向下风速。

4）乘客从列车下到站台层后经楼梯和自动扶梯到站厅，再经过检票机口和栏栅门等通道，从出入口到达地面。

5）确认本站火灾后，应阻挡地面出入口处乘客进入本站。

6）确认本站火灾后，控制中心调度应使其他列车不再进入本站或快速通过、不停站。

车站隧道火灾气流组织示意图如图 7-35 所示。

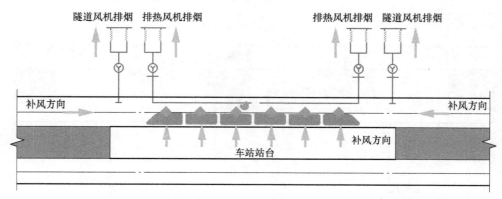

图 7-35　车站隧道火灾气流组织示意图

7.5.3　防排烟系统的设计要求

1. 防烟系统设置场所

1）不满足自然排烟的封闭楼梯间。

2）防烟楼梯间及其前室。

2. 排烟系统设置场所

1）地铁车站的站厅公共区、站台公共区。

2）连续长度大于 60m 的地下通道和出入口通道、设备管理用房门至安全出口距离大于 20m 的内走道。

3）同一个防火分区内的地下车站设备及管理用房的建筑面积超过 200m² 或面积超过 50m² 经常有人停留的单个房间。

4）连续长度大于 300m 的地下区间和全封闭车道，连续长度大于 60m，但小于等于 300m 的全封闭载客车行区间。

3. 设置标准

防排烟系统参照《建筑设计防火规范》《地铁设计防火标准》《建筑防排烟系统技术规程》及相关手册执行。

（1）区间隧道防排烟

区间隧道防排烟系统宜采用纵向通风控制方式，有效控制烟气流动方向，保证火灾点疏散侧处于无烟区，为乘客创造不受烟气污染的疏散环境。断面风速不应小于 2m/s，且不得高于 11m/s，还应满足列车处在坡段时，能有效控制烟气逆流，即断面风速应高于临界风速。

（2）车站隧道防排烟

1）机械加压送风系统应采用管道送风，不应采用土建风道。

2）机械加压送风量应满足走道至前室至楼梯间的压力递增分布。

3）排烟系统水平设置时，每个防火分区的排烟系统应单独设置。

4）排烟系统宜设置在排烟系统的最高处。

5）防排烟风机应设置在单独的机房内。

6）设置排烟系统的场所应划分防烟分区，防烟分区不得跨越防火分区，公共区防烟分区不得超过 2000m²，设备区防烟分区不得超过 750m²。

7）排烟口到最远点的水平距离不超过 30m，排烟口的风速不宜大于 7m/s。

8）消防控制设备应显示防排烟系统风机、阀门等设施的启闭状态。

7.5.4　车站防排烟系统

车站防排烟系统由公共区（站厅、站台）防排烟系统、设备管理区防排烟系统组成。防排烟设备一般布置在车站两端临近排风井的机房内，烟气经车站两端的排风井排至室外，防烟系统从两端的新风井获取室外新风，对防烟区域进行加压。

1. 站厅层公共区火灾工况运行模式

1）关闭公共区的送风系统、回排风系统，开启车站两端的排烟风机，关闭站台层的排烟支管，烟气经车站两端的排风井排至室外，如图 7-36 所示。

2）站厅排烟，形成站厅公共区负压，新风由出入口自然补入。

3）确认本站火灾后，采取应急措施，阻挡地面乘客不再进入本车站内。

4）确认本站火灾后，对滞留于站台层的乘客，应调度列车尽快将滞留在站台上的乘客带走。

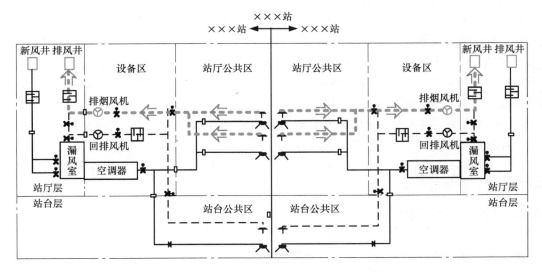

图 7-36　地铁车站站厅层公共区火灾运行模式

2. 站台层公共区火灾工况运行模式

1）关闭公共区的送风系统、回排风系统，开启车站两端的排烟风机，关闭站厅层的排烟支管，烟气经车站两端的排风井排至室外，如图7-37所示。

2）在确认上、下行线列车已经越行本站后，打开站台门端部的滑动门，开启车站两端的区间隧道风机、排热风机，辅助站台层公共区排烟系统进行排烟，以保证楼梯口有不小于1.5m/s的向下气流。

3）开启闸机，开启位于非付费区和付费区之间的所有栏栅门，使乘客无阻挡通过出入口疏散到地面。

4）确认本站火灾后，通过显示、声讯或人员管理等措施阻挡地面出入口处乘客进入车站。

5）确认本站火灾后，控制中心调度应使其他列车不再进入本站或快速通过、不停站。

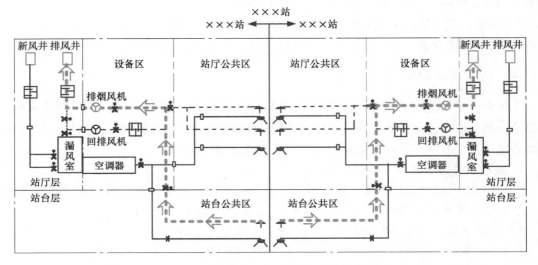

图7-37 地铁车站站台层公共区火灾运行模式

3. 设备管理区火灾工况模式

1）气体保护房间发生火灾，应当关闭该区域所有通风空调设备，关闭气体灭火保护单元管道上的防烟防火阀，并启动气体灭火装置进行灭火。当确认该区域内的火灾被扑灭后，开启该区域对应的排风系统、补风系统风机，并电动或手动开启风管管路上的防烟防火阀，进行事后通风排除废气，一般事后通风时间维持两个小时以上，确保烟气排除干净。当确认烟气排除干净后，系统转入正常运行模式。

2）非气体保护房间发生火灾，开启对应防烟分区内的排烟风机、补风风机，开启加压风机，保持烟气不进入疏散楼梯间，确保楼梯间安全。

3）位于设备管理区内的人员，通过设备管理区直通地面的消防专用通道疏散至地面，或疏散至相邻车站公共区。

7.6 地铁火灾人员疏散

地铁火灾中的人员安全疏散是指在地铁内火灾所产生的热量、烟气等尚未危及人员安全之前，借助疏散平台、联络通道、车站站台和站厅通道、楼梯、安全出口等构成的疏散空间，将所有人员安全、迅速地撤离地铁车站或区间隧道。

7.6.1 疏散设施

1. 疏散通道

疏散通道是人员疏散所经过路径的总称，为通向临时安全区域或最终安全区域的，配备有应急照明、疏散指示标志，必要时配置广播和声光报警等辅助疏散装置的连续无障碍的通道。

2. 联络通道

联络通道是指连接相邻两条单洞单线载客运营地下区间，可供人员安全疏散用的通道。两条单线载客运营地下区间之间应设置联络通道，相邻两条联络通道之间的最小水平距离不应大于 600m。联络通道示意图如图 7-38 所示。

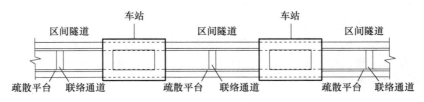

图 7-38　联络通道示意图

3. 纵向疏散平台

纵向疏散平台是指在区间内平行于线路并靠站台侧，供人员疏散用的纵向连续走道。

4. 安全出口

安全出口是指供人员安全疏散，并能直接通向室内外安全区域的车站出口、楼梯或扶梯出口、联络通道入口、区间风井内直通地面的楼梯间入口等。

5. 应急照明和疏散指示标志

地铁车站应急照明一般包括备用照明、疏散照明、安全照明。地铁内疏散指示标志按供电情况可分为灯光型、蓄光型、普通型，其中以灯光型疏散指示标志（灯光型疏散指示又称疏散照明，属于应急照明的一种）最为常见，如图 7-39 所示。

图 7-39　灯光型疏散指示标志

7.6.2 火灾人员疏散设计要求

1. 车站人员安全疏散

站台至站厅或其他安全区域的疏散楼梯、自动扶梯和疏散通道的通过能力，应能保证在远期或客流控制期中超高峰小时最大客流量（一天中地铁线路客流量最大的 1h 内的客流量）时，一列进站列车所载乘客及站台上的候车乘客能在 4min 内全部撤离站台，并应能在 6min 内全部疏散至站厅公共区或其他安全区域。

当站台列车发生火灾时，必须疏散人员为远期或客流控制期超高峰小时一列进站列车所载的乘客及站台上的候车乘客；当站台公共区发生火灾时，必须疏散人员为起火站台上的候车乘客，进站列车应过站不停车；当站厅公共区发生火灾时，必须疏散人员为所有线路站台的乘客及站厅乘客。

事故安全疏散时间是指灾害情况下将必须疏散人员全部疏散至安全区的时间，疏散时间的计算应符合《地铁设计防火标准》（GB 51398—2018）的规定。

乘客全部撤离站台的时间 T 应满足下式要求：

$$T = \frac{Q_1 + Q_2}{0.9[A_1(N-1) + A_2 B]} \leqslant 4\min \tag{7-1}$$

式中　Q_1——远期或客流控制期中超高峰小时最大客流量时一列进站列车的载客人数（人）；

　　　Q_2——远期或客流控制期中超高峰小时站台上的最大候车乘客人数（人）；

　　　A_1——一台自动扶梯的通过能力 [人/（min·台）]；

　　　A_2——单位宽度疏散楼梯间的通过能力 [人/（min·m）]；

　　　N——用作疏散的自动扶梯数量（台）；

　　　B——疏散楼梯的总宽度（m），每组楼梯的宽度应按 0.55m 的整倍系数计算。

在公共区付费区与非付费区之间的栅栏上应设置平开疏散门。自动售检票机和疏散门的通过能力应满足下式要求：

$$A_3 + LA_4 \geqslant 0.9[A_1(N-1) + A_2 B] \tag{7-2}$$

式中　A_3——自动售检票机门常开时的通过能力（人/min）；

　　　A_4——单位宽度门的通过能力 [人/（min·m）]；

　　　L——疏散门的净宽度（m），按 0.55m 的整倍系数计算。

每个站厅公共区应至少设置 2 个直通室外的安全出口。安全出口应分散布置，且相邻两个安全出口之间的最小水平距离不应小于 20m。站厅公共区和站台计算长度内任意一点到疏散通道口和疏散楼梯口或用于疏散的自动扶梯口的最大疏散距离不应大于 50m。

2. 区间隧道人员安全疏散

载客运营地下区间内应设置纵向疏散平台。疏散路径需保证连贯、无障碍、平整。当列车在区间内着火且不能行使到前方车站时，乘客可通过道床或应急疏散平台步行撤离至安全区域。

当地下区间隧道为单洞单线时，应急疏散平台设置于一侧，宽度一般要求不小于700mm，困难情况下不小于 550mm；当区间隧道为单洞双线时，疏散平台设置于中央，宽度一般要求不小于 1000mm，困难情况不小于 800mm。疏散平台高度（距轨顶面）应小于等于 900mm。

区间隧道发生火灾时乘客安全疏散的基本原则：运行的列车应尽可能行驶到前方车站，在前方车站组织疏散乘客；对无法行驶到前方车站的列车，应在停电后对乘客进行疏散救援。乘客可沿侧向疏散平台（列车的侧门应开启作为乘客紧急疏散门）或道床（列车端部应设置专用前端门作为乘客紧急疏散门）步行至最近的车站或联络通道处进入另一条非火灾隧道内进行疏散。地铁区间隧道人员疏散平台平面图及剖面图分别如图 7-40 和图 7-41 所示。同时在整个疏散过程中，隧道通风系统应保证事故隧道内烟气按与多数乘客疏散相反方向排除。

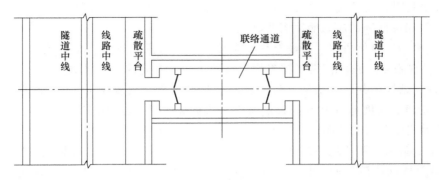

图 7-40　地铁区间隧道人员疏散平台平面图

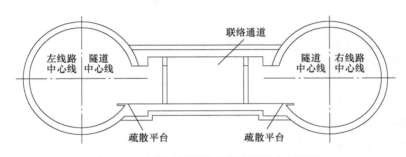

图 7-41　地铁区间隧道人员疏散平台剖面图

3. 消防配电

地铁车站中的消火栓泵、喷淋泵、火灾报警、通信、信号、环境与设备监控、气体灭火、防火卷帘门、屏蔽门、防淹门、隧道风机（含射流风机）、排烟风机及相关风阀、应急照明（含疏散指示标志照明）、废水泵、区间雨水泵及消防疏散兼用的自动扶梯等消防负荷为一级负荷。一般采用分别引自变电所内低压两段母线的双电源双回路进行供电，并在最末一级配电箱处进行自动切换。

地铁车站通风、排烟等设备数量较多，且负荷布置相对集中，为提高这些设备供电的可靠性，车站内设置在同一侧的火灾事故风机、防排烟风机及相关风阀等一级负荷，其供电电源应由该侧双重电源自切柜单回路放射式供电。当通风、排烟等负荷距自切柜较远（一般大于 100m）时，其两路电源则要尽量直接引自变电所两路低压母线并实施末端自切，以提高供电的可靠性。

对于自动灭火系统、防火卷帘、活动挡烟垂壁等用电负荷较小的消防用电设备，在满足消防设备供电可靠性的前提下，可就近共用服务于同一防火分区的双电源自切柜，以减少变电所的出线回路，降低投资。

4. 应急照明

地铁车站的应急照明主要为火灾时的疏散照明和备用照明，地铁车站公共区设置应急照明配电箱较困难，公共区的疏散照明可以由设置于设备区的应急照明配电箱按公共区与设备区分回路供电。

当地铁车站发生火灾时，为保证人员安全疏散及灭火救援，要求不能中断运行和工作的场所设置备用照明，人员疏散过程必须经过的路线和空间设置疏散照明。参照《建筑设计防火规范》等相关标准，应急照明需要满足以下规定：

1）变配电间、通信机房、消防泵房、事故风机、防排烟机房、车站控制室、控制中心的控制室以及在发生火灾时仍需坚持工作的其他房间，应设置备用照明。

2）站台、站厅公共区、扶梯、疏散通道、避难通道（含前室）、安全疏散口、长度超过20m的内走道、长度超过10m的袋形通道、消防楼梯间、防烟楼梯间（含前室）、区间隧道、联络通道应设置疏散照明。

3）车站的疏散照明的地面最低水平照度不应小于3.0lx，扶梯、疏散通道转角处不应小于5.0lx；地下区间隧道床面疏散照明的最低水平照度不应小于3.0lx；变配电间、通信机房、消防泵房、控制中心的控制室、车站控制室等应急指挥和应急设备设置场所备用照明，其照度不应低于正常照明照度的50%，其余设置备用照明场所的照度不应低于正常照明照度的10%。

4）地下车站及区间隧道应急照明持续供电时间不小于60min，由正常照明转换为应急照明的切换时间不应大于5s。

5. 疏散指示

疏散指示标志的设置要求：

1）在车站的站台、站厅、楼梯转角、疏散通道拐弯、交叉口沿通道方向每隔不大于10m，应设置灯光疏散指示标志，距地面应小于1m。

2）疏散门、安全出口处应设置灯光疏散指示标志，并设置在门洞正上方。

3）车站公共区的站台、站厅乘客疏散路线和疏散通道等人员密集部位的地面上，以及疏散楼梯台阶侧立面，应设置蓄光疏散指示标志，并应保持视觉连续。

4）设置在车站的固定式疏散指示标志要指向最近的安全出口；设置智能疏散指示系统时，应与火灾自动报警系统实现联动控制，并根据火灾位置和烟气流动方向指示有效的疏散方向。

5）区间隧道应设置可控制指示方向的灯光疏散指示标志，根据火灾位置和安全出口方向指示有效的疏散方向。

复 习 题

1. 简述不同地铁换乘车站的防火分隔要求。
2. 简述地铁系统中不同火灾场景下防排烟系统的运行模式。
3. 简要说明地铁系统中如何计算人员疏散时间。
4. 简述地铁火灾控制中不同消防系统的协同运作程序。

第8章
综合管廊火灾预防与控制

本章学习目标:

了解综合管廊的分类、构成要素及其火灾危险性。

掌握综合管廊耐火设计方法与防火封堵措施。

掌握综合管廊火灾报警及综合监测系统组成与基本要求。

掌握综合管廊灭火方法与常见灭火系统组成。

掌握综合管廊通风排烟与火灾人员疏散的基本设计要求。

本章学习方法:

在理解综合管廊火灾危险性的基础上,对综合管廊内各消防系统的设计原则、适用范围、布置要求进行归纳和总结,并注重理论联系实际。

8.1 综合管廊分类与火灾危险性

8.1.1 城市综合管廊

综合管廊是指建于城市地下,用于容纳两类及以上城市工程管线的构筑物及附属设施(图8-1),实现将电力、通信、供水、燃气等多种市政管线集中在一体,方便电力、通信、供水、燃气等市政设施的维护和检修,做到"统一规划、统一建设、统一管理",达到地下空间的综合利用和资源共享的目的。

为了加强城市地下管线建设管理,保障城市安全运行,提高城市综合承载能力和城镇化发展质量,国务院办公厅相继下发文件。2013年9月6日下发的《关于加强城市基础设施建设的意见》指出:城市基础设施是城市正常运行和健康发展的物质基础,对于改善人居环境、增强城市综合承载能力、提高城市运行效率、稳步推进新型城镇化、确保2020年全面建成小康社会具有重要作用。2014年6月14日发布的《关于加强城市地下管线建设管理的指导意见》要求：统筹地下管线规划建设、管理维护、应急防灾等全过程，综合运用各项政策措施，提高创新能力，全面加强城市地下管线建设管理。稳步推进城市地下综合管廊建设。2015年8月10日下发的《关于推进城市地下综合管廊建设的指导意见》明确指出：到2020年，建成一批具有国际先进水平的地下综合管廊并投入运营，反复开挖地面的"马路拉链"问题明显改善，管线安全水平和防灾抗灾能力明显提升，逐步消除主要街道蜘蛛网式架空线，城市地面景观明显好转。

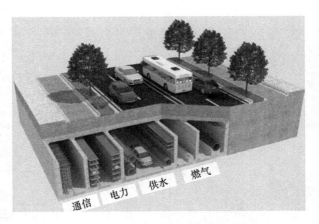

图 8-1 综合管廊概念图

在此背景下，国家标准《城市综合管廊工程技术规范》（GB 50838—2015）将综合管廊按照总体设计、结构工程、管线设计、附属设施等四部分进行构建，并按不同舱室对火灾危险性进行分类。同时，对综合管廊的耐火等级、防火分区、阻燃措施、自动报警系统以及自动灭火系统做出了设置要求。

8.1.2 综合管廊构成要素

综合管廊作为城市市政工程各专业管线的工程解决方案，主要由管廊本体、附属设施及入廊管线构成。综合管廊本体以入廊专业管线路径及敷设需求为依据，实现预留城市道路下管线敷设载体的需求；附属设施则根据人员安全及入廊管线技术特点进行设置，保障入廊管线安全运作，便于入廊人员安全运维；入廊管线作为综合管廊的主要服务对象，依据其空间需求和技术特点，对综合管廊的设置情况提出明确要求。

入廊管线是综合管廊的直接服务对象及重要构成因素。常见综合管廊舱如图8-2所示，某综合管廊管线分布图如图8-3所示。

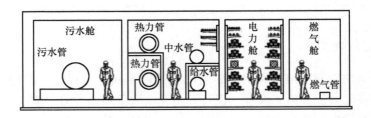

图 8-2 常见综合管廊舱

管线是综合管廊内各种管道和线缆的总称，其分为自用管线及公用管线。自用管线是指以满足综合管廊自身功能及运转为主要任务的管线部分。公用管线指的是入廊市政管线部分，按照其专业类别，可分为通信线缆、电力电缆、供水管道、热力管道、排水管道、天然气管道等。

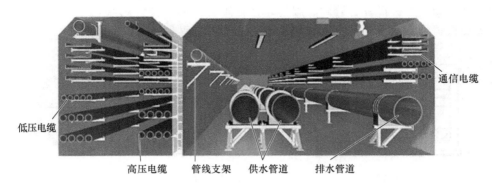

图 8-3 某综合管廊管线分布图

管线的设置一般应符合如下基本要求：

1）入廊管线应根据管线类别、管线敷设空间需求、管线安全及其他影响因素进行分舱布置。

2）天然气管道应采用独立舱室进行敷设。

3）热力管道不应与电力电缆同舱敷设；输送蒸汽介质的热力管道应采用独立舱室进行敷设。

附属设施是综合管廊有效运行所需的各类辅助设施设备的总称，主要包括消防系统、供电系统、通风系统、照明系统、监控与报警系统、排水系统及标识系统。

8.1.3 综合管廊类型

按照功能用途的不同，综合管廊宜分为干线综合管廊、支线综合管廊及缆线综合管廊。综合管廊基本类型如图 8-4 所示。干线综合管廊一般设置于机动车道或道路中央下方，主要连接原站（如自来水厂、发电厂、热力厂、变电站等）与支线综合管廊。支线综合管廊主要用于将各种管线从干线综合管廊分配、输送至各直接用户。缆线综合管廊一般设置在道路的人行道下面，其埋深较浅，工作通道不要求人员通行，上部仅设置可开启的盖板和手孔。

图 8-4 综合管廊基本类型

此外，综合管廊还可以按照其断面形式进行分类。按照断面形式的不同，综合管廊可分为矩形综合管廊、半圆形综合管廊、圆形综合管廊、拱形综合管廊等（图8-5）。管廊的断面形式需要根据纳入管线的种类及规模、施工工艺、预留空间等因素确定。

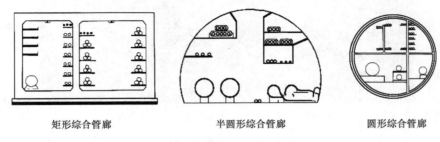

矩形综合管廊　　　　　半圆形综合管廊　　　　　圆形综合管廊

图 8-5　地下综合管廊常见断面形式

8.1.4　管廊内火灾或爆炸事故致灾因素分析

引起火灾的主要要素有助燃物（氧气）、可燃物、火源或热源。综合管廊内有天然的氧气、固体可燃物、可燃气体等，如管廊内线缆、管廊运输的燃气、管廊积水产生的沼气（甲烷）等；还存在潜在的火源与热源，如电火花、静电、电热效应等。三要素在一定的条件下便可能引发火灾或爆炸事故。例如，综合管廊内电气设备及电缆较多，若电气设备过热或短路，则可能引发电气火灾；燃气管道内燃气泄漏至爆炸浓度，可能引起爆炸事故。此外，维修人员在进入管廊进行日常维护管理时，可能会带来一些外来可燃材料和引火源，引起火灾。

常见的综合管廊内火灾或爆炸事故致灾分析如下：

（1）短路引起的火灾

短路是指电力网中或电气设备中不同相的导线直接金属性连接或经过小阻抗连接在一起。线路发生短路时，线路中电流将增加到正常工作电流的几倍甚至几十倍，使设备温度急剧上升，尤其是连接部分接触电阻大处；如果温度达到可燃物的燃点，即会引起燃烧。

电气线路发生短路主要有两个原因：一是受机械损伤，线芯外露接触不同电位导体而短路，如线路布设时过低或未用套管、线槽等外护物体未做保护，受到外物体碰撞挤压时因绝缘损伤而发生短路。二是电气线路因为过热、水浸、长霉、辐射等的作用而导致绝缘水平下降，在电气外因的触发下，例如受雷电瞬态过电压或回路暂时过电压的冲击，绝缘被击穿而发生短路。

短路起火有金属性短路起火和电弧性短路起火两种情况。当不同电位的两导体接触时，如果短路防护器失效拒动，短路状态持续。以 PVC 绝缘为例，当线芯温度超过 355℃ 时，PVC 绝缘分解出的氯化氢将因剧烈氧化而燃烧，这时沿线路全长线芯烧红，PVC 自然而形成一条"火龙"，酿成火灾的危险极大。虽然金属性短路起火危险性大，但是只要按规定要求安装短路防护器，并保持其防护的有效性，这种短路火灾是不难避免的。

当电气线路的两线芯相互接触而短路，线芯可能会熔化成团，当两熔化团收缩脱离时可能建立电弧；或者是线路绝缘水平严重下降，雷电产生瞬态过电压或电网故障产生的暂时过电压可能会击穿已经劣化的线路绝缘而建立电弧。这种电弧性短路的起火危险远大于金属性短路的起火危险，这是因为电弧具有很大的阻抗和电压降，它限制了故障电流，使过电流防

护器不能动作或不能及时动作来切断电源，使电弧持续存在，而电弧的局部高温可达 2000 ～
4000℃，足以引起邻近的可燃物起火，电气短路火灾大多是电弧性短路引起的。

（2）电气设备接触不良导致火灾

接触电阻是指互相接触的两个导体电阻之间不能完全接合，始终存在缝隙，该缝隙导致
两导体之间电阻加大。当电阻过大时，通过电流后导致局部发热量增加，造成局部过热现
象。导体电阻增大导致产生的热量增加，造成导体接触面温度增高，使金属接触表面的氧化
加剧，氧化层的增厚进一步增加了导体间的接触电阻，从而形成恶性循环，致使热量不断增
加累积，温度不断升高，产生火灾。

（3）线路过载引起的火灾

过载是指电气设备或导线的功率和电流超过了其额定值。造成过载的原因有以下几个方
面：一是设计、安装时选型不正确，使电气设备的额定容量小于实际负载容量；二是设备或
导线随意装接，增加负荷，造成超载运行；三是检修、维护不及时，使设备或导线长期处于
带病运行状态。

线路过载时，如果所带用电器具过多、电动机轴负载太大等，其过载电流不过是线路载
流量的几倍，线路温度的升高并不一定引燃可燃物。但过载可使绝缘劣化加速以致失效，最
后过载转化为短路，短路的异常高温足以引燃可燃物。因此，过载的后果是短路，短路是起
火的直接原因，两者既有联系又有区别。

（4）电缆绝缘劣化导致火灾

电缆的绝缘层由于碳化、潮湿、污染等因素导致其绝缘劣化时，可能会在绝缘表面形成
高温电弧，发生漏电事故。电弧高温高能，一旦接触周围可燃物，将会导致火灾发生。电缆
绝缘性能下降主要由外力、高温、自然老化等原因造成：

1）电缆使用时间超过规定年限，长时间的使用导致绝缘能力自然下降。

2）在外力作用下，如安装过程中的损坏性外力、小动物啃咬等，电缆绝缘层受到损伤
产生绝缘外破。

3）高温造成电缆绝缘能力降低，进而引发高温电弧，导致电缆火灾事故。在输电过程
中，若电缆带故障运行，线缆内由交流电产生的电场在绝缘材料中不断储能耗能，使电能变
化成热能，电热量增大导致电缆温度升高，继而使绝缘能力降低，导致发热量继续增大，形
成恶性循环，最终导致火灾。

（5）燃气管道引起的火灾

管道内运输的燃气泄漏后，泄漏的燃气和管廊内的空气形成混合物，随着燃气浓度的逐
渐增加，达到爆炸浓度下限，形成了爆燃性环境。如果此时管廊内温度升高到一定程度或有
火星出现，可燃物（燃气）、助燃物（氧气）和引火源三要素得到满足即可能引发火灾。

8.2 综合管廊耐火设计与防火封堵

8.2.1 耐火设计

综合管廊内包含了各种市政管线及附属电气设施，内部存在一定的可燃物。在管廊长期
的运营过程中，各类管线及附属电气设施会发生老化或局部损坏，可能导致燃气泄漏、电缆

短路或局部过热等危险，容易引发火灾或爆炸事故。因此，管廊的主结构体应采用耐火极限不低于 3.0h 的不燃性结构。另外，管廊其他结构的防火设计还应符合以下要求：

1）综合管廊内不同舱室之间应采用耐火极限不低于 3.0h 的不燃性结构进行分隔。

2）综合管廊交叉口及各舱室交叉部位应采用耐火极限不低于 3.0h 的不燃性墙体进行防火分隔，当有人员通行需要时，防火分隔处的门应采用甲级防火门。

3）天然气管道舱及容纳电力电缆的舱室应每隔不超过 200m 采用耐火极限不低于 3.0h 的不燃性墙体进行防火分隔，当有人员通行需要时，防火分隔处的门应采用甲级防火门。

4）综合管廊内部装修材料除嵌缝材料外，其余部分均应采用不燃材料。

8.2.2 防火封堵

综合管廊由于其自身特点限制，管线穿孔较多，为了避免某个舱室或防火分区内发生火灾时向其他区域蔓延传播，管线穿越防火分隔处应采用阻火包等防火封堵材料进行防火封堵，防火封堵组件的耐火极限须不低 3.0h。另外，在封闭式电缆线槽贯穿孔口处，应在线槽内部采用防火胶泥封堵严实。某电缆沟防火封堵如图 8-6 所示，图 8-7 为某电缆沟防火封堵设计图。

图 8-6 某电缆沟防火封堵

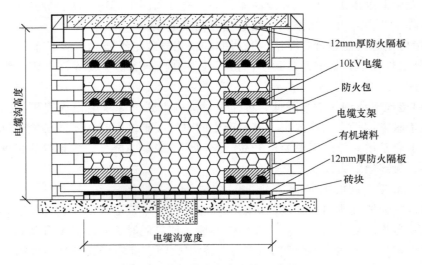

图 8-7 某电缆沟防火封堵设计图

8.2.3 电力电缆防火要求

电力电缆本身存在的发热特性是造成管廊火灾的重要因素之一。因此，电力电缆线路应采用更为严格的防火设计要求，具体如下：

1）电力电缆应采用阻燃电缆或不燃电缆，通信电缆应采用阻燃线缆；通信电缆和电力电缆不应在同一线槽内敷设；双回路线路不应在同侧敷设。

2）电缆桥架上的电缆中间接头处应设置防火防爆盒（图8-8），防火防爆盒两侧3m长的区段以及沿该电缆并行敷设的其他电缆同一长度范围内的电缆应涂刷防火涂料或包覆防火材料。

3）对于管廊内并列敷设的电缆，为了避免发热量较大，其接头的位置应相互错开。

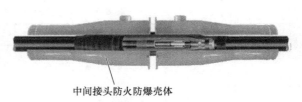

中间接头防火防爆壳体

图8-8　电缆中间接头防火防爆盒

8.3　综合管廊火灾报警与监控

干线、支线综合管廊，含电力电缆的舱室应设置火灾自动报警系统。综合管廊火灾报警系统由集中报警控制器、消防控制室图形显示装置、区域火灾报警控制器、气体灭火控制器、现场探测部件、手动报警按钮、声光警报器、模块等组成。由区域报警控制器负责各自区域的火灾报警及联动，通过普通组网或光纤组网将报警信息上传至消防控制室内。区域报警控制器通常放置于变电所或配电设备井夹层内，集中报警控制器通常放置于监控中心或配电设备井夹层内，综合管廊每200m划分一个防火分区及探测区域。

鉴于综合管廊为非公共场所，平时只有少量工作人员进行巡检工作，火灾警报器可以满足紧急情况报警需要时，可不设消防应急广播系统。

8.3.1　综合管廊常用火灾报警探测器

1. 线型感温火灾探测器

对于电力舱室而言，线缆的短路和过载是其主要火灾原因，这类火灾通常有一定时间的线路升温过程。如果能对这一异常温度进行早期预警，并及时对线路进行断电、冷却等措施，能大大减小综合管廊发生火灾的概率，提高灭火救援响应速度。对线缆进行连续性的温度监测是综合管廊火灾预防的一种方法。《城市综合管廊工程技术规范》（GB 50838—2015）规定：干线、支线综合管廊含电力电缆的舱室应设置火灾自动报警系统，并应在电力电缆表层设置线型感温火灾探测器，在舱室顶部设置线型光纤感温火灾探测器或感烟火灾探测器。

与此同时，《火灾自动报警系统设计规范》（GB 50116）对管廊电缆舱室火灾探测设置的要求是：无外部火源进入的电缆隧道应在电缆层上表面设置线型感温火灾探测器；有外部火源进入可能的电缆隧道在电缆层上表面和隧道顶部，均应设置线型感温火灾探测器，如图8-9所示。

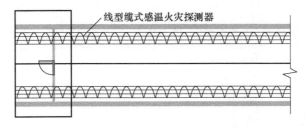

线型缆式感温火灾探测器

图8-9　线型感温火灾探测器与分布式光纤在管廊内安装示意图

不同线型火灾探测器性能比较见表8-1。

表8-1　不同线型火灾探测器性能比较

技 术 指 标	探测器类型		
	高灵敏线型感温火灾探测器	缆式线型感温火灾探测器	分布式光纤线型感温火灾探测器
传感原理	热敏材料 + 复合式传感器	热敏材料	光纤本身的物理特性
探测方式	非接触式	接触式	接触式
探测参数	多参数	单参数	单参数
标准报警长度/m	1	1	1
10cm 小尺寸火焰响应情况	5s 以内	30s 以内	不响应
使用长度	单只2km	单只200m	单只2～10km
温度显示安装	信号处理单元显示，上位机图文显示，远程传送至智能显示终端设备	无温度显示功能	在光纤控制器上显示
安装方式	直线架空	接触式	接触式
工程造价	较低	低	高
使用及维护	调试维护简单，若发生断路，只需将感温电缆故障处替换即可，架空方式大大降低了被保护设备的检修成本	调试维护简单，若发生断路，只需将感温电缆故障处替换即可，进行电气连接即可	调试维护复杂，需要专用设备，一旦光纤发生断路，必须采用专门的熔接机进行焊接，焊接后需要进行光功率损耗测试，重新标定温度

2. 感烟火灾探测器

风机房、变配电室等其他场所宜设置点型感烟火灾探测器。需要联动启动自动灭火设施时应设置感烟及感温火灾探测器（图8-10）。

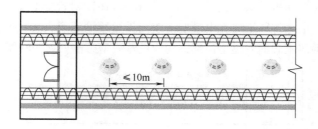

图8-10　线型感温火灾探测器与感烟火灾探测器在管廊内安装示意图

综合管廊内感烟火灾探测器选型见表8-2。

表 8-2   综合管廊内感烟火灾探测器选型

感烟探测器选型	适 用 场 所
点型感烟火灾探测器	风机房、变配电室等设备用房
线型光束感烟火灾探测器	管廊舱室

8.3.2   综合管廊可燃气体监测

综合管廊天然气舱应设置可燃气体探测报警系统监测管廊内可燃气体浓度，防止气体泄漏引发灾害事故。可燃气体报警控制器的报警信号以及管道阀门释放源处、管廊内天然气容易积聚处的可燃气体浓度均应上传至监控中心，同时把报警信号同步传送至燃气公司监控中心。此外，可燃气体探测报警系统应包含火灾声光警报器。天然气舱内每个防火分区的人员出入口、逃生口和防火门处应设置火灾声光警报器，且每个防火分区不应少于 2 个。

可燃气体探测器是可燃气体探测报警系统的前端感知模块。可燃气体探测器宜通过现场总线方式接入可燃气体报警控制器。每个防火分区的探测总线应采用独立回路，且可燃气体探测报警系统信号建议接入综合管廊统一管理平台，实现综合管廊内可燃气体浓度的整体在线监测。

可燃气体探测器应在天然气舱室的顶部、管道阀门安装处、人员出入口、吊装口、通风口、每个防火分区的最高点气体易积聚处设置，且舱室内沿线点型可燃气体探测器设置间隔不宜大于 15m。当可燃气体探测器安装于管道阀门处时，探测器的安装高度应高出释放源 0.5 ~ 2m。

8.3.3   消防电话系统

在每个火灾报警控制柜内设置消防电话主机，在每个防火分区设置 3 个电话分机（出入口 2 个、中间 100m 处 1 个），每个分配电所和监控中心各 1 个电话分机，安装高度 1.5m。消防控制室设有可直接报警的外线电话。

8.3.4   手动报警按钮

在含有电力电缆的舱室，每个防火分区出入口、通风口和舱室内设置手动报警按钮和声光报警器（图 8-11），现场工作人员可通过手动报警按钮报警。火灾自动报警系统确认火灾后，能同时启动所有声光报警器。

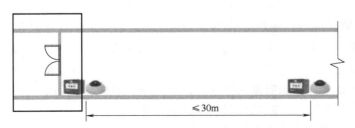

图 8-11   手动报警按钮和声光报警器在管廊内安装示意图

8.3.5 防火门监控系统

日常运行时，防火门监控系统用于监测各个防火门的开、闭状态，当防火门处于非正常的打开或非正常的关闭状态时，发出门故障报警信号。

发生火灾时，防火门监控系统用于远程控制（手动或自动）常开防火门的关闭，阻止火势、烟气向外蔓延，接收并显示防火门关闭的反馈信号。该系统在管廊内安装示意图如图8-12所示。

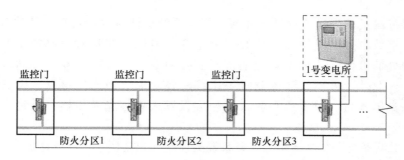

图8-12　防火门监控系统在管廊内安装示意图

8.3.6 消防设施联动控制

综合管廊应设置消防控制室，消防控制室宜与管廊监控中心共建，其防火分隔措施应符合相关规定，火灾自动报警系统信号应接入综合管廊统一管理平台。当确认火灾后，消防联动控制器应能联动关闭着火分区及同舱室相邻分区的通风设备，启动自动灭火系统，并切断非消防相关设备的电源，然后向安全防范视频监控系统发出联动触发信号。

对于燃气泄漏事故，当天然气管道舱的可燃气体浓度超过报警浓度设定值（上限值）时，可燃气体报警控制器启动本防火分区的火灾声光警报器和天然气舱事故段防火分区及其相邻防火分区事故通风设备。燃气公司监控中心接受报警信号后，给出远程切断信号，控制燃气管道紧急切断阀门的动作。

8.3.7 火灾自动报警系统供电与布线

综合管廊内监控与报警设备防护等级不宜低于IP65。监控与报警系统中的非消防设备的仪表控制电缆、通信线缆应采用阻燃线缆。消防设备的联动控制线缆应采用耐火线缆。此外，综合管廊的消防设备、监控与报警设备、应急照明设备应按现行国家标准《供配电系统设计规范》（GB 50052—2009）规定的二级负荷供电。

《火灾自动报警系统设计规范》（GB 50116）规定，火灾自动报警系统应设置交流电源和蓄电池备用电源，交流电源应采用消防电源，备用电源可采用火灾报警控制器和消防联动控制器自带的蓄电池电源或消防设备应急电源。当备用电源采用消防设备应急电源时，火灾报警控制器和消防联动控制器应采用单独的供电回路，并应保证在系统处于最大负载状态下不影响火灾报警控制器和消防联动控制器的正常工作。

火灾自动报警系统的传输线路和50V以下供电的控制线路，应采用电压等级不低于交流300V/500V的铜芯绝缘导线或铜芯电缆。采用交流220V/380V的供电和控制线路，应采用电压等级不低于交流 450V/750V 的铜芯绝缘导线或铜芯电缆。火灾自动报警系统的供电线路和传输线路设置在室外时，应埋地敷设。综合管廊内的接地系统应形成环形接地网，接地电阻不应大于 1Ω。

8.3.8 系统设计与施工要点

火灾自动报警系统的设计、施工及验收，应符合现行《火灾自动报警系统施工及验收规范》（GB 50166）的相关规定。其中，线型感温火灾探测器的设计、施工及验收，还应符合下列规定：

1）非接触式安装的缆式线型感温火灾探测器的敏感部件宜安装在电缆支架上层电缆托架的下表面，最上层电缆支架探测器的敏感部件吊装在舱的顶部，距舱顶不宜大于 100mm。敏感部件的固定间距不大于 2m。

2）接触式缆式线型感温火灾探测器应采用 S 形布置在每层电缆的上表面。

3）接触式线型光纤感温火灾探测器应采用一根感温光缆保护一根电力电缆的方式，并应沿电力电缆敷设。

4）线型感温火灾探测器的调试应采用专用检测仪器进行火灾模拟，探测器应能发出报警信号，显示报警部位。采用断线方式进行故障模拟，探测器应能发出故障信号。

可燃气体探测报警系统的设计、施工及验收，还应符合下列规定：

1）点式可燃气体探测器的安装高度和安装间距应依据现行《石油化工可燃气体和有毒气体检测报警设计标准》（GB/T 50493）规定的保护半径确定，应能完全覆盖天然气管道舱室。

2）系统设备的安装与接线技术要求应符合现行《爆炸危险环境电力装置设计规范》（GB 50058）的有关规定。

8.4 综合管廊消防灭火系统

综合管廊为地下长条形建（构）筑物，发生火灾后，很难采用移动式灭火设施进行灭火。因此，综合管廊应合理设置自动灭火设施，将火灾消灭在发展初期阶段。根据火灾风险以及管廊内可燃物的分布，建议如下区域应设置自动灭火系统：①干线综合管廊中容纳电力电缆的舱室；②支线综合管廊中容纳 6 根及以上电力电缆的舱室；③综合管廊中容纳电力电缆舱室的电缆接头区、接头集中敷设区等重点防护区。其他容纳电力电缆的舱室宜设置自动灭火系统。此外，综合管廊内应在沿线、人员出入口、逃生口等处设置灭火器材，灭火器材的设置间距不应大于 50m。综合管廊内消防控制室、管廊监控中心、风机房、变配电室等设备用房，应配置手提式灭火器。

目前，我国城市地下综合管廊的自动灭火系统主要采用水喷雾灭火系统、细水雾灭火系统和超细干粉灭火系统。我国部分城市地下综合管廊采用自动灭火系统见表 8-3。

表 8-3 我国部分城市地下综合管廊采用的自动灭火系统

综合管廊名称	采用的自动灭火系统
上海市安亭新镇综合管廊	水喷雾灭火系统
上海世博园区综合管廊	水喷雾灭火系统
广州市亚运会综合管廊	水喷雾灭火系统

（续）

综合管廊名称	采用的自动灭火系统
合肥市滨湖城市天地综合管廊	水喷雾灭火系统
深圳前海电缆隧道	细水雾灭火系统
深圳阿波罗未来城综合管廊	细水雾灭火系统
广花一级公路综合管廊	超细干粉灭火系统
广州市中心城区综合管廊	超细干粉灭火系统
天河智慧综合管廊	超细干粉灭火系统

8.4.1 水喷雾灭火系统

1. 适用范围

以灭火控火为目的水喷雾灭火系统主要应用于扑灭综合管廊综合舱、电力电缆舱等舱室火灾。

2. 系统优缺点

优点：①水喷雾灭火系统对环境无污染，可用于扑救带电设备火灾；②细水雾喷射时可净化火灾中的烟气，有利于安全疏散，适用于有人的场所；③水作为灭火剂来源广泛、价格低廉。

缺点：①水喷雾灭火系统较复杂，附属设施较多，占用安装空间较大；②系统存在一定的水渍损失，当用于保护电气设备时，系统动作前必须首先切断电源。

常见固定式和移动式水喷雾灭火系统优缺点见表8-4。

表8-4 常见固定式和移动式水喷雾灭火系统优缺点

系统类别	代表性应用场所	优 缺 点
固定式水喷雾	广州市亚运城（每个防火区内设置5套DN150的雨淋阀，雨淋阀位于管道仓）； 合肥滨湖城市天地； 上海安亭综合管沟	排水压力增大； 雨淋阀位置设置困难，影响应急操作； 管廊断面增加导致投资增加
移动式水喷雾	上海张扬路共同沟； 上海世博会园区综合管沟	利用综合管廊上部地面上的消防栓等消防设施，配合管廊中每个消防分区设置的水泵接合器实现灭火。该系统布置简单，其消防支管预留对廊舱断面的影响不大，较节省成本。其缺点是不能够在火灾发生的第一时间进行自动灭火，但防火功能上能够满足使用要求

8.4.2 细水雾灭火系统

1. 适用范围

目前，细水雾灭火系统在综合管廊中被逐渐应用于扑灭综合管廊综合舱、电力电缆舱等火灾。综合管廊细水雾灭火系统应采用泵组式细水雾灭火系统，可采用全淹没、分区应用或局部应用的开式系统。细水雾应用方式可参考表8-5。

表 8-5 细水雾应用方式

电力电缆舱类型	细水雾应用方式
宽度 ≤3m 且高度 ≤3m 的电力电缆舱室	全淹没应用
宽度 >3m 或高度 >3m 的电力电缆舱室	分区应用
电力电缆单侧布置的电力电缆舱室或综合舱	局部应用

2. 系统优缺点

优点：①细水雾灭火系统灭火效能高，对环境无污染；②水雾雾滴直径很小，不连续，电绝缘性能好，可用于扑救带电设备火灾；③系统灭火用水量小，水渍损失甚微；④细水雾喷射时可净化火灾中的烟气，有利于安全疏散，适用于有人的场所；⑤水作为灭火剂来源广泛、价格低廉。

缺点：①系统较复杂，附属设施较多，占用安装空间较大；②一次性投资较高。

8.4.3 超细干粉灭火系统

超细干粉灭火剂是指 90% 粒径小于或等于 20μm 的固体粉末灭火剂。普通干粉灭火剂灭火时捕获燃烧自由基，终止燃烧。但是普通干粉灭火剂粒径较大，比表面积相对较小，在空间的悬浮时间短，用于全淹没灭火效果不理想，不适于综合管廊内灭火。而超细干粉灭火剂粒径小，粒子比表面积大，活性高，喷射后粒子在空气中有较长的悬浮时间，并且能绕过障碍物进入细小的空隙，因此超细干粉与气体灭火剂类似，以全淹没方式灭火，适用于综合管廊内灭火系统。根据《干粉灭火装置技术规程》（CECS 322—2012）可以确定系统中干粉灭火装置配置数量。

1. 灭火机理

其灭火机理是以化学灭火为主，通过化学、物理双重灭火方法扑灭火灾。化学方面，自动灭火装置释放出的超细干粉灭火剂粉末，通过与燃烧物火焰接触产生化学反应，迅速夺取燃烧自由基及热量，从而切断燃烧链，迅速扑灭火焰；物理方面，实现被保护物与空气的隔绝，阻断再次燃烧所需要的氧气，防止复燃。因此，超细干粉灭火系统既能应用于相对封闭空间全淹没灭火，也可用于开放场所局部保护灭火。

2. 常见分类

超细干粉灭火装置有储压型和非储压型两种，因其储存方式不同，其主要的零部件也不同，如图 8-13 所示。储压型超细干粉灭火装置的主要零部件包括灭火剂储罐、启动释放组件（包括喷头、压力指示器、感温元件、泄压装置）、防粉堵装置和悬挂支架（座）等。非储压式超细干粉灭火装置是指以超细干粉为主要介质，常压储存，通过控制装置自动、手动启动，由介质驱动灭火剂实施灭火的装置。

3. 适用范围

超细干粉灭火剂适用于 A、B、C 类火灾及电气火灾。在城市综合管廊重点防护区域，宜分区应用或局部应用非储压式超细干粉灭火装置。分区应用灭火系统（装置）是指向部分防护区喷放灭火剂，保护其内部所有对象的灭火系统（装置）；局部应用灭火系统（装置）是指向保护对象直接喷放灭火剂，保护空间内某具体保护对象的灭火系统（装置）。目前，国内部分管廊采用了超细干粉灭火装置（图 8-14）。例如，广州市广花一级公路地下综合管廊、广州市中心城区（沿轨道交通 11 号线）地下综合管廊、广州市天河智慧城地下综

图 8-13   储压型和非储压型超细干粉灭火装置

合管廊工程等均采用了超细干粉灭火装置。

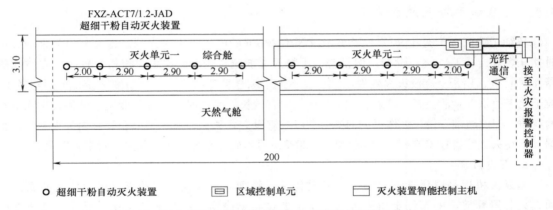

图 8-14   国内某综合管廊超细干粉灭火装置布置图（单位：m）

4. 系统优缺点

优点：①灭火效率高，速度快；②装置体积小，重量轻，系统简单，安装、调试及后期维护方便；③绿色环保。

缺点：①超细干粉每 10 年需更换一次。②在灭火释放气体过程中，管廊内能见度较低，可能会影响人员逃生。③超细干粉防水能力差，易吸潮结块。综合管廊内电力、通信、燃气、供热、给水排水等各种工程管线集中，空间相对封闭易潮湿。管廊内使用环境一定程度地影响了灭火剂的有效寿命，也限制了灭火系统的有效使用年限，增加了系统的维护成本。④超细干粉抗复燃能力差，在长管廊中需多点密集悬挂，系统整体联动性差，抗干扰能力差，易发生误动作。

储压型和非储压型超细干粉灭火装置的优缺点见表 8-6。

表 8-6   储压型和非储压型超细干粉灭火装置的优缺点

类 型	优 点	缺 点
储压型	灭火剂在气体驱动下，喷射均匀，全淹没灭火效果好，启动时声音很小，且装置储存压力为低压范围	灭火装置有泄漏压力的隐患，在维护不当时，会造成灭火时灭火剂不能喷出

（续）

类　型	优　点	缺　点
非储压型	常态常压，没有压力泄漏的隐患，灭火装置部分基本是免维护	爆炸声音巨大，冲击波可能会导致伤害，在有人场所不能使用。装置内的气体发生剂属于危险品，厂家必须回收集中处理

8.4.4　系统设计与施工要点

综合管廊内水喷雾灭火系统应参考《水喷雾灭火系统技术规范》（GB 50219—2014）设计，细水雾灭火系统应参考《细水雾灭火系统技术规范》（GB 50898—2013）设计，超细干粉灭火系统应参考《干粉灭火装置技术规程》（CECS 322—2012）设计。

其中，分区应用的开式、泵组式细水雾灭火系统的设计、施工及验收，应符合下列规定：①电缆接头集中敷设区细水雾喷头应朝向保护对象，电缆接头区喷头应朝向电缆支架；②细水雾系统设计参数可参考表 8-7；③系统应进行实际细水雾喷放试验，验证系统的可靠性。

表 8-7　细水雾系统设计参数

工作压力/MPa	安装高度/m	系统的最小喷雾强度/[L/(min·m²)]		喷头的最大布置间距/m	持续喷雾时间/min
		局部应用	分区应用		
$1.2 \leqslant P \leqslant 3.5$	$\leqslant 4$	2.5	2.8	2.5	$\geqslant 30$
$P \geqslant 10$	$\leqslant 4$	2.7	3.0	3.0	$\geqslant 30$

分区应用和局部应用非储压式超细干粉灭火装置的施工及验收应符合下列规定：

1）灭火装置应进行现场外观检查，其表面应无裂纹、缩孔、掉漆等缺陷，封口膜应完整、无损伤、无毛刺、密封性良好。

2）对于电缆接头集中敷设的电力电缆专用舱，按灭火分区的空间容积，每 30m³ 宜配置 1 台 6kg 型分区应用灭火装置，并设置于电缆支架外侧舱顶。每 4 台灭火装置宜配置 1 套联动组件，并设置于 4 台灭火装置的中间部位。

3）对于电缆接头集中敷设的电力电缆综合舱，按电缆支架设置的纵向距离每 2m 应配置 1 台 4kg 型局部应用灭火装置，并设于电缆支架外侧舱顶。每 3 台灭火装置宜配置 1 套联动组件，并设于几台灭火装置的中间部位。

4）对于电缆接头分散敷设的电力电缆舱，每个电缆接头处宜配置 4kg 型局部应用灭火装置，数量不少于 2 台，间距不大于 2m，并设置于电缆支架外侧舱顶；每个电缆接头处设置的灭火装置宜配置 1 套联动组件，并设置于几台灭火装置的中间部位。

5）对于风机房、变压器室等设备房，每台被保护设备宜配置 2 台 4kg 型局部应用灭火装置，并设置于被保护设备两侧上方。每 2 台灭火装置宜配置 1 套联动组件，并设置于 2 台灭火装置的中间部位。高低压配电室配电柜内宜配置 1 台全淹没应用灭火装置。

6）在电力电缆接头区，应选一组联动的 2 台灭火装置，采用模拟线型感温火灾探测器和图像型火灾探测器的报警信号启动，进行实际超细干粉灭火剂喷射试验，直观检查超细干粉灭火剂能否完全淹没相应的防护区域。

综合管廊通风排烟

8.5.1 通风方式

综合管廊通风方式包括自然通风、自然通风辅以无风管的诱导式通风和机械通风三种方式。其中，自然通风是指根据室外环境季候风诱导，以及管廊内废热产生的热压进行的通风方式（图 8-15）。自然通风辅以无风管的诱导式通风是指在自然通风的基础上，在综合管廊内沿纵向布置若干台诱导或射流风机，使室外新鲜空气从自然进风口进入管廊内后以接力形式流向排风的通风方式（图 8-16）；其原理是诱导风机或射流风机喷出定向高速气流，诱导及推动周围大量空气流动，在无风管的条件下，带动管廊内空气沿着预先设计的空气流程至目标方向，即从进风口到排风口定向空气流动，达到通风换气的目的。

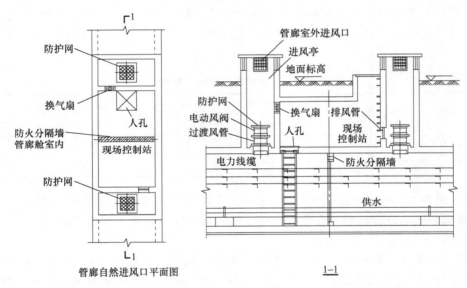

图 8-15 某管廊自然进风通风口节点示意图

图 8-16 某管廊采用自然通风辅以无风管的诱导式通风方式

机械通风又分为：①自然进风、机械排风；②机械进风、自然排风；③机械进风、机械排风。机械通风由于组织通风效果较佳，可同时满足平时通风、灾后通风及事故通风需求，得到了广泛的应用。

三种常见的综合管廊通风排烟系统对比见表 8-8。

表 8-8 三种常见的综合管廊通风排烟系统对比

通风方式	自然通风	自然通风辅以无风管的诱导式通风	机械通风
优点	节省通风设备初始投资和运行费用	通风效果良好，同时解决了进、排风口距离受限制和排风竖井建得太高等影响景观的问题	增长了通风分区的长度，减少进、排风竖井的数量
缺点	需要把排风井建得很高，且通风分区不宜过长，需设置较多的进风、排风竖井，常受到地面路况的影响，布置难度较大	通风设备初投资较大	设备初始投资和运行费用较诱导通风大

8.5.2 通风排烟设计原则

综合管廊通风排烟设计宜遵循以下基本原则：

1）综合管廊宜采用自然进风和机械排风相结合的通风方式。其中，天然气管道舱和含有污水管道的舱室应采用机械进风、机械排风的通风方式。综合舱、电力舱宜采用自然进风、机械排风的纵向通风方式。

2）综合舱、电力舱、污水舱正常通风换气次数按 2 次/h，事故通风换气次数按 6 次/h。燃气舱正常通风换气次数按 6 次/h，事故通风换气次数按 12 次/h。配电间事故通风换气次数按 12 次/h。

3）送风、排风井混凝土风道风速不大于 6m/s，管廊内风速不大于 3m/s。

4）综合管廊舱内应设置事故后机械排烟设施，可与通风系统合并设计。

5）风口结合防火分区布置，每个防火分区设一个进风口和一个排风口。

8.5.3 管廊通风系统运行工况

根据管廊内作业或突发事故处置的需求，设置机械通风的管廊通风系统一般分为正常工况、巡视工况、火灾及灾后工况、事故（泄漏）工况四类通风系统工况。四类工况的基本要求如下：

1）正常工况：当管沟内温度不小于 40℃，自动开启通风系统排风机；当管沟内温度不大于 40℃，排风机停止工作。

2）巡视工况：当工作人员进入综合管沟巡视开始前 30min，保证巡视段通风系统排风机开启。当温度大于 28℃或含氧小于 19.5% 时开启排风机。

3）火灾及灾后工况：当天然气舱内某段发生火灾时，立即关闭着火区段的排风机和防烟防火阀。待事故完毕，经人工确认后，开启排风机及已关闭的防烟防火阀，进行灾后通风，排出废气。当其他舱室某段发生火灾时，立即关闭着火区段的防烟防火阀，排风机正常运行，待事故完毕，经人工确认后，开启已关闭的防烟防火阀，并将排风机切换为高速运行，排走烟气。

4) 事故（泄漏）工况：在管道重要节点处设置监控摄像头，当监测到某区段的热水或蒸汽、燃气泄漏时，应将该区段的排风机切换为高速运行，快速排走高温高压气体，为检修提供条件。

8.5.4 设备选型

综合舱、电力舱、污水舱排风风机宜选用双速高温消防风机，污水舱进风风机选用斜流或轴流风机；燃气舱排风风机选用防爆型双速风机，进风风机选用防爆型斜流或轴流风机，且排风风机不应设于地下。所有燃气舱内的通风设备及阀门等均为整体防爆型。配电间风机采用低噪声壁式风机。

为保证管廊内灭火后的排风要求，排烟风机要满足280℃时连续工作0.5h（或250℃时连续工作1.0h），同时为保证管廊灭火的密闭要求，排风管入口部（图8-17）设置280℃全自动常开排烟防火阀，进风口部（图8-18）设置70℃全自动常开防烟防火阀，便于通风状态的切换。

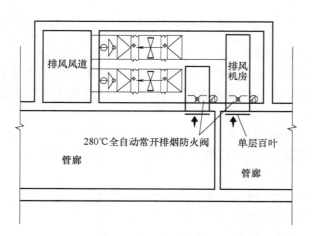

图 8-17　管廊排风入口部

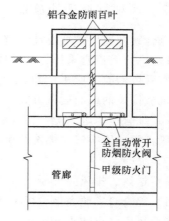

图 8-18　管廊进风口部

8.5.5 通风口的设计原则

通风口的设计首先满足平时运行时的风量及灾后排烟量的需要，其次要满足城市规划需要，尽量减少对城市景观的影响以及满足环境对噪声的要求。

充分利用通道顶面埋深高度，利用工作井作为通风机房之用。对外凸出风口常布置于绿化带内、人行路边，并结合周边的实际情况设置。如果风口离绿化带、人行路地面高度过小，暴雨和绿化洒水车激起的泥水容易进入风口，使通道内通风机房的卫生条件变差，影响通道内空气环境。如果能使新风口或排风口下边缘高出绿化带地面 0.5～0.8m，则既可以避免上述情况发生，又可以减少风亭（图8-19）对城市景观的影响，达到规划要求。另外，应考虑安全措施，防止闲杂人员通过通风口进入管廊对管廊内设备及管线进行破坏，造成不必要的损失，同时，在风口百叶处采用一般内衬 10mm × 10mm 的不锈钢丝网，防止小型动物及落叶进入。

图 8-19 地面风亭示意图

8.6 | 综合管廊火灾人员疏散

综合管廊内每个防火分区设置一个直通室外的安全疏散出口，单舱管廊长度超过 150m 时，没有疏散出口的舱段应设临时避难间，并独立设置通风系统和通信电话。人行通道应设应急疏散照明和灯光疏散指示标志，应急疏散照明照度不应低于 5lx，应急电源持续供电时间不应小于 60min。出入口处和设备操作处的照度不应小于 100lx。灯光疏散指示标志应设在距地面 1.0m 以下，间距不应大于 20m。设置位置可视明显，并在主要入口处设置管廊标识牌，其内容简易、信息明确，清楚标识管廊分区、各类设备室距离、容纳的管线，并注明警告事项。

复 习 题

1. 请结合综合管廊的建筑特点简述综合管廊内的常见的火灾隐患及其危险性。
2. 简述综合管廊内耐火设计方法与常见防火措施。
3. 简述综合管廊内火灾报警系统组成，并简述火灾发生后，消防设施联动控制的具体步骤。
4. 根据水喷雾灭火系统、细水雾灭火系统、超细干粉灭火系统的灭火机理，分析各系统在综合管廊内的灭火适用性。
5. 简述综合管廊内四种通风系统工况。

第9章
地下商业建筑火灾预防与控制

本章学习目标：

了解、熟悉地下商业建筑防火部分所含内容。

掌握地下商业建筑火灾报警系统形式、消防灭火系统的内容及要求。

了解地下商业建筑通风排烟原理、火灾人员疏散的设置要求及疏散宽度计算方法。

本章学习方法：

在了解地下商业建筑防火内容的前提下，将其火灾报警系统、灭火系统、防排烟系统、安全疏散与地上建筑进行对比分析，找出异同点，并注意联系实际工程情况，深刻记忆、加强理解。

9.1 地下商业建筑防火

地下商业建筑汇集商业、娱乐、餐饮等功能于一体，包括商业服务、产品展示、休闲娱乐、文化交流等。此类建筑往往处于城市人员流动最密集的中心区域，由于规模较大，商场内客流量集中，一旦发生事故，疏散困难，火灾危害性极大。因此，地下商业建筑火灾预防与控制意义重大。

9.1.1 耐火等级

地下商业建筑的耐火等级应根据其使用功能、重要性和火灾扑救难度等确定。地下或半地下建筑（室）的耐火等级不应低于一级，地下商业建筑内的防火墙和承重墙、柱均应达到一级耐火等级，均不应低于 3.0h 的耐火极限；楼板也应满足一级耐火等级，不应低于 1.5h 的耐火极限，梁不应低于 2.0h 的耐火极限。

9.1.2　防火分区

对于地下商业建筑而言，首先要做好防火分隔，确保火灾发生时将火势控制在限定的范围内。防火分隔首先要划分好防火分区，防火分区是指在建筑内部采用防火墙、楼板及其他防火分隔设置分隔而成，能在一定时间内防止火灾向同一建筑的其余部分蔓延的局部空间。根据《建筑设计防火规范》的规定，地下或半地下的商店营业厅，当设置自动灭火系统和火灾自动报警系统并采用不燃或难燃装修材料时，防火分区最大允许建筑面积不应大于 2000m^2；地下商业内配套设备用房防火分区的最大允许建筑面积不应大于 1000m^2，非机动车库等其他功能的防火分区的最大允许建筑面积不应大于 500m^2；当建筑内设置自动灭火系统时，防火分区的最大允许建筑面积增加 1.0 倍。

防火分区之间应采用防火墙分隔，确有困难时，可以采用防火卷帘等防火分隔设施分隔，如图 9-1 所示。防火分区之间的分隔是建筑内防止火灾在分区之间蔓延的关键防线，因此要采用防火墙进行分隔。如果因为使用需要不能采用防火墙分隔时，可以采用防火卷帘、防火分隔水幕、防火玻璃或防火门进行分隔。

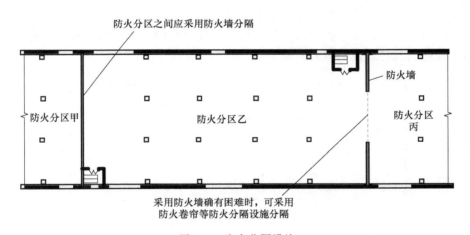

图 9-1　防火分隔设施

9.1.3　防火分隔

要严格控制采用非防火墙进行分隔的开口大小。当采用防火卷帘时，还要考虑防火卷帘的使用比例、防火卷帘是否能靠自重关闭以及防火卷帘的耐火极限是否低于所设置部位墙体的耐火极限等因素。

除防火分区按照规范要求设置外，地下商业内通常设置有餐饮、娱乐、商店营业厅、设备用房、汽车库、设备用房等多种功能，对于同一建筑内设置多种使用功能场所时，不同使用功能场所之间应进行防火分隔，以确保火灾不会相互蔓延，相关防火分隔要求需要符合《建筑设计防火规范》及其他国家有关标准的规定。当商店营业厅内设置餐饮场所时，防火分区的建筑面积需要按照民用建筑的其他功能的防火分区要求划分，并要与其他商业营业厅进行防火分隔。

当地下商业建筑的面积大于 20000m^2 时，除了做好前文中提及的内容以外，还应采取额外的防火分隔措施，这些措施包括采用无门、窗、洞口的防火墙、耐火极限不低于 2.00h 的楼板将地下商业建筑分隔为多个建筑面积不大于 20000m² 的区域，如图 9-2 所示。

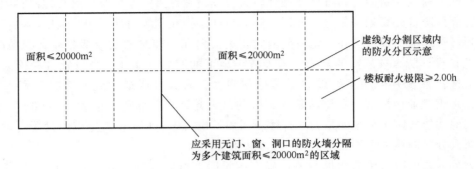

图 9-2　总建筑面积大于 20000m² 的地下或半地下商店防火分隔示意图

相邻区域确需要局部连通时，应采用下沉式广场等室外开敞空间、防火隔间、避难走道、防烟楼梯间等方式进行连通，同时下沉式广场等室外开敞空间应能防止相邻区域的火灾蔓延和便于安全疏散，并应符合一定的要求，如图 9-3 所示。防火隔间的墙应为耐火极限不低于 3.00h 的防火隔墙，防烟楼梯间的门应采用甲级防火门，同时防火隔间、避难走道、防烟楼梯间各自还应满足规范对应的其他要求。

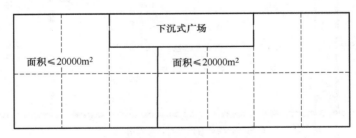

图 9-3　用下沉式广场方式连通平面示意图

对于地下面积大于 20000m² 的商业建筑提出比较严格的防火分隔规定，是为了解决目前实际工程中存在地下商店规模越来越大，并大量采用防火卷帘作为防火分隔，以致数万平方米的地下商店连成一片，不利于安全疏散和火灾扑救的问题。

9.1.4　平面布局

地下商业建筑内的营业厅、展览厅、餐厅、电影院、会议厅、多功能厅以及歌舞、娱乐、放映、游艺场所等布置的楼层以及所进行的活动范围需要符合规范要求。地下或半地下营业厅、展览厅不应经营、储存和展示甲、乙类火灾危险性物品。

建筑内会议厅、多功能厅等人员密集场所设置在地下或半地下时，宜设置在地下一层，不应设置在地下三层及以下楼层。

歌舞厅、录像厅、夜总会、卡拉 OK 厅（含具有卡拉 OK 功能的餐厅）、游艺厅（含电子游艺厅）、桑拿浴室（不包括洗浴部分）、网吧等歌舞、娱乐、放映、游艺场所（不含剧院、电影院）不应布置在地下二层及以下楼层，当布置在地下一层时，地下一层的地面与室外出入口地坪的高差不应大于10m，如图9-4所示。

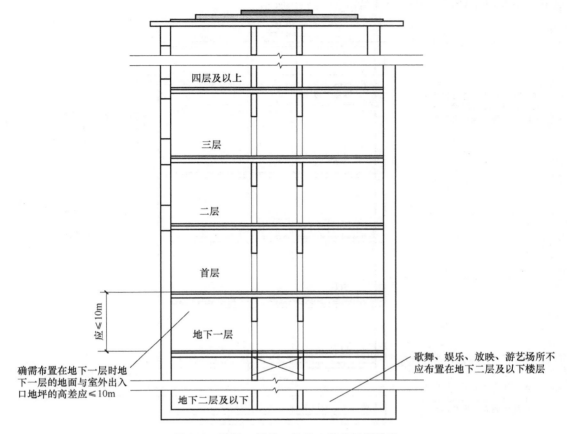

图9-4　歌舞、娱乐、放映、游艺场所设置

　　托儿所、幼儿园的儿童用房和儿童游乐厅等儿童活动场所宜设置在独立的建筑内，且不应设置在地下或半地下，如图9-5所示。

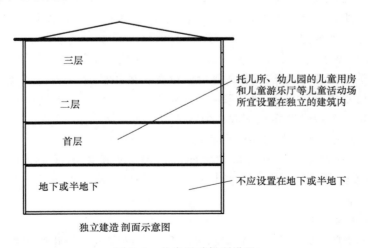

独立建造 剖面示意图

图9-5　儿童活动场所设置

歌舞、娱乐、放映、游艺场所设置在地下或半地下时，宜设置在地下一层，不应设置在地下三层及以下楼层，具体设置情况如图9-6所示。

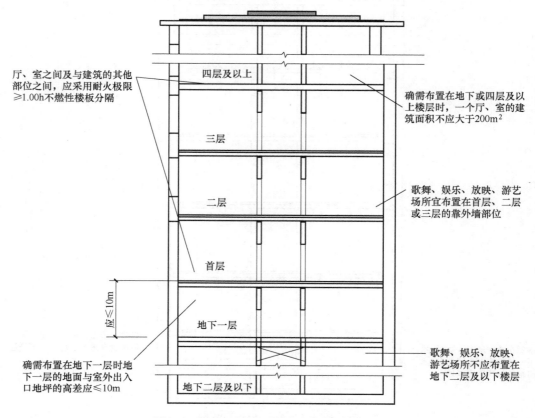

图9-6　歌舞、娱乐、放映、游艺场所布置

地下商业建筑为了运转需要，通常会设置很多设备用房，其中燃油或燃气锅炉、油浸变压器、充有可燃油的高压电容器和多油开关等，应采用防火墙与所贴临的建筑分隔，同时不应贴临人员密集场所，确需布置在民用建筑内时，不应布置在人员密集场所的上一层、下一层或贴临，并符合下列规定：

1）燃油或燃气锅炉房、变压器室应设置在首层或地下一层的靠外墙部位，但常（负）压燃油或燃气锅炉可设置在地下二层或屋顶。设置在屋顶的常（负）压燃气锅炉，距离通向屋面的安全出口不应小于6m。但是采用相对密度（与空气密度比值）不小于0.75的可燃气体为燃料的锅炉，不得设置在地下或半地下。

2）锅炉房、变压器的疏散门均应直通室外或安全出口。

3）锅炉房、变压器室等与其他部位之间应采用耐火极限不低于2.00h的防火隔墙和1.5h的不燃性楼板分隔。在隔墙和楼板上不应开设洞口，确需在隔墙上设置门、窗时，应采用甲级防火门、窗。

4）应设置火灾报警装置。

5）应设置与锅炉、变压器、电容器和多油开关等的容量及与建筑规模相适应的灭火设施，当建筑内其他部位设置自动喷水灭火系统时，应设置自动喷水灭火系统。

9.2 地下商业建筑火灾报警与监控

总建筑面积大于 $500m^2$ 的地下或半地下商店应设置火灾自动报警系统。设置机械排烟、防烟系统、雨淋或预作用自动喷水灭火系统、固定消防水炮灭火系统、气体灭火系统等需要与火灾自动报警系统联锁动作的场所或部位应设置火灾自动报警系统。

9.2.1　消防控制室

消防控制室是建筑消防系统的信息中心、控制中心、日常运行管理中心和各自动消防系统运行状态的监视中心，也是建筑发生火灾和日常火灾演练时的应急指挥中心；在有城市远程监控系统的地区，消防控制室也是建筑与监控中心的接口。消防控制室之于建筑，就好比大脑之于人体，其地位是十分重要的。消防控制室需要人员 24h 在岗，时刻关注建筑的火灾报警、建筑消防设施运行状态的情况。

设置火灾自动报警系统和需要联动控制的消防设备的建筑（群）应设置消防控制室，消防控制室是建筑物内防火、灭火设置的显示、控制中心，必须确保控制室具有足够的防火性能，设置的位置能便于安全进出。附设在建筑内的消防控制室应采用耐火极限不低于 2.00h 的防火隔墙和 1.50h 的楼板与其他部位分隔。单独建造的消防控制室，其耐火等级不应低于二级；附设在建筑内的消防控制室，宜设置在建筑内首层或地下一层，并宜布置在靠外墙部位；消防控制室不应设置在电磁场干扰较强及其他可能影响消防控制设备正常工作的房间附近；疏散门应直通室外或安全出口，如图 9-7 所示。

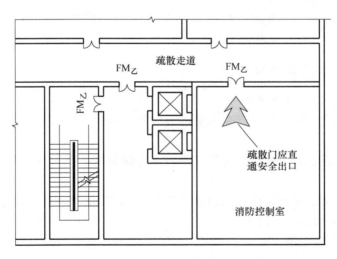

图 9-7　消防控制室设置

9.2.2　火灾自动报警系统形式

火灾自动报警系统形式有区域报警系统、集中报警系统和控制中心报警系统，可按如下依据进行选择：

1）仅需要报警，不需要联动自动消防设备的保护对象宜采用区域报警系统。

2）不仅需要报警，需要联动自动消防设备，而且只设置一台具有集中控制功能的火灾报警控制器和消防联动控制器的保护对象，应采用集中报警系统，并应设置一个消防控制室。

3）设置两个及以上消防控制室的保护对象，或设置了两个及以上集中报警系统的保护对象，应采用控制中心报警系统。

9.2.3 报警和探测区域划分

为了便于火灾报警系统的设计和管理，通常根据防火分区或楼层划分将地下商业建筑划分出报警区域和探测区域。划分报警区域主要是为了迅速确定报警及火灾发生部位，并解决消防系统的联动设计问题。为了迅速而准确地探测出被保护区内发生火灾的部位，需将被保护区按顺序划分成若干探测区域，其实质是将报警区域按探测火灾的部位划分单元。

（1）报警区域划分

报警区域应根据防火分区或楼层划分。可将一个防火分区或一个楼层划分为一个报警区域，也可将发生火灾时需要联动消防设备的相邻几个防火分区或楼层划分为一个报警区域。

（2）探测区域划分

探测区域应按独立房（套）间划分。一个探测区域的面积不宜超过500m²；从主要入口能看清其内部，且面积不超过1000m²的房间，也可划为一个探测区域。

地下商业建筑中的下列场所应单独划分探测区域：

1）敞开或封闭楼梯间、防烟楼梯间。

2）防烟楼梯间前室、消防电梯前室、消防电梯与防烟楼梯间合用的前室、走道、坡道。

9.2.4 火灾探测器选型与设置

火灾探测器的选择，应符合下列要求：

1）对火灾初期有阴燃阶段，产生大量的烟和热，很少或没有火焰辐射的场所，应选择感烟探测器。

2）对火灾发展迅速，可产生大量热、烟和火灾辐射的场所，可选择感温探测器、感烟探测器或其组合。

3）应根据保护场所可能发生火灾的部位和燃烧材料的分析，以及火灾探测器的类型、灵敏度和响应时间等选择相应的火灾探测器，对火灾形成特征不可预料的场所，可根据模拟试验的结果选择火灾探测器。

4）探测区域内设置多个火灾探测器时，可选择具有复合判断火灾功能的火灾探测器和火灾报警控制器。

9.2.5 手动火灾报警按钮与消防专用电话的设置

手动火灾报警按钮是指通过手动启动器发出火灾报警信号的装置。手动火灾报警按钮的作用是确认火情和人工发出火警信号。手动火灾报警按钮按照其触发方式可分为两种：一种是玻璃破碎按钮，另一种是可复位报警按钮。

手动火灾报警按钮报警操作方法为：使用玻璃破碎报警按钮时，击碎玻璃触发报警；使用可复位报警按钮时，推入报警按钮的玻璃触发装置，火警接触后可用专用工具进行复位。

消防专用电话是消防救灾时的主要通信指挥系统，也是唯一的、具有双向通信的有线（不允许使用无线代替）通信系统。消防专用电话网络应为独立的消防通信系统，不能利用一般电话线路或综合布线网络代替消防专用电话线路，消防专用电话网络应独立布线。

9.2.6　消防应急广播扬声器的设置

消防应急广播扬声器的设置，应符合下列规定：

1）民用建筑内扬声器应设置在走道和大厅等公共场所。每个扬声器的额定功率不应小于 3W，其数量能保证从一个防火分区内的任何部位到最近一个扬声器的直线距离不大于 25m，走道末端与最近的扬声器距离不应大于 12.5m。

2）在环境噪声大于 60dB 的场所设置的扬声器，在其播放范围内最远点的播放声压级应高于背景噪声 15dB。

9.3 地下商业建筑消防灭火系统

9.3.1　消火栓

体积大于 5000m³ 的商店建筑应设置室内消火栓系统。对于地下商业而言，其性质属于人员密集场所，人员密集的公共建筑应设置消防软管卷盘或轻便消防水龙。消防软管卷盘和轻便消防水龙是控制建筑物内固体可燃物初起火的有效器材，用水量小，配备和使用方便，适合非专业人员使用。

根据《消防给水及消火栓系统技术规范》（GB 50974—2014），地下商业建筑室内消火栓的设计流量需要根据建筑体积的大小来选择，见表 9-1。消防软管卷盘、轻便消防水龙及多层住宅楼梯间中的干式消防竖管，其消火栓设计流量可不计入室内消防给水设计流量；当一座多层建筑有多种使用功能时，室内消火栓设计流量应分别按表 9-1 中不同功能计算，且应取最大值。

表 9-1　建筑物室内消火栓的设计流量

建筑物名称	体积 V/m^3	消火栓设计流量/(L/s)	同时使用水枪数（支）	每根竖管最小流量/(L/s)
地下建筑	$V \leqslant 5000$	10	2	10
	$5000 < V \leqslant 10000$	20	4	15
	$10000 < V \leqslant 25000$	30	6	15
	$V > 25000$	40	8	20

对于地下商业建筑，应同时考虑火灾延续时间，合理设置消防水池的容积。根据《消防给水及消火栓系统技术规范》（GB 50974），地下建筑的火灾延续时间为 2h。

9.3.2 自动喷水灭火系统

总建筑面积大于 $500m^2$ 的地下或半地下商店，应设置自动灭火系统，并宜采用自动喷水灭火系统。根据《自动喷水灭火系统设计规范》的规定，总建筑面积小于 $1000m^2$ 的地下商场火灾危险等级分类为中危险级 I 级，总建筑面积 1000^2m 及以上的地下商场火灾危险等级分类为中危险级 II 级。地下建筑采用湿式系统的设计基本参数见表9-2。

表 9-2 地下建筑采用湿式系统的设计基本参数

火灾危险等级		最大净空高度 h/m	喷水强度/[$L/(min \cdot m^2)$]	作用面积/m^2
轻危险级			4	
中危险级	I 级	$h \leqslant 8$	6	160
	II 级		8	

当地下商业建筑的环境温度不低于4℃且不高于70℃时，应采用湿式系统。采用临时高压给水系统的自动喷水灭火系统，宜设置独立的消防水泵，并应按一用一备或二用一备，及最大一台消防水泵的工作性能设置备用泵，当与消火栓系统合用消防水泵时，系统管道应在报警阀前分开。

9.3.3 消防水泵接合器

超过2层或建筑面积大于 $10000m^2$ 的地下或半地下建筑（室）应设置消防水泵接合器。自动喷水灭火系统、水喷雾灭火系统、泡沫灭火系统和固定消防炮灭火系统等水灭火系统，均应设置消防水泵接合器。消防水泵接合器的给水流量宜按每个 $10 \sim 15L/s$ 计算。每种水灭火系统的消防水泵接合器设置的数量应按系统设计流量经计算确定，但当计算数量超过3个时，可根据供水可靠性适当减少；水泵接合器应设在室外便于消防车使用的地点，且距室外消火栓或消防水池的距离不宜小于15m，并不宜大于40m。墙壁消防水泵接合器的安装高度距地面宜为0.7m；与墙面上的门、窗、孔、洞的净距离不应小于2.0m，且不应安装在玻璃幕墙下方；地下消防水泵接合器的安装，应使进水口与井盖底面的距离不大于0.4m，且不应小于井盖的半径。水泵接合器处应设置永久性标志铭牌，并应标明供水系统、供水范围和额定压力。

9.3.4 消防水泵房

消防水泵是消防给水系统的心脏。在火灾延续时间内人员和水泵机组都需要坚持工作。消防水泵房应符合下列规定：①独立建造的消防水泵房耐火等级不应低于二级；②附设在建筑物内的消防水泵房不应设置在地下三层及以下，或室内地面与室外出入口地坪高差大于10m的地下楼层；③附设在建筑物内的消防水泵房应采用耐火极限不低于 2.0h 的隔墙和 1.50h 的楼板与其他部位隔开，其疏散门应直通安全出口，且开向疏散走道的门应采用甲级防火门。当采用柴油机消防水泵时宜设置独立消防水泵房，并应设置满足柴油机运行的通风、排烟和阻火设施。消防水泵房应采取防水淹没的技术措施。设在建筑地下的消防水泵房如图 9-8 所示。

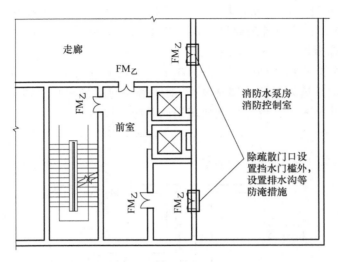

图 9-8　设在建筑地下的消防水泵房

9.3.5　灭火器

地下商业建筑的灭火器配置需要参考《建筑灭火器配置设计规范》（GB 50140—2005）的规定，灭火器配置场所的火灾种类可划分为以下五类：

1）A 类火灾：固体物质火灾。

2）B 类火灾：液体火灾或可熔化固体物质火灾。

3）C 类火灾：气体火灾。

4）D 类火灾：金属火灾。

5）E 类火灾（带电火灾）：物体带电燃烧的火灾。

灭火器配置的设计与计算应按计算单元进行。灭火器最小需配灭火级别和最少需配数量的计算应进位取整，且每个灭火器设置点实配灭火器的灭火级别和数量不得小于最小需配灭火级别和数量的计算值。

灭火器配置场所为存在可燃的气体、液体、固体等物质，需要配置灭火器的场所。灭火器应设置在位置明显和便于取用的地点，且不得影响安全疏散。

9.4 地下商业建筑通风排烟

建筑防烟、排烟设计是建筑防火安全设计的重要组成部分。国内外的多次火灾表明，火灾中产生的烟气的遮光性、毒性和高温是造成人员伤亡的最主要因素。为确保人员的安全疏散，消防扑救的顺利进行，组织合理的烟气控制方式，建立有效的烟气控制设施是十分必要的。火灾烟气发展规律与火源规模、建筑高度、结构、是否设置自动灭火系统等密切相关，所以在设计防烟、排烟系统时应综合考虑各个因素的相互关联和影响，以达到安全可靠的设计目的。

9.4.1　防烟系统

防烟系统是指通过采用自然通风方式，防止火灾烟气在楼梯间、前室、避难层（间）

等空间内积聚，或通过采用机械加压送风方式阻止火灾烟气侵入楼梯间、前室、避难层（间）等空间的系统，它分为自然通风系统和机械加压送风系统。地下建筑普遍没有外窗，因此常见的防烟系统为机械加压送风系统。

当建筑地下部分的防烟楼梯间前室及消防电梯前室无自然通风条件或自然通风不符合要求时，应采用机械加压送风系统（图9-9）。封闭楼梯间应采用自然通风系统，不能满足自然通风条件的封闭楼梯间，应设置机械加压送风系统，如图9-10所示。

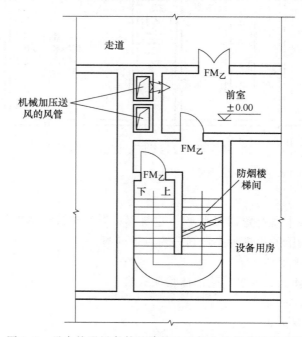

图 9-9 无自然通风条件的建筑地下部分防烟楼梯间前室

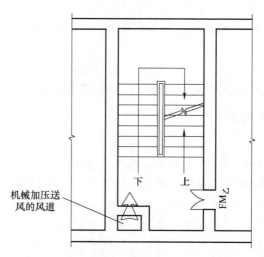

图 9-10 无自然通风条件的封闭楼梯间采用机械加压送风方式防烟

当建筑物发生火灾时，疏散楼梯间是建筑内部人员疏散的通道，同时，前室、合用前室是消防队员进行火灾扑救的起始场所。因此，在火灾时首要的就是要控制烟气不进入上述安全区域。

　　封闭楼梯间是地下建筑常见的疏散通道，也是火灾时人员疏散的通道，对于设置在地下的封闭楼梯间，当其服务的地下室层数仅为1层且最底层地坪与室外地坪高差小于10m时，为体现经济合理的建设要求，只要在其首层设置直接开向室外的门或设有不小于1.2m²的可开启外窗即可（图9-11）。

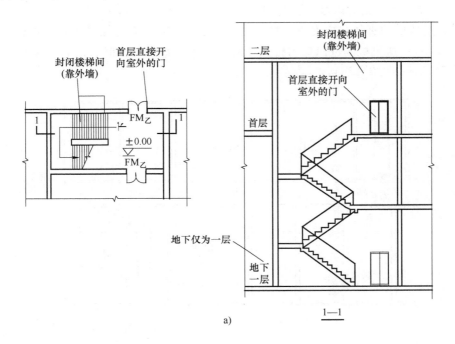

a)

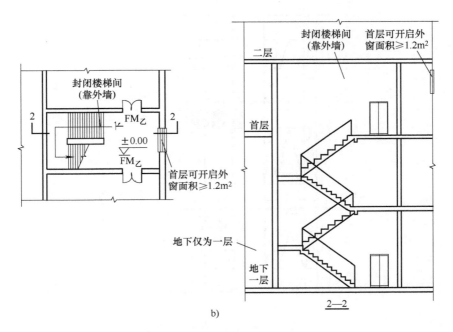

b)

图 9-11　地下封闭楼梯间设置

a）地下封闭楼梯间首层设通向室外的门　b）地下封闭楼梯间首层设可开启外窗

　　机械加压送风系统是火灾时保证人员快速疏散的必要条件。除了保证该系统能正常运行外，还必须保证它所输送的是能使人正常呼吸的空气。因此，加压送风机的进风必须是室外不受火灾和烟气污染的空气。由于烟气自然向上扩散的特性，为了避免从取风口吸入烟气，宜将加压送风机的进风口设置在建筑下部，送风机的进风口不应与排烟风机的出风口设在同一面上（图9-12a）。当确有困难时，送风机的进风口与排烟风机的出风口应分开布置，且竖向布置时，送风机的进风口应设置在排烟出口的下方，其两者边缘最小垂直距离不应小于6.0m（图9-12b）；送风机的进风口与排烟风机的出风口水平布置时，两者边缘最小水平距离不应小于20.0m（图9-12c）。

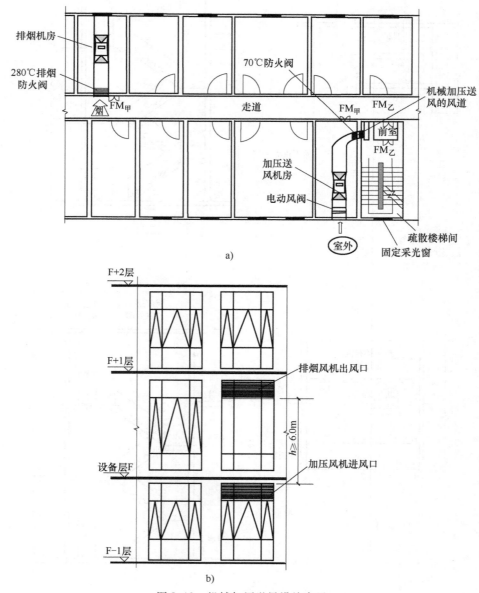

图9-12　机械加压送风设施布置

a）加压送风机进风口与排烟风机出风口在不同建筑立面上　b）加压风机进风口与排烟风机出风口在同一侧面上竖向布置的要求

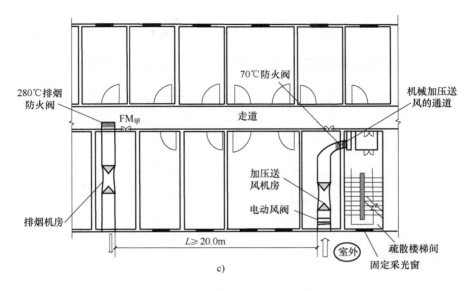

图 9-12　机械加压送风设施布置（续）

c）加压风机进风口与排烟风机出风口在同一侧面上水平布置的要求

由国内发生过火灾的建筑的灾后检查发现，有些建筑将加压送风机布置在顶层屋面上，发生火灾时整个建筑被烟气笼罩，加压送风机送往防烟楼梯间、前室的不是清洁空气，而是烟气，严重威胁人员疏散安全。当受到条件限制必须在建筑上部布置加压送风机时，应采取措施防止加压送风机进风口受烟气影响。同时，为了保证加压送风机不受风、雨、异物等侵蚀损坏，在火灾时能可靠运行，送风机应放置在专用机房内。

9.4.2　排烟系统

排烟系统是指采用自然排烟或机械排烟的方式，将房间、走道等空间的火灾烟气排至建筑物外的系统，分为自然排烟系统和机械排烟系统。建筑排烟系统的设计应根据建筑的使用性质、平面布局等因素，优先采用自然排烟系统。同一个防烟分区应采用同一种排烟方式。

自然排烟是指利用火灾热烟气流的浮力和外部风压作用，通过建筑开口将建筑内的烟气直接排至室外的排烟方式，而地下建筑情况比较特别，很少或几乎没有外窗等开口，所以机械排烟系统是地下建筑的常见排烟系统设置形式。

规范中对机械排烟系统排烟阀（口）的设置位置、设置高度、开启方式等均有要求。排烟口设置在储烟仓内或高位，能将起火区域产生的烟气最有效、快速地排出，以利于安全疏散，如图 9-13 所示。其中，储烟仓是指位于建筑空间顶部，由挡烟垂壁、梁或隔墙等形成的用于蓄积火灾烟气的空间。

排烟口的设置应按照《建筑防烟排烟系统技术标准》（GB 51251—2017）的规定进行计算确定，且防烟分区内任一点与最近的排烟口之间的水平距离不应大于 30m。除了排烟口设置在吊顶内且通过吊顶上部空间进行排烟的情况以外，排烟口的设置还应满足一系列的要求：排烟口宜设置在顶棚或靠近顶棚的墙面上，但走道、室内空间净

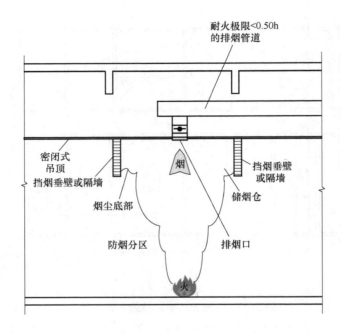

图 9-13 排烟口设在储烟仓内的示意图

高不大于 3m 的区域的排烟口可设置在其净空高度的 1/2 以上；当设置在侧墙时，吊顶与其最近边缘的距离不应大于 0.5m。排烟口设置的位置如果不合理，可能严重影响排烟功效，造成烟气组织混乱。考虑到走道吊顶上方会有大量风道、水管、电缆桥架等，在吊顶上布置排烟口有困难时，可以将排烟口布置在紧贴走道吊顶的侧墙上，但是走道内排烟口应设置在其净空高度的 1/2 以上，为了及时将积聚在吊顶下的烟气排除，防止排烟口吸入过多的冷空气，还要求排烟口最近的边缘与吊顶的距离不应大于 0.5m。在实际工程中，有时把排烟口设置在排烟管道的顶部或侧面，也能起到相对较好的排烟效果。

为了确保人员的安全疏散，排烟口的设置宜使烟流方向与人员疏散方向相反。规范规定排烟口与附近安全出口相邻边缘之间的水平距离不应小于 1.5m。因为烟气会不断从起火区涌来，所以在排烟口的周围始终聚集一团浓烟，如果排烟口的位置不避开安全出口，这团浓烟正好堵住安全出口，影响疏散人员识别安全出口位置，不利于人员的安全疏散。疏散人员跨过排烟口下面的烟团，在 1.0m 的极限能见度的条件下，也能看清安全出口，安全逃生，如图 9-14 所示。

9.4.3 补风系统与储烟仓

补风系统是排烟系统的有机组成部分。根据空气流动的原理，必须要有补风才能排出烟气。排烟系统排烟时，补风的主要目的是形成理想的气流组织，迅速排出烟气，有利于人员的安全疏散和消防人员的进入。补风系统应直接从室外引入，根据实际工程和经验，补风量至少达到排烟量的 50% 才能有效地进行排烟。除地上建筑的走道或建筑面积小于 $500m^2$ 的房间外，设置排烟系统的场所应设置补风系统。

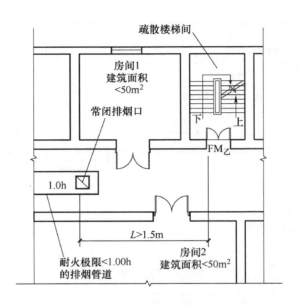

图 9-14　排烟口与安全出口水平距离要求示意图

补风系统可采用疏散外门、手动或自动可开启外窗等自然进风方式以及机械送风方式。防火门、窗不得用作补风设施。风机应设置在专用机房内。补风口与排烟口设置在同一空间内相邻的防烟分区时，由于挡烟垂壁的作用，冷热气流已经隔开，故补风口位置不限；当补风口与排烟口设置在同一防烟分区时，补风口应设在储烟仓下沿以下，且补风口应与储烟仓、排烟口保持尽可能大的间距，这样才不会扰动烟气，也不会使冷热气流相互对撞，造成烟气的混流，补风口与排烟口水平距离不应少于 5m。如图 9-15a 所示，机械排烟口 1 与机械补风口设置在同一空间相邻的防烟分区内，当两者联合动作排烟时，由于挡烟垂壁的作用，已将冷热气流隔开，故补风口的水平位置与垂直安装高度都不受限制；但对于机械排烟口 2 与机械补风口来说，由于它们处于同一防烟分区内，因此，当机械排烟口 2 与机械补风口联合动作排烟时，补风口的水平位置与垂直安装高度都受限制。如图 9-15b 所示，机械排烟口与机械补风口设置在同一空间同一防烟分区时，要求补风口必须设在储烟仓下沿以下，并与排烟口保持尽可能大的间距；机械排烟口与机械补风口设置在同一空间相邻防烟分区时，补风口设置高度、位置不受限制。

9.4.4　防烟分区和挡烟垂壁

防烟分区设置的目的是将烟气控制在着火区域所在的空间范围内，并限制烟气从储烟仓内向其他区域蔓延。防烟分区不应跨越防火分区，如图 9-16 所示。

防烟分区过大时（包括长边过长），烟气水平射流在扩散中会卷吸大量冷空气而沉降，不利于烟气的及时排出；而防烟分区的面积过小又会使储烟能力减弱，使烟气过早沉降或蔓延到相邻的防烟分区。综合考虑火源功率、顶棚高度、储烟仓形状、温度条件等主要因素对火灾烟气蔓延的影响，并结合建筑物类型、建筑面积和高度，《建筑防烟排烟系统技术标准》给出了划分了防烟分区的最大允许面积及其长边最大值。

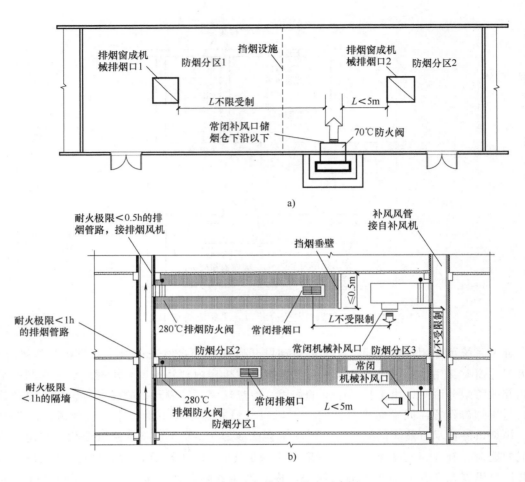

图 9-15　补风口与排烟口设置示意图

a）补风口与排烟口设置在同一空间内的平面示意图　b）补风口与排烟口设置在同一空间内的剖面示意图

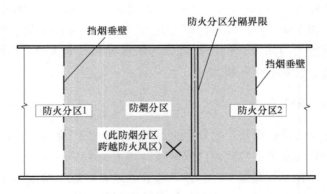

图 9-16　防烟分区不应跨越防火分区示意图

　　设置排烟系统的场所或部位应采用挡烟垂壁、结构梁及隔墙等划分防烟分区。挡烟垂壁是用不燃材料制成，垂直安装在建筑顶棚、梁或吊顶下，能在火灾时形成一定的蓄烟空间的挡烟分隔设施。设置挡烟垂壁（垂帘）是划分防烟分区的主要措施。挡烟垂壁（垂帘）所需高度应根据建筑所需的清晰高度以及设置排烟的可开启外窗或排烟风机的数量，针对区域内是否有吊顶以及吊顶方式分别进行确定，如图 9-17 所示。

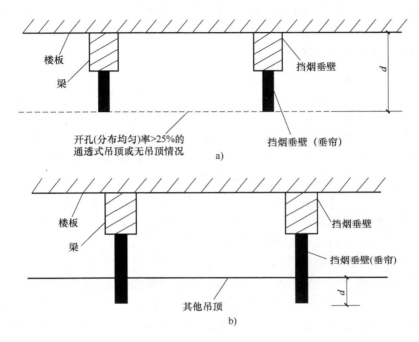

图 9-17　挡烟垂壁所需高度设置

a）无吊顶或设置开孔（均匀分布）率大于 25% 的通透式吊顶　b）开孔率小于或等于 25% 或开孔不均匀的通透式吊顶及一般吊顶

9.4.5　防排烟系统的联动

设置机械排烟、防烟系统等需要与火灾自动报警系统联锁动作的场所或部位，应设置火灾自动报警系统。一旦发生火灾，火灾自动报警系统应能联动送风机、送风口、排烟风机、排烟口、自动排烟窗和活动挡烟垂壁等设备动作，以保证机械加压送风系统和排烟系统的正常运行。具有消防联动功能的火灾自动报警系统的保护对象中应设置消防控制室，消防控制室内应能显示防烟排烟系统的手动、自动工作状态，防烟排烟风机电源的工作状态，风机、电动防火阀、电动排烟防火阀、常闭送风口、排烟阀（口）、电动排烟窗、电动挡烟垂壁的正常工作状态和动作状态。

9.5 | 地下商业建筑火灾人员疏散

对于地上建筑，当疏散设施不能使用时，紧急情况下还可以通过阳台以及其他的外墙开口逃生，而地下建筑只能通过疏散楼梯垂直向上疏散，因此地下商业的疏散设计非常重要。

建筑的安全疏散和避难设施主要包括疏散门、疏散走道、安全出口或疏散楼梯（包括室外楼梯）、避难走道、避难间或避难层、疏散指示标志和应急照明，有时还要考虑疏散诱导广播等。安全出口和疏散门的位置、数量、宽度，疏散楼梯的形式和疏散距离，避难区域的防火保护措施，对于人员安全疏散至关重要。而这些与建筑的高度、楼层或一个防火分区、房间的大小及内部布置、室内空间高度和可燃物的数量、类型等关系密切。设计时应区别对待，充分考虑区域内使用人员的特性，结合上述因素合理确定相应的疏散和避难设施，为人员疏散和避难提供安全的条件。

9.5.1 安全出口设置

民用建筑应根据其建筑高度、规模、使用功能和耐火等级等因素合理设置安全疏散和避难设施。安全出口和疏散门的位置、数量、宽度以及疏散楼梯间的形式，应满足人员安全疏散的要求。对于安全出口和疏散门的布置，一般要使人员在建筑着火后能有多个不同方向的疏散路线，要尽量将疏散出口均匀分散布置在平面上的不同方位。

如果两个疏散出口之间距离太近，在火灾中实际上只能起到 1 个出口的作用。因此，国外有关标准还规定同一房间最近 2 个疏散出口与室内最远点的夹角不应小于 45°。对于面积较小的房间或防火分区，符合一定条件时，可以设置 1 个出口。

地下商业内的安全出口和疏散门应分散布置，且对于建筑内每个防火分区或一个防火分区的每个楼层，每层相邻两个安全出口以及每个房间相邻两个疏散门最近边缘之间的水平距离不应小于 5m，如图 9-18 所示。相邻出口的间距是根据我国实际情况并参考国外有关标准确定的。目前，在一些建筑设计中存在安全出口不合理的现象，降低了火灾时出口的有效疏散能力。

英国、新加坡、澳大利亚等国家的建筑规范对相邻出口的间距均有较严格的规定。例如，法国《公共建筑物安全防火规范》规定：两个疏散门之间相距不应小于 5m。澳大利亚《澳大利亚建筑规范》规定：公众聚集场所内 2 个疏散门之间的距离不应小于 9m，同时，在计算民用建筑的安全出口数量和疏散宽度时，不能将建筑中设置的自动扶梯和电梯的数量和宽度计算在内。

建筑内的自动扶梯处于敞开空间，火灾时容易受到烟气的侵袭，且梯段坡度和踏步高度与疏散楼梯的要求有较大差异，难以满足人员安全疏散的需要，故设计不能考虑其疏散能力。对此，美国《生命安全规范》（NFPA 101）规定：自动扶梯与自动人行道不应视作规范中规定的安全疏散通道。

对于普通电梯，火灾时动力将被切断，且普通电梯不防烟、不防火、不防水，在火灾时作为人员的安全疏散设施是不安全的。世界上大多数国家在电梯的警示牌中都规定电梯在火灾情况下不能使用，火灾时人员疏散只能使用楼梯，电梯不能用作疏散设施。另外，从国内外已有的研究成果看，利用电梯进行应急疏散是一个十分复杂的问题，不仅涉及建筑和设备本身的设计问题，而且涉及火灾时的应急管理和电梯的安全使用问题，不同应用场所之间有很大差异，必须分别进行专门考虑和处理。

消防电梯在火灾时如供人员疏散使用，需要配套多种管理措施，目前只能由专业消防救援人员控制使用，且一旦进入应急控制程序，电梯的楼层呼唤按钮将不起作用，因此消防电梯也不能计入建筑的安全出口。

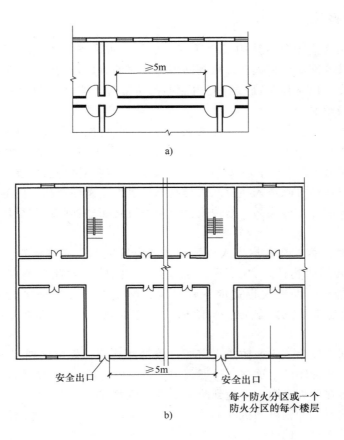

a)

b)

每个防火分区或一个
防火分区的每个楼层

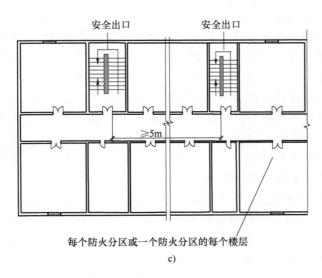

每个防火分区或一个防火分区的每个楼层

c)

图 9-18　安全出口布置图

a）房间平面示意图　b）首层平面示意图　c）标准层平面示意图

9.5.2 疏散楼梯设置

疏散楼梯间是人员竖向疏散的安全通道，也是消防员进入建筑进行灭火救援的主要路径。因此，疏散楼梯间应保证人员在楼梯间内疏散时能有较好的光线，有天然采光条件的要首先采用天然采光，以尽量提高楼梯间内照明的可靠性。当然，即使采用天然采光的楼梯间，仍需要设置疏散照明。

建筑发生火灾后，楼梯间任意一侧的火灾及其烟气可能会通过楼梯间外墙上的开口蔓延至楼梯间内，所以楼梯间窗口（包括楼梯间的前室或合用前室外墙上的开口）与两侧的门窗洞口之间要保持必要的距离，主要为确保疏散楼梯间内不被烟火侵袭。疏散楼梯间要尽量采用自然通风，以提高排除进入楼梯间内烟气的可靠性，确保楼梯间内的安全。不能利用天然采光和自然通风的疏散楼梯间，需按规范要求设置封闭楼梯间或防烟楼梯间，并采取防烟措施。

在紧急疏散时，容易在楼梯出入口及楼梯间内发生人员拥挤现象，楼梯间的设计要尽量减少布置凸出墙体的物体，以保证不会减少楼梯间的有效疏散宽度。楼梯间的宽度设计还需考虑采取措施，保证人行宽度不宜过宽，防止人群疏散时失稳跌倒而导致踩踏等事故。《澳大利亚建筑规范》规定：当阶梯式走道的宽度大于4m时，应在每2m宽度处设置栏杆扶手。

为避免楼梯间内发生火灾或防止火灾通过楼梯间蔓延，规定楼梯间内不应附设烧水间、可燃材料储藏室、非封闭的电梯井、可燃气体管道，甲、乙、丙类液体管道等。

虽然防火卷帘在耐火极限上可达到防火要求，但卷帘密闭性不好，防烟效果不理想，加之联动设施、固定槽或卷轴电动机等部件如果不能正常发挥作用，防烟楼梯间或封闭楼梯间的防烟措施将形同虚设。此外，卷帘在关闭时也不利于人员逃生。因此，封闭楼梯间、防烟楼梯间及其前室不应设置卷帘。

布置在楼梯间内的天然气、液化石油气等燃气管道，因楼梯间相对封闭，容易因管道维护管理不到位或碰撞等其他原因发生泄漏而导致严重后果。因此，燃气管道及其相关控制阀门等不能布置在楼梯间内。住宅情况特殊，需要另行讨论。

防烟楼梯间是指具有防烟前室等防烟设施的楼梯间。前室应具有可靠的防烟性能，使防烟楼梯间具有比封闭楼梯间更好的防烟、防火能力，可靠性更高。前室不仅起防烟作用，而且可作为疏散人群进入楼梯间的缓冲空间，同时可以供灭火救援人员在进攻前进行整装和灭火准备工作。设计要注意使前室的大小与楼层中疏散进入楼梯间的人数相适应。前室或合用前室的面积应为可供人员使用的净面积。

疏散楼梯或可作疏散用的楼梯和疏散通道上的阶梯踏步，其深度、高度和形式均要有利于人员快速、安全疏散，能较好地防止人员在紧急情况下出现摔倒等意外。弧形楼梯、螺旋梯及楼梯斜踏步在内侧坡度陡、每级扇步深度小，不利于快速疏散。疏散用楼梯和疏散通道上的阶梯不宜采用螺旋楼梯和扇形踏步；确需采用时，踏步上、下两级所形成的平面角度不应大于10°，且每级距离扶手250mm处的踏步深度不应小于220mm，如图9-19所示。

为保证人员疏散畅通、快捷、安全，除通向避难层且需错位的疏散楼梯和建筑的地下室与地上楼层的疏散楼梯外，其他疏散楼梯在各层不能改变平面位置或断开。相应的规定在国

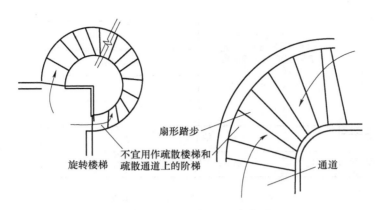

扇形踏步

不宜用作疏散楼梯和
疏散通道上的阶梯

旋转楼梯

通道

图 9-19　旋转楼梯及扇形踏步图示

外有关标准中也有类似要求，如美国《统一建筑规范》规定：地下室的出口楼梯应直通建筑外部，不应经过首层；法国《公共建筑物安全防火规范》规定：地上与地下疏散楼梯应断开。

对于楼梯间在地下层与地上层连接处，如果不进行有效分隔，容易造成地下楼层的火灾蔓延到建筑的地上部分。因此，为防止烟气和火焰蔓延到建筑的上部楼层，同时避免建筑上部的疏散人员误入地下楼层，要求在首层楼梯间通向地下室、半地下室的入口处采用防火分隔构件将地上部分的疏散楼梯与地下、半地下部分的疏散楼梯分隔开，并设置明显的疏散指示标志。当地上、地下楼梯间确因条件限制难以直通室外时，可以在首层通过与地上疏散楼梯共用的门厅直通室外。

对于地上建筑，当疏散设施不能使用时，紧急情况下还可以通过阳台以及其他的外墙开口逃生，而地下建筑只能通过疏散楼梯垂直向上疏散。因此，设计要确保人员进入疏散楼梯间后的安全，要采用封闭楼梯间或防烟楼梯间。

室内地面与室外出入口地坪高差大于 10m 或 3 层及以上的地下、半地下的建筑（室），其疏散楼梯应采用防烟楼梯间，其他的地下或半地下建筑（室），其疏散楼梯应采用封闭楼梯间。

很多地下建筑普遍都有地上部分，建筑的地下或半地下部分不应共用楼梯间，确需共用楼梯间时，应在首层采用耐火极限不低于 2.00h 的防火隔墙和乙级防火门将地下或半地下部分与地上部分的连通部位完全分隔，并应设置明显的标志。地下建筑的楼梯应在首层采用耐火极限不低于 2.00h 的防火隔墙与其他部位分隔并应直通室外，确实需要在隔墙上开门时，应采用乙级防火门。

9.5.3　消防电梯

消防电梯属于灭火救援设施，对于地下建筑，由于排烟、通风条件很差，受当前装备的限制，消防员通过楼梯进入地下的困难较大。设置消防电梯，有利于满足灭火作战和火场救援的需要。设置消防电梯的建筑的地下或半地下室，埋深大于 10m 且总建筑面积大于 3000m² 的其他地下或半地下建筑（室）应设置消防电梯。消防电梯应分别设置在不同防火分区内，且每个防火分区不应少于 1 台，如图 9-20 所示。

图 9-20　地下建筑消防电梯设置

9.5.4　疏散门

　　疏散门为设置在建筑内各房间直接通向疏散走道的门或安全出口上的门。为避免在着火时由于人群惊慌、拥挤而压紧内开门扇，使门无法开启，要求疏散门应向疏散方向开启。对于使用人员较少且人员对环境及门的开启形式熟悉的场所，疏散门的开启方向可以不限。

　　公共建筑中一些平时很少使用的疏散门，可能需要处于锁闭状态，但无论如何，设计时均要考虑采取措施使疏散门能在火灾时从内部方便地打开，且在打开后能自行关闭。人员密集场所内平时需要控制人员随意出入的疏散门和设置门禁系统的住宅、宿舍、公寓建筑的外门，应保证火灾时不需使用钥匙等任何工具即能从内部易于打开，并应在显著位置设置具有使用提示的标识，如图 9-21 所示。

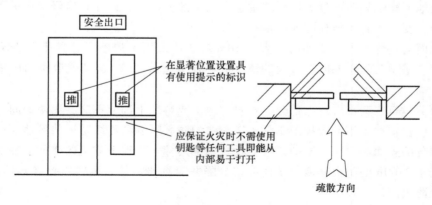

图 9-21　疏散门设置图示

　　对于地下商业疏散门的设置，需要保证在人员疏散过程中不会因为疏散门而出现阻滞或无法疏散的情况。疏散楼梯间、电梯间或防烟楼梯间的前室或合用前室的门，应采用平开门。侧拉门、卷帘门、旋转门或电动门，包括帘中门，在人群紧急疏散情况下无法保证安全、快速疏散，不允许作为疏散门。

　　防火分区处的疏散门要求能够防火、防烟并能便于人员疏散通行，满足较高的防火性能，要采用甲级防火门，如图 9-22 所示。

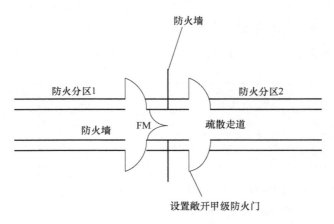

图 9-22　防火分区处疏散门布置

地下商业内的疏散门，除了应满足分散布置的要求外，房间的疏散门数量应经计算确定且不应少于 2 个，符合一定条件的情况下，某些房间可以设置一个疏散门，如歌舞娱乐放映游艺场所内建筑面积不大于 50m² 且经常停留人数不超过 15 人的厅、室。

9.5.5　疏散距离

安全疏散距离是控制安全疏散设计的基本要素，疏散距离越短，人员的疏散过程越安全。疏散距离的确定既要考虑人员疏散的安全，也要兼顾建筑功能和平面布置的要求。不同火灾危险性和不同耐火等级建筑的疏散距离有所区别。当建筑设置自动喷水灭火系统时，其安全性能有所提高，因此其疏散距离可按规定增加 25%。地下商业内的营业厅、餐厅、观众厅、多功能厅等的室内任一点至最近疏散门或安全出口的直线距离不应大于 30m，当疏散门不能直通室外地面或疏散楼梯间时，应采用长度不大于 10m 的疏散走道通至最近的安全出口。

9.5.6　疏散人数的计算

疏散人数是建筑疏散设计的基础参数之一，不能准确计算建筑内的疏散人数，就无法合理确定建筑中各区域疏散门或安全出口和建筑内疏散楼梯所需要的有效宽度，更不能确定设计的疏散设施是否满足建筑内的人员安全疏散需要。在实际中，建筑各层的用途可能各不相同，即使用途相同，在每层上的使用人数也可能有所差异。对此，各层楼梯的总宽度可按该层或该层以上人数最多的一层分段计算确定，地下一层的总宽度需要满足地下二层及以下最多一层的疏散人数的疏散需要。地下或半地下人员密集的厅、室和歌舞娱乐放映游艺场所，其房间疏散门、安全出口、疏散走道和疏散楼梯的各自总净宽度，应根据疏散人数按每 100 人不小于 1.00m 计算确定，地下第一、二层商业建筑的人员密度为 0.60 人/m²、0.56 人/m²，具体见表 9-3。

地下商业需要的疏散宽度是以商业营业厅的面积乘以每 100 人最小疏散净宽度，乘以商店营业厅内的人员密度，再除以 100 计算得出的。这里要注意，"营业厅的建筑面积"既包括营业厅内展示货架、柜台、走道等顾客参与购物的场所，也包括营业厅内的卫生间、楼梯间、自动扶梯等的建筑面积。对于进行了严格的防火分隔，并且疏散时无须进入营业厅内的仓储、设备房、工具间、办公室等，可不计入营业厅的建筑面积。

表 9-3　每层疏散门、安全出口、疏散走道和疏散楼梯每 100 人最小疏散净宽度

（单位：m/百人）

建筑层数		建筑的耐火等级		
		一、二级	三级	四级
地下楼层	与地面出入口地面的高度差 $\Delta H \leqslant 10\text{m}$	0.75	—	—
	与地面出入口地面的高度差 $\Delta H > 10\text{m}$	1.00	—	—

举例：一个建筑面积为 10000m^2 的地下商业营业厅，其所需要的疏散宽度计算如下：

$$10000\text{m}^2 \times 1\text{m/百人} \times 0.60\text{ 人/m}^2 \div 100 = 60\text{m}$$

按照每部疏散楼梯 3m 计算，那么这个地下商业营业厅需要设置 $60\text{m} \div 3\text{m} = 20$ 部疏散楼梯。

设置在地下一层的商业营业厅与地面出入口地面的高差不大于 10m，每 100 人最小疏散净宽度的取值也是 1m/百人而不是 0.75m/百人，因为商业营业厅从定性上属于人员密集场所。

9.5.7　疏散照明和疏散指示标志

设置疏散照明可以使人们在正常照明电源被切断后，仍然以较快的速度逃生，是保证和有效引导人员疏散的设施。

建筑面积大于 100m^2 的地下或半地下公共活动场所、公共建筑内的疏散走道，封闭楼梯间、防烟楼梯间及其前室、消防电梯间的前室或合用前室、避难走道应设置疏散照明，如图 9-23 所示。疏散照明的照度还应满足一定的要求：对于疏散走道，不应低于 1.0lx；对于人员密集场所不应低于 3.0lx；对于人员密集场所内的楼梯间、前室或合用前室、避难走道，不应低于 10.0lx。

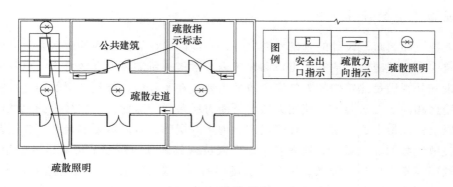

图 9-23　疏散照明设置

合理设置疏散指示标志，能更好地帮助人员快速、安全地进行疏散。地下商业属于公共建筑，应设置灯光疏散指示标志，并应设置在安全出口和人员密集的场所的疏散门的正上方、疏散走道及其转角处距离地面高度 1.0m 以下的墙面或地面上，如图 9-24 所示。灯光疏散指示标志的间距不应大于 20m；对于袋形走道，不应大于 10m；在走道转角区，不应大于 1.0m。总建筑面积大于 500m² 的地下或半地下商店还应在疏散走道和主要疏散路径的地面上增设能保持视觉连续的灯光疏散指示标志或蓄光疏散指示标志。

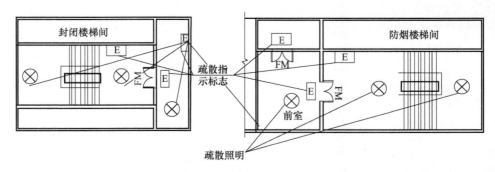

图 9-24　疏散指示标志

复 习 题

1. 简述地下商业建筑火灾预防和控制涉及的内容。
2. 简要说明地下商业建筑安全疏散与地上商业建筑的不同。
3. 地下商业面积大于 2 万 m² 或面积小于 2 万 m²，要求消防设计上有哪些变化，为什么？
4. 简述消防上疏散门的设置要求，并思考民用建筑疏散门不应采用推拉门、卷帘门的原因。
5. 简述消防控制室和消防水泵房的主要功能。
6. 简述防排烟系统对于建筑消防安全的作用。
7. 请思考总结哪些场所不允许设置在地下层，哪些场所只允许设置在地下一层？哪些场所设置在地下层时除了只能设置在地下一层外还有高差不得大于 10m 的限制条件？

参 考 文 献

[1] 黄德林，杜璇. 城市地下空间的利用与管理 [J]. 中国国土资源经济，2013，26（5）：12-15.

[2] 张伟，姜韡，张卫国. 城市地下交通隧道火灾的防护 [J]. 地下空间，2002（3）：268-270.

[3] 钟喆. 阿尔卑斯山的地下惨剧：法国与意大利的勃朗峰公路隧道发生特大火灾 [J]. 上海消防，1999（5）：34-35.

[4] 戴国平. 英法海峡隧道火灾事故剖析及其启示 [J]. 铁道建筑，2001（3）：6-9.

[5] 黄钊. 地下商业街的火灾防护 [J]. 重庆三峡学院学报，2002（6）：112-117.

[6] 王遥. 地下空间火灾：城市的心腹之患 [J]. 现代职业安全，2009（12）：112-113.

[7] 贾坚，方银钢. 城市地下空间开发中的若干安全问题 [J]. 建筑结构，2013（s2）：1-5.

[8] 韩新. 城市地下空间主要灾害特点及防治 [J]. 上海城市管理职业技术学院学报，2006（3）：17-20.

[9] 袁勇，邱俊男. 地铁火灾的原因与统计分析 [J]. 城市轨道交通研究，2014，17（7）：26-31.

[10] 彭辉，燕科. 常用隧道火灾探测器的比较 [J]. 公路交通科技，2003（s1）：38-39.

[11] 李洪，赵望达，徐志胜，等. 天津某地下交通隧道火灾探测器选型性能化评估 [J]. 安防科技，2008（12）：52-55.

[12] 陆松伦，孙强. 建筑物火灾荷载密度的确定方法和应用 [J]. 安徽建筑工业学院学报（自然科学版），2005（6）：20-22.

[13] 李树涛. 地下建筑火灾烟气危害及对策探讨 [J]. 武警学院学报，2005（6）：25-26.

[14] 梅秀娟. 地铁车厢纵火模拟试验火灾特性研究 [J]. 中国安全生产科学技术，2011（3）：10-15.

[15] 史聪灵，钟茂华，涂旭炜，等. 深埋地铁车站火灾实验与数值分析 [M]. 北京：科学出版社，2009.

[16] 霍然，胡源，李元洲. 建筑火灾安全工程导论 [M]. 合肥：中国科学技术大学出版社，2009.

[17] 阳东. 狭长受限空间火灾烟气分层与卷吸特性研究 [D]. 合肥：中国科学技术大学，2010.

[18] 经富民. 地下建筑防排烟策略研究 [D]. 哈尔滨：哈尔滨工业大学，2011.

[19] 宗若雯. 特殊受限空间火灾轰燃的重构研究 [D]. 合肥：中国科学技术大学，2008.

[20] 易亮. 中庭式建筑中火灾烟气的流动与管理研究 [D]. 合肥：中国科学技术大学，2005.

[21] 劳动和社会保障教材办公室. 安全生产督导师培训教程 [M]. 北京：中国劳动社会保障出版社，2008.

[22] 黑布根. 房屋安全手册 [M]. 李俊峰，刘家屿，译. 北京：中国建筑工业出版社，1991.

[23] 黄恒栋，谯京旭. 建筑火灾防治与救生方法 [M]. 武汉：华中理工大学出版社，1996.

[24] 郑道访. 公路长隧道通风方式研究 [M]. 北京：科学技术文献出版社，2000.

[25] 闫少鹏. 水成膜泡沫灭火系统在公路隧道的应用 [J]. 科技情报开发与经济，2005（24）：213-214.

[26] 范维澄，孙金华，陆守香. 火灾风险评估方法学 [M]. 北京：科学出版社，2004.

[27] 薛维虎. 火灾自动报警系统 [M]. 北京：中国人民公安大学出版社，2015.

[28] 张文帅. 可燃气体报警器的使用方法与检定工作探讨 [J]. 工业计量，2015，25（4）：67-68.

[29] 吕辰. 扁平大空间地下车库火灾烟气流动数值模拟研究 [D]. 淮南：安徽理工大学，2015.

[30] 朱中杰. 地铁车辆火灾热释放速率计算方法研究 [D]. 成都：西南交通大学，2016.

[31] 周洋，林准，张笑男，等. 地铁站细水雾幕挡烟效果的数值模拟研究 [J]. 中国安全生产科学技术，2016，12（8）：75-80.

[32] 李冬，苏燕辰，田鑫，等. B 型地铁列车火灾安全疏散性能研究 [J]. 铁道科学与工程学报，2016，13（8）：1613-1617.

[33] 李炎锋，赵威翰，边江，等. 城市地下长直隧道火灾近火源区长度确定 [J]. 广西大学学报（自然科学版），2016，41（4）：1101-1108.

[34] 宋健. 机械通风和细水雾对地下停车库火灾轰燃的抑制作用 [D]. 沈阳：沈阳建筑大学，2016.

[35] 张新，徐志胜，冉启兵，等. 热障效应对有顶步行街自然排烟的影响 [J]. 中国安全生产科学技术，2017，13（1）：28-33.

[36] 刘启金，李善麒. 基于火灾荷载的办公建筑火灾场景设计及危险性分析 [J]. 武警学院学报，2018，34（2）：9-13.

[37] 谢辉，肖玉玮，张秋敏. 城市地下空间声信号对人员疏散效率的影响 [J]. 地下空间与工程学报，2018，14（3）：595-600.

[38] 李慧. 地下空间建筑火灾成因及防灾方法探究 [J]. 建筑工程技术与设计，2018（5）：785.

[39] 卢国建，王炯，胡忠日，等. 高大综合性建筑及大型地下空间火灾防控技术研究 [J]. 中国科技成果，2014（13）：77-78.

[40] 严洪，姜明武，徐海峰. Raman 散射线型光纤感温火灾探测器的优化设计 [J]. 消防科学与技术，2009，28（11）：834-837.

[41] 徐琳，张旭. 坡度隧道的火灾烟囱效应的升压力分析 [J]. 地下空间与工程学报，2009，5（4）：686-690.

[42] 马千里，倪照鹏，黄鑫，等. 大型商业建筑室内步行街商铺火灾荷载调查研究 [J]. 中国安全生产科学技术，2011，7（4）：52-56.

[43] 杨淑江. 有风条件下室内火灾烟气流动与控制研究 [D]. 长沙：中南大学，2008.

[44] 朱杰，杨天佑，张立龙，等. 单纯热烟浮力作用下竖井结构内火灾烟气温度变化规律研究 [J]. 工程力学，2011，28（8）：198-207.

[45] 张靖岩. 高层建筑竖井内烟气流动特征及控制研究 [D]. 合肥：中国科学技术大学，2006.

[46] 李兆周. 烟囱效应作用下隧道火灾发展特性研究 [D]. 郑州：郑州大学，2015.

[47] 王涛. 烟囱效应下隧道火灾中顶棚射流火焰发展特性研究 [D]. 郑州：郑州大学，2016.

[48] 姜学鹏，陈姝，郭昆. 集中排烟公路隧道临界排烟速率计算模型 [J]. 中国安全科学学报，2017，27（10）：61-66.

[49] 刘琪，姜学鹏，赵红莉，等. 基于多指标约束的隧道集中排烟量设计模型 [J]. 安全与环境学报，2012，12（1）：191-195.

[50] 朱中杰. 地铁车辆火灾热释放速率计算方法研究 [D]. 成都：西南交通大学，2016.

[51] 张成龙. 某地铁车体燃烧过程数值模拟及实验研究 [D]. 青岛：青岛理工大学，2012.

[52] 张俭让，许世维，李朋慧，等. 地铁车厢火灾探测器设置研究 [J]. 消防科学与技术，2018（6）：794-795.

[53] 朱合华，闫治国. 城市地下空间出版工程防灾与安全系列：城市地下空间防火与安全 [M]. 上海：同济大学出版社，2014.

[54] 李引擎. 建筑防火性能化设计 [M]. 北京：化学工业出版社，2005.

[55] 刘少博. 人员疏散中个体和群体行为的实验和计算机模拟研究 [D]. 合肥：中国科学技术大学，2010.

[56] 杨立中. 建筑内人员运动规律与疏散动力学 [M]. 北京：科学出版社，2012.

[57] 徐彧，李耀庄. 建筑防火设计 [M]. 北京：机械工业出版社，2015.

[58] 褚冠全，汪金辉. 建筑火灾人员疏散风险评估 [M]. 北京：科学出版社，2019.

[59] 余明高，郑立刚. 火灾风险评估 [M]. 北京：机械工业出版社，2013.

[60] 胡隆华，彭伟，杨瑞新. 隧道火灾动力学与防治技术基础 [M]. 北京：科学出版社，2014.

[61] 田玉敏，张伟，马宏伟，等. 人群应急疏散 [M]. 北京：化学工业出版社，2014.

[62] 卢国建. 高层建筑及大型地下空间火灾防控技术 [M]. 北京：国防工业出版社，2014.

[63] 赵东拂. 城市轨道交通枢纽行人安全疏散分析 [M]. 北京：中国电力出版社，2015.

[64] 李琦. 高速铁路特长隧道火灾模式下人员安全疏散可靠性研究 [D]. 成都：西南交通大学，2018.

[65] 李丽华. 高层建筑应急疏散中个体与小群体行为研究 [D]. 北京：清华大学，2016.

[66] 朱金龙. 室内场景下人群疏散的若干关键技术研究 [D]. 长春：吉林大学，2016.

[67] 宋译. 建筑物火灾疏散中人员的行为可靠性研究 [D]. 湘潭：湖南科技大学，2008.

[68] 孙晋龙. 基于安全疏散中人行为分析的建筑物性能化设计研究 [D]. 太原：太原理工大学，2011.

[69] 赖金星，周慧，程飞，等. 公路隧道火灾事故统计分析及防灾减灾对策 [J]. 隧道建设，2017，37（4）：409-415.

[70] 姚坚，朱合华，闫治国. 隧道结构防火保护措施现状及评析 [J]. 地下空间与工程学报，2007，3（4）：732-736.

[71] 闫治国. 隧道衬砌结构火灾高温力学行为及耐火方法研究 [D]. 上海：同济大学，2007.

[72] 赵亮平，秦道天. 高温中纤维矿渣混凝土强度劣化及其计算方法 [J]. 混凝土与水泥制品，2013（12）：36-40.

[73] 张志刚，林巍. 港珠澳跨海集群工程海底沉管隧道防火设计 [J]. 隧道建设，2017，37（6）：717-721.

[74] 张俊儒，欧小强. 适用于高岩温隧道中的高性能隔热轻骨料喷射混凝土 [J]. 混凝土，2016（9）：140-144.

[75] 朱合华，闫治国，梁利，等. 不同火灾升温曲线下隧道内温度场分布规律研究 [J]. 地下空间与工程学报，2012，8（s1）：1595-1600.

[76] 杨秋青. 水喷雾灭火系统和细水雾灭火系统的区别探讨 [J]. 科技展望，2016，26（27）：294.

[77] 毕明树，任婧杰，高伟. 火灾安全工程学 [M]. 北京：化学工业出版社，2015.

[78] 李引擎，张靖岩. 火灾及防火减灾对策 [M]. 北京：中国水利水电出版社，2015.

[79] 娄悦. 火灾探测报警系统原理与应用 [M]. 杭州：浙江大学出版社，2018.

[80] 李肇丰. 地铁车站给排水消防设计探讨 [J]. 低碳世界，2015（8）：256-257.

[81] 陈奎林. 地铁火灾预防中对自动灭火系统的应用 [J]. 科技风，2015（9）：125-126.

[82] 王攀，崔磊. 自动灭火系统在地铁火灾预防中的应用 [J]. 科技视界，2015（26）：318.

[83] 刘东澎. 浅谈自动喷水灭火系统在地铁工程中的应用 [J]. 中国房地产，2018（8）：162.

[84] 胡建超. IG541气体灭火系统在地铁中的应用 [J]. 江西化工，2018（1）：113-115.

[85] 陈玉山. IG541混合气体灭火系统在成都地铁中的应用研究 [J]. 铁道标准设计，2015，59（12）：130-134.

[86] 王信群，黄冬梅，梁晓瑜. 火灾爆炸理论与预防控制技术 [M]. 北京：冶金工业出版社，2014.

[87] 闫宁. 地铁火灾数值模拟技术 [M]. 北京：中国劳动社会保障出版社，2015.

[88] 刘眶亚，鲁志宝，郝爱玲. 火灾成因调查技术与方法 [M]. 天津：天津大学出版社，2017.

[89] 王军，潘梁，陈光，等. 城市地下综合管廊建设的困境与对策分析 [J]. 建筑经济，2016，37（7）：15-18.

[90] 柯善北. 地下综合管廊：百年大计 玉汝于成 [J]. 中华建设，2018（11）：6-7.

[91] 方祥，施永生，杨森，等. 综合管廊入廊管线分析 [J]. 低温建筑技术，2016，38（10）：137-139.

[92] 李高林. 城市综合管廊内附属设施控制方法探讨 [J]. 现代建筑电气，2018，9（5）：5-10.

[93] 方鸿强. 城市电力电缆隧道火灾风险评估研究 [D]. 合肥：中国科学技术大学，2019.

[94] 孙伟俊. 城市地下综合管廊火灾危险控制技术研究 [D]. 西安：西安建筑科技大学，2017.

[95] 刘瑶，刘应明，邓仲梅. 排水管线及天燃气管线纳入综合管廊相关设计探讨 [C] //中国城市科学研究会. 2017 城市发展与规划论文集. 北京：中国城市出版社，2017：6.

[96] 孙静. 城市综合管廊火灾自动报警系统设计探讨 [J]. 智能建筑与智慧城市，2017（4）：66-70.

[97] 欧阳卫华. 城市地下综合管廊自动灭火系统设计研究 [J]. 隧道与轨道交通，2018（1）：35-38.

[98] 黎洁，蓝优生. 综合管廊自动灭火系统的选择研究 [J]. 广东土木与建筑，2018，25（7）：61-63.

[99] 孙磊，刘澄波. 综合管廊的消防灭火系统比较与分析 [J]. 地下空间与工程学报，2009，5（3）：616-620.

[100] 柴一波. 高压细水雾及超细干粉在综合管廊电缆火灾中的应用 [J]. 消防科学与技术，2017，36（12）：1690-1692.

[101] 周文英，吕晓东，胡新赞，等. 超细干粉灭火剂研究进展 [J]. 消防技术与产品信息，2016（3）：14-20.

[102] 刘云龙. 城市地下综合管廊规划及设计研究 [D]. 西安：西安建筑科技大学，2017.

[103] 李欣玉. 综合管廊电缆舱火灾后通风系统的数值模拟与优化设计 [D]. 西安：西安建筑科技大学，2018.

[104] 娄佳濯，吴小冬. 市政综合管廊通风系统的设计原则与要点 [J]. 江西建材，2017（3）：53-57.

[105] 徐志胜，姜学鹏. 防排烟工程 [M]. 北京：机械工业出版社，2011.

[106] 中国建筑标准设计研究院. 国家建筑标准设计图集：建筑防排烟系统技术标准图示 [M]. 北京：中国计划出版社，2018.

[107] 杜红. 防排烟技术 [M]. 北京：中国人民公安大学出版社，2014.

[108] 孙军田. 火灾自动报警系统 [M]. 4 版. 北京：中国人民公安大学出版社，2017.

[109] 李科. 地下商业建筑防火疏散设计 [J]. 建材与装饰，2017（29）：71-72.

[110] 程远平，朱国庆，程庆迎. 水灭火工程 [M]. 徐州：中国矿业大学出版社，2011.

[111] 张树平. 建筑防火设计 [M]. 北京：中国建筑工业出版社，2009.

[112] 公安部消防局. 消防安全技术实务 [M]. 北京：机械工业出版社，2014.

[113] 孙蕴. 商业建筑防火与安全疏散设计 [J]. 山西建筑，2018，44（7）：257-258.

[114] 余跃鹏. 关于地下商业建筑的研究实践 [J]. 科技创新导报，2008（36）：56.

[115] 陈建雄. 关于火灾自动报警系统分类的探讨 [J]. 科技风，2017（2）：148；164.

[116] 王健. 机械排烟和细水雾对地下商场火灾控制作用的研究 [D]. 沈阳：沈阳建筑大学，2015.

[117] 冯昱. 基于疏散行为的地下商业建筑消防疏散优化设计研究 [D]. 重庆：重庆大学，2017.

[118] 徐彧，李耀庄. 建筑防火设计 [M]. 北京：机械工业出版社，2015.

[119] 李宏文. 火灾自动报警技术与工程实例 [M]. 北京：中国建筑工业出版社，2016.

[120] INGASON H. Model scale railcar fire tests [J]. Fire Safety Journal, 2006, 42（4）：271-282.

[121] ROH J S, HONG S R, PARK W H, et al. CFD simulation and assessment of life safety in a subway train fire [J]. Tunneling and Underground Space Technology, 2008, 24（4）：447-453.

[122] RIE D H, HWANG M W, KIM S J, et al. A study of optimal vent mode for the smoke control of subway

station fire [J]. Tunneling and Underground Space Technology, 2005, 21 (3): 300-301.

[123] PURSER D A. Toxicity assessment of combustion products: SFPE handbook of fire protection engineering [M]. 3rd ed. Quincy: National Fire Protection Association, 2002.

[124] BAEK D, BAE S, RYOU H S. A numerical study on the effect of the hydraulic diameter of tunnels on the plug-holing phenomena in shallow underground tunnels [J]. Journal of Mechanical Science and Technology, 2017, 31 (5): 2331-2338.

[125] JIN S, JIN J, GONG Y. Natural ventilation of urban shallowly-buried road tunnels with roof openings [J]. Tunnelling and Underground Space Technology, 2017, 63: 217-227.

[126] YAN T, SHI M H, GONG Y F, et al. Full-scale experimental study on smoke flow in natural ventilation road tunnel fires with shafts [J]. Tunnelling and Underground Space Technology, 2009, 24 (6): 627-633.

[127] JIN T, YAMADA T. Irritating effects of fire smoke on visibility [J]. Fire Science and Technology, 1985, 5 (1): 79-90.

[128] JI J, GAO Z H, FAN C G, et al. A study of the effect of plug-holing and boundary layer separation on natural ventilation with vertical shaft in urban road tunnel fires [J]. International Journal of Heat and Mass Transfer, 2012, 55 (21-22): 6032-6041.

[129] ZHANG S G, HE K, YAO Y Z, et al. Investigation on the critical shaft height of plug-holing in the natural ventilated tunnel fire [J]. International Journal of Thermal Sciences, 2018 (132): 517-533.

[130] HASEMI Y, TOKUNAGA T. Some experimental aspects of turbulent diffusion flames and buoyant plumes from fire sources against a wall out in a corner of walls [J]. Combustion Science and Technology, 1984, 40 (1-4): 1-18.

[131] HINKLEY P L. The flow of hot gases along an enclosed shopping mall a tentative theory [J]. Fire Safety Science, 1970 (807): 1-35.

[132] HINKLEY P L. Rates of 'production' of hot gases in roof venting experiments [J]. Fire Safety Journal, 1986, 10 (1): 57-65.

[133] LOUGHEED G D, HADJISOPHOCLEOUS G V. The smoke hazard from a fire in high spaces [J]. ASHRAE Transactions, 2001, 107 (1): 720-729.

[134] LOUGHEED G D. Smoke management research at NRC [M]. London: SAGE Publications, 2012.

[135] MORGAN H P, GARDNER J P. Design principles for smoke ventilation in enclosed shopping centres [M]. Garston: Building Research Establishment, 1990.

[136] LEE D H, PARK W H, HWANG J, et al. Full-scale fire test of an intercity train car [J]. Fire Technology, 2015, 52 (5): 1559-1574.

[137] SOCIETY OF FIRE PROTECTION ENGINEERS. SFPE handbook of fire protection engineering [M]. 5th ed. Berlin: Springer, 2016.

[138] SOCIETY OF FIRE PROTECTION ENGINEERS. SFPE guide to human behavior in fire [M]. 2nd ed. Berlin: Springer, 2019.

[139] LIU S B. Agent-based modeling of crowd dynamics in rail transit systems [D]. Hong Kong: City University of Hong Kong, 2013.

[140] SCHADSCHNEIDER A, KLINGSCH W, KLÜPFEL H, et al. Evacuation dynamics: empirical results, modeling and applications in encyclopedia of complexity and system science [M]. Berlin: Springer, 2009.

[141] Daamen W. Modelling passenger flows in public transport facilities [D]. Delft: Delft University of Technology, 2004.

[142] GIBELLI L, BELLOMO N. Crowd Dynamics: Volume 1 Theory, models, and safety problems [M]. Basle: Birkhauser, 2019.

[143] Backhouse J, Ferrett E. Fire Safety and Risk Management Revision Guide [M]. Abingdon: Taylor & Francis Group, 2016.

[144] ZHANG S, CHENG X, YAO Y, et al. An experimental investigation on blockage effect of metro train on the smoke back-layering in subway tunnel fires [J]. Applied Thermal Engineering, 2016 (99): 214-223.

[145] LI Q, DENG Y, LIU C, et al. Modeling and analysis of subway fire emergency response: An empirical study [J]. Safety science, 2016 (84): 171-180.

[146] CHOW W K. Performance-based approach to determining fire safety provisions for buildings in the Asia-Oceania regions [J]. Building and Environment, 2015 (91): 127-137.

[147] COOPER L Y. Simulating smoke movement through long vertical shafts in zonetype compartment fire models [J]. Fire Safety Journal, 1998, 31 (2): 85-99.

[148] LI Y Z, HAUKUR I. Model scale tunnel fire tests with automatic sprinkler [J]. Fire Safety Journal, 2013 (61): 298-313.

[149] KO Y J, HADJISOPHOCLEOUS G V. Study of smoke backlayering during suppression in tunnels [J]. Fire Safety Journal, 2013 (58): 240-247.

[150] CHOW W K, GAO Y. Buoyancy and inertial force on oscillations of thermal-induced convective flow across a vent [J]. Building and Environment, 2011, 46 (2): 315-323.

[151] JI J, GAO Z H, FAN C G, et al. A study of the effect of plug-holing and boundary layer separation on natural ventilation with vertical shaft in urban road tunnel fires [J]. International Journal of Heat and Mass Transfer, 2012, 55 (21-22): 6032-6041.

[152] ZHANG S G, HE K, YAO Y Z, et al. Investigation on the critical shaft height of plug-holing in the natural ventilated tunnel fire [J]. International Journal of Thermal Sciences, 2018 (132): 517-533.